畜牧兽医行业标准汇编

（2024）

标准质量出版分社　编

中国农业出版社

农村读物出版社

北　京

图书在版编目（CIP）数据

畜牧兽医行业标准汇编 . 2024 / 标准质量出版分社
编 . —北京：中国农业出版社，2024.3
ISBN 978-7-109-31814-4

Ⅰ.①畜…　Ⅱ.①标…　Ⅲ.①畜牧业－兽医学－行业
标准－汇编－中国－2024　Ⅳ.①S8-65

中国国家版本馆 CIP 数据核字（2024）第 057597 号

畜牧兽医行业标准汇编（2024）
XUMU SHOUYI HANGYE BIAOZHUN HUIBIAN（2024）

中国农业出版社出版
地址：北京市朝阳区麦子店街 18 号楼
邮编：100125
责任编辑：刘　伟　冀　刚
版式设计：王　晨　　责任校对：张雯婷
印刷：北京印刷一厂
版次：2024 年 3 月第 1 版
印次：2024 年 3 月北京第 1 次印刷
发行：新华书店北京发行所
开本：880mm×1230mm　1/16
印张：28.25
字数：915 千字
定价：280.00 元

主　　编：刘　伟

副 主 编：冀　刚

编写人员（按姓氏笔画排序）：

冯英华　刘　伟　牟芳荣

杨桂华　胡烨芳　廖　宁

冀　刚

出 版 说 明

　　近年来，我们陆续出版了多部中国农业标准汇编，已将 2004—2021 年由我社出版的 5 000 多项标准单行本汇编成册，得到了广大读者的一致好评。无论从阅读方式还是从参考使用上，都给读者带来了很大方便。

　　为了加大农业标准的宣贯力度，扩大标准汇编本的影响，满足和方便读者的需要，我们在总结以往出版经验的基础上策划了《畜牧兽医行业标准汇编（2024）》。本书收录了 2022 年发布的人工授精技术规程、畜禽养殖设施装备配置技术规范、畜禽病诊断技术、流行病学调查技术、抗菌药物敏感性测试技术规程、病菌分离与鉴定技术规程、饲料中成分含量的测定、车辆洗消中心生物安全技术等方面的农业标准 42 项，并在书后附有 2022 年发布的 6 个标准公告供参考。

　　特别声明：

　　1. 汇编本着尊重原著的原则，除明显差错外，对标准中所涉及的有关量、符号、单位和编写体例均未做统一改动。

　　2. 从印制工艺的角度考虑，原标准中的彩色部分在此只给出黑白图片。

　　本书可供农业生产人员、标准管理干部和科研人员使用，也可供有关农业院校师生参考。

标准质量出版分社

2023 年 12 月

目　　录

第四部分 屠宰类标准

附录

第一部分
畜牧类标准

ICS 65.020.30
CCS B 43

NY

中华人民共和国农业行业标准

NY/T 1335—2022

代替 NY/T 1335—2007

牛人工授精技术规程

Technical code of practice for bovine artificial insemination

2022-11-11 发布

2023-03-01 实施

中华人民共和国农业农村部 发布

前　言

本文件按照 GB/T 1.1—2020《标准化工作导则　第 1 部分:标准化文件的结构和起草规则》的规定起草。

本文件代替 NY/T 1335—2007《牛人工授精技术规程》,与 NY/T 1335—2007 相比,除结构调整和编辑性改动外,主要技术变化如下:

a) 删除了冷冻精液、冷冻精液解冻、受胎率、繁殖率术语和定义(见 2007 年版第 3 章);

b) 增加了同期排卵、21 d 情期受胎率、21 d 参配率、妊娠诊断术语和定义(见第 3 章);

c) 更改了发情鉴定定义(见第 3 章 3.2);

d) 增加了技术流程(见第 4 章);

e) 删除了输精器准备中球式玻璃输精器使用(见 2007 年版的 5.6.1);

f) 增加了尾根标记法、辅助监测法、同期排卵-定时输精法(见第 6 章);

g) 增加了证实方法(见第 9 章);

h) 删除了妊娠诊断外部观察(见 2007 年版的 8.1);

i) 更改了附录 A(见附录 A);

j) 删除了附录 B(见 2007 年版的附录 B);

k) 增加了附录 B(见附录 B)。

请注意本文件的某些内容可能涉及专利。本文件的发布机构不承担识别专利的责任。

本文件由农业农村部种业管理司提出。

本文件由全国畜牧业标准化技术委员会(SAC/TC 274)归口。

本文件起草单位:北京奶牛中心、农业农村部牛冷冻精液质量监督检验测试中心(北京)、北京首农畜牧发展有限公司奶牛中心、农业农村部种畜质量检验中心、全国畜牧总站、农业农村部牛冷冻精液质量监督检验测试中心(南京)、中国农业大学、新疆农业大学、河北农业大学。

本文件主要起草人:麻柱、王彦平、孙飞舟、田见晖、陆汉希、李俊杰、阿布力孜·吾斯曼、刘振君、吴胜权、杨超、李艳华、赵凤、张建聪、安磊、侯自鹏、吕小青。

本文件及其所代替文件的历次版本发布情况为:

——2007 年首次发布为 NY/T 1335—2007;

——本次为第一次修订。

牛人工授精技术规程

1 范围

本文件确立了牛人工授精操作流程,规定了参配母牛选择、母牛发情鉴定、输精前准备和输精等技术要求,描述了证实方法。

本文件适用于普通牛人工授精技术操作。

2 规范性引用文件

下列文件中的内容通过文中的规范性引用而构成本文件必不可少的条款。其中,注日期的引用文件,仅该日期对应的版本适用于本文件;不注日期的引用文件,其最新版本(包括所有的修改单)适用于本文件。

GB 4143 牛冷冻精液

3 术语和定义

下列术语和定义适用于本文件。

3.1

人工授精 artificial insemination

人为借助专门器械,将采集的种公牛精液经检查、稀释、保存等处理合格后,输入到发情母牛生殖道内,使其妊娠的一种繁殖技术。

3.2

发情鉴定 estrus identification

根据母牛发情时的行为、生殖器官等生理方面的变化,判断母牛发情状态的方法。

注:包括自然观察法、尾根标记法、辅助发情监测等。

3.3

同期排卵 estrus synchronization

使用外源激素处理,使母牛群体在一定时间内集中发情排卵的技术。

3.4

情期受胎率 conception rate

相同时间段内,受胎牛只数占情期参配牛只总数的百分比。

3.5

21 d 情期受胎率 21-day conception rate

一个 21 d 发情周期内,群体中妊娠牛头数占参配牛情期总数的百分比。

3.6

21 d 参配率 21-day reference rate

一个 21 d 发情周期内,群体中参与配种的牛头数占应配种的牛头数百分比。

3.7

妊娠诊断 pregnancy diagnosis

根据母牛配种后发生的一系列生理变化,采取相应检查方法,判断母牛是否妊娠及妊娠阶段的方法。

4 技术流程

牛人工授精技术流程包括参配母牛选择、母牛发情鉴定、输精前准备和输精。牛人工授精技术流程见图 1。

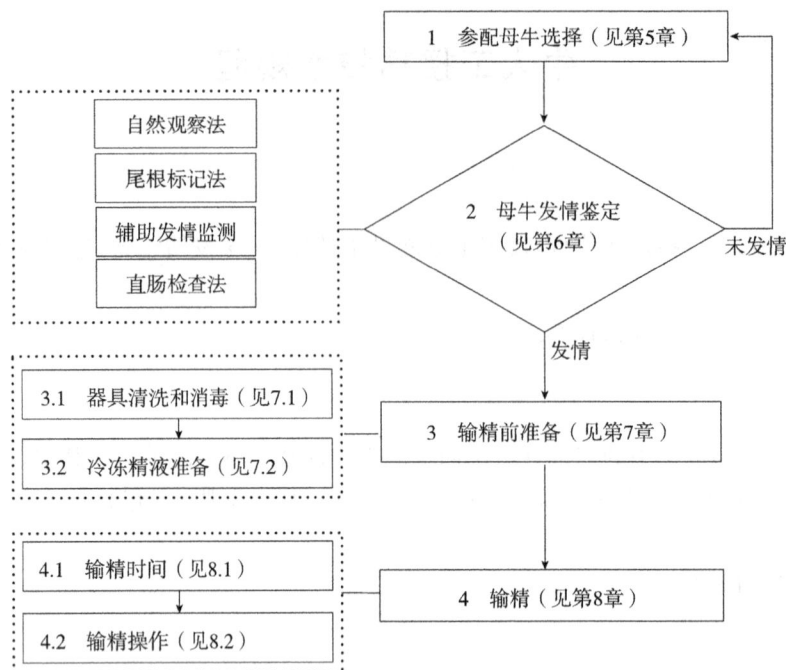

图 1 牛人工授精技术流程

5 参配母牛选择

应选择健康、繁殖机能正常的适龄空怀牛。

6 母牛发情鉴定

可选用下列方法鉴定母牛发情：

a) 行为观察法：母牛静立接受爬跨鉴定为发情。每天人工观察次数不少于 3 次，每次每个牛舍（牛群）观察时间不少于 30 min。

b) 尾根标记法：每天应在参配母牛尾根处用蜡笔涂抹标记(长 15 cm，宽 3 cm～5 cm)，并每天检查蜡笔标记残存情况。如果蜡笔标记被摩擦消失或大部分消失，则鉴定母牛为发情。

c) 辅助监测法：通过计步器等电子设备监测牛并根据其活动量增加情况确定母牛发情。

d) 直肠检查法：经直肠检查，如果卵巢体积增大、卵泡体积增大、凸出明显、光滑有弹性、有波动感，则判断参配母牛为发情。

e) 同期排卵-定时输精法：利用外源激素按照一定的时间顺序处理后的母牛，视为全部发情，可参加配种。具体的处理方案见附录 A。

7 输精前准备

7.1 器具清洗和消毒

输精用器具和器械应进行清洗、消毒，不同器具和器械消毒方法如下：

a) 玻璃器皿、金属器械：在热水中加洗涤剂刷洗或超声波清洗仪清洗，蒸馏水冲洗后置于干燥箱 180 ℃灭菌 90 min～120 min；

b) 一次性塑料制品：可置于紫外灯下照射 0.5 h。

7.2 冷冻精液准备

7.2.1 冷冻精液解冻

冷冻精液应浸泡在液氮生物容器中，冷冻精液离开液氮面应不超过 5 s。细管冻精置于(37±1) ℃水浴解冻 10 s～15 s。

7.2.2 精液质量检测

解冻后精子活力符合 GB 4143 的要求，方可用于输精。

7.3 输精器准备

输精器使用前应预热到 30 ℃～36 ℃。将输精器推杆后退，解冻后的细管精液封口端朝外装入输精器；用专用剪剪去封口，剪口正，断面齐；分别套上硬外管及软外套。

8 输精

8.1 输精时间

经发情鉴定，母牛确认发情后，12 h 内适时输精；同期排卵-定时输精程序处理的母牛，按程序规定时间输精。

8.2 输精操作

输精人员一只手戴乳胶手套及一次性长臂手套（可在手套上涂抹润滑剂），五指并拢，呈圆锥形从肛门进入直肠并把握住子宫颈；另一只手将输精器从阴道下口斜上方约 45°角向里轻轻插入阴道，然后平插入子宫颈外口，撕开输精软外套，输精器通过子宫颈到达子宫体，把输精器推杆缓缓向前推出精液，然后缓慢退出输精器。

9 证实方法

9.1 妊娠诊断

9.1.1 试剂盒检测

人工授精后 28 d～32 d 母牛早期妊娠诊断可采用妊娠检测试剂盒。妊娠诊断方法和结果判断按照试剂盒说明进行。

9.1.2 超声波检查

人工授精后 32 d～35 d 母牛妊娠诊断可采用 B 超法。B 超检查时，应检测到孕体和胎儿视为妊娠。

9.1.3 直肠检查

人工授精后 40 d～60 d 母牛妊娠诊断可采用直肠检查。直肠触诊时，孕角增大且柔软，有液体波动感视为妊娠。

9.2 授精效果评定

人工授精效果的评定可用下列指标表示：

a) 情期受胎率：情期受胎率按公式（1）计算。

$$A = \frac{N_1}{N_2} \times 100 \quad\cdots\cdots\cdots\cdots\cdots\cdots\cdots\cdots\cdots\cdots\cdots\cdots\cdots\cdots\cdots\cdots\cdots\cdots\cdots\cdots （1）$$

式中：

A ——情期受胎率，单位为百分号（%）；

N_1 ——妊娠母牛数，单位为头；

N_2 ——参配母牛的情期总数。

b) 21 d 妊娠率：21 d 妊娠率按公式（2）计算，生产中也可采用附录 B 的方法推算。

$$C = \frac{N_1}{N_3} \times 100 \quad\cdots\cdots\cdots\cdots\cdots\cdots\cdots\cdots\cdots\cdots\cdots\cdots\cdots\cdots\cdots\cdots\cdots\cdots\cdots\cdots （2）$$

式中：

C ——21 d 妊娠率，单位为百分号（%）；

N_1 ——妊娠母牛数，单位为头；

N_3 ——应参配母牛数，单位为头。

9.3 记录

包括母牛号、母牛配次、母牛胎次、母牛发情时间、输精时间、冷冻精液信息、输精操作人员、妊娠诊断时间与结果、情期受胎率、21 d 妊娠率等。上述内容可以表格的方式记录。

附 录 A
（资料性）
同期排卵-定时输精处理方案

A.1 "079"处理方案

母牛群任意一天(计为 0 d)注射促性腺激素释放激素(GnRH 或其类似物),第 7 d 注射前列腺素(PG 或其类似物),第 9 d 第二次注射 GnRH 或其类似物,16 h～18 h 输精。具体注射剂量参照产品说明书(见图 A.1)。

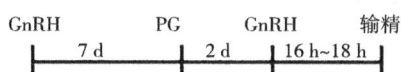

GnRH   PG   GnRH   输精

   7 d   2 d   16 h～18 h

图 A.1 "079"处理方案

A.2 预同期处理方案

预同期处理一般用在产后母牛首次配种。母牛群任意一天(0 d)注射 PG,第 14 d 注射第二针 PG,第 25 d 注射 GnRH,第 32 d 注射 PG,第 34 d 注射 GnRH,第二次注射 GnRH 16 h～18 h 后输精。具体注射剂量参照产品说明书(见图 A.2)。

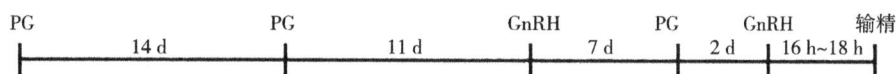

PG   PG   GnRH   PG   GnRH   输精

  14 d   11 d   7 d   2 d   16 h～18 h

图 A.2 预同期处理方案

A.3 双同期处理方案

双同期处理一般用在产后母牛首次配种。母牛群任意一天(0 d)注射 GnRH,第 7 d 注射 PG,第 10 d 注射第二针 GnRH,第 16 d 注射第三针 GnRH,第 23 d 注射第二针 PG,第 25 d 注射第四针 GnRH,第四次注射 GnRH 16 h～18 h 后输精。具体注射剂量参照产品说明书(见图 A.3)。

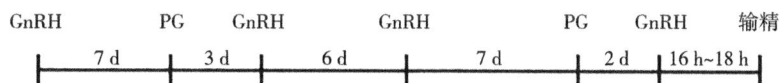

GnRH   PG   GnRH   GnRH   PG   GnRH   输精

  7 d   3 d   6 d   7 d   2 d   16 h～18 h

图 A.3 双同期处理方案

附 录 B

（资料性）

21 d 妊娠率推算

21 d 妊娠率按公式(B.1)推算。

$$C = A \times B \quad\text{……………………………………………} \quad (B.1)$$

式中：

C ——21 d 妊娠率，单位为百分号(%)；

A ——21 d 情期受胎率，单位为百分号(%)；

B ——21 d 参配率，单位为百分号(%)。

ICS 65.020.01
CCS B 40

NY

中华人民共和国农业行业标准

NY/T 4129—2022

草地家畜最适采食强度测算方法

Calculation method of optimum foraging intensity of livestock in grassland

2022-07-11 发布

2022-10-01 实施

中华人民共和国农业农村部 发布

前　言

本文件按照 GB/T 1.1—2020《标准化工作导则　第 1 部分:标准化文件的结构和起草规则》的规定起草。

请注意本文件的某些内容可能涉及专利。本文件的发布机构不承担识别专利的责任。

本文件由农业农村部畜牧兽医局提出。

本文件由全国畜牧业标准化技术委员会(SAC/TC 274)归口。

本文件起草单位:东北师范大学。

本文件主要起草人:王德利、刘鞠善、王岭、钟志伟、朱慧、孙伟。

草地家畜最适采食强度测算方法

1 范围

本文件描述了放牧家畜在草地上最适采食强度的测算方法。

本文件适用于测算以牛、羊为主的放牧家畜在草地上的最适采食强度。

2 规范性引用文件

下列文件中的内容通过文中的规范性引用而构成本文件必不可少的条款。其中，注日期的引用文件，仅该日期对应的版本适用于本文件；不注日期的引用文件，其最新版本（包括所有的修改单）适用于本文件。

NY/T 2998　草地资源调查技术规程

3 术语和定义

下列术语和定义适用于本文件。

3.1

草地　grassland

主要生长草本植物，或兼有灌木、稀疏乔木，可以为家畜和野生动物提供食物和生产场所的土地。

3.2

采食强度　grazing intensity

草地上放牧家畜对牧草采食轻重的程度。

3.3

牧草　forage

草地上具有一定饲用价值的草本植物、灌木和半灌木。

3.4

可食牧草　edible forage

草地上可被家畜采食的植物。

3.5

牧草产量　forage yield

一定时期内，单位面积草地上可为家畜利用的牧草的干物质重量。

［来源：GB/T 34754—2017，3.7，有修改］

3.6

家畜采食量　livestock intake

家畜在一定时间内所采食的牧草干物质总量。

注：通常用每头每天采食的牧草干物质千克数表示。

3.7

食性选择　diet selection

为满足不断变化的营养需求和适应变化的环境，家畜在食物资源供应等多种因素影响下所做出的有效采食方式或策略。

3.8

食性选择指数　diet selection index

某种牧草采食量占家畜总采食量比例与该种牧草产量占牧草总产量比例的比值。

注:用来反映家畜对不同种类牧草选择性采食的强度的指标。

4 基本原则

以可食牧草的利用率确定合理利用率;以食性选择指数大于 0.5 的牧草视为可食牧草;以可食牧草 50%的利用率为基准计测最适采食强度。

5 测定草地牧草产量

5.1 测定草地单种牧草产量

按照 NY/T 2998 的规定测定草地中每种牧草的产量。

5.2 测算草地牧草总产量

累加每种牧草产量计算牧草总产量。

5.3 测算草地单种牧草产量比例

单种牧草产量比例按公式(1)计算。

$$P_{y,k} = \frac{W_k}{W_t} \times 100 \quad \cdots\cdots\cdots\cdots\cdots\cdots\cdots\cdots\cdots\cdots\cdots\cdots\cdots\cdots\cdots\cdots\cdots\cdots\cdots \quad (1)$$

式中:

$P_{y,k}$——第 k 种牧草产量比例的数值,单位为百分号(%);

W_k ——第 k 种牧草产量的数值,单位为克每平方米(g/m²);

W_t ——牧草总产量的数值,单位为克每平方米(g/m²)。

6 测定家畜采食量

6.1 测算家畜总采食量

采用扣笼法测定:

a) 放牧开始前,在放牧地内安置 5 个长宽高为 1 m×1 m×1 m 的围笼。

b) 放牧期结束后,齐地面剪下围笼内所有牧草并烘干称重,所有牧草生物量的总和为围笼内牧草产量。同时,在每个围笼外附近(5 m 以内)布置 1 个 1 m×1 m 的样方,齐地面剪下样方内所有牧草并烘干称重,所有牧草生物量的总和为围笼外牧草产量。

c) 围笼内牧草产量平均值与围笼外牧草产量平均值之间的差值即为家畜总采食量,按公式(2)计算。

$$I_t = F_i - F_o \quad \cdots\cdots\cdots\cdots\cdots\cdots\cdots\cdots\cdots\cdots\cdots\cdots\cdots\cdots\cdots\cdots\cdots\cdots \quad (2)$$

式中:

I_t ——家畜总采食量的数值,单位为克每平方米(g/m²);

F_i ——围笼内牧草产量平均值的数值,单位为克每平方米(g/m²);

F_o ——围笼外牧草产量平均值的数值,单位为克每平方米(g/m²)。

6.2 测算单种牧草家畜采食量

将 6.1 中围笼内外收获的牧草按种称重,获得围笼内外每种牧草产量。围笼内每种牧草产量与围笼外该种牧草产量的差值即为单种牧草家畜采食量,按公式(3)计算。

$$I_k = F_{i,k} - F_{o,k} \quad \cdots\cdots\cdots\cdots\cdots\cdots\cdots\cdots\cdots\cdots\cdots\cdots\cdots\cdots\cdots\cdots \quad (3)$$

式中:

I_k ——家畜对第 k 种牧草的采食量的数值,单位为克每平方米(g/m²);

$F_{i,k}$ ——围笼内第 k 种牧草的产量平均值的数值,单位为克每平方米(g/m²);

$F_{o,k}$ ——围笼外第 k 种牧草的产量平均值的数值,单位为克每平方米(g/m²)。

6.3 测算单种牧草家畜采食量的比例

单种牧草家畜采食量的比例按公式(4)计算。

$$P_{f,k} = \frac{I_k}{I_t} \times 100 \quad \cdots\cdots\cdots\cdots\cdots\cdots\cdots\cdots\cdots\cdots\cdots\cdots\cdots\cdots\cdots \quad (4)$$

式中：

$P_{\mathrm{f},k}$——第 k 种牧草家畜采食量的比例的数值，单位为百分号（%）；

I_k ——第 k 种牧草的家畜采食量的数值，单位为克每平方米（g/m²）。

7 测算家畜食性选择指数

家畜食性选择指数按公式（5）计算。

$$S_k = \frac{P_{\mathrm{f},k}}{P_{\mathrm{y},k}} \quad\cdots\cdots\cdots\cdots\cdots\cdots\cdots\cdots\cdots\cdots\cdots\cdots\cdots\cdots\cdots\cdots\cdots\cdots\cdots\cdots\cdots\cdots \quad (5)$$

式中：

S_k——第 k 种牧草的家畜食性选择指数。

8 确定家畜可食牧草种类

食性选择指数大于 $0.5(S_k > 0.5)$ 的牧草种为家畜可食牧草。

9 测算家畜可食牧草产量

家畜可食牧草产量按公式（6）计算。

$$Y_{\mathrm{p}} = \sum_{k}^{n} Y_k \quad\cdots\cdots\cdots\cdots\cdots\cdots\cdots\cdots\cdots\cdots\cdots\cdots\cdots\cdots\cdots\cdots\cdots\cdots\cdots\cdots\cdots \quad (6)$$

式中：

Y_{p}——家畜可食牧草产量的数值，单位为克每平方米（g/m²）；

n ——可食牧草总物种数的数值，单位为种；

k ——第 k 种可食牧草；

Y_k——第 k 种牧草产量的数值，单位为克每平方米（g/m²）。

10 测算草地家畜最适采食强度

草地家畜最适采食强度按公式（7）计算。

$$I = \frac{Y_{\mathrm{p}} \times 0.5}{W_{\mathrm{t}}} \times 100 \quad\cdots\cdots\cdots\cdots\cdots\cdots\cdots\cdots\cdots\cdots\cdots\cdots\cdots\cdots\cdots\cdots\cdots\cdots \quad (7)$$

式中：

I——草地家畜最适采食强度的数值，单位为百分号（%）。

ICS 65.020.40
CCS B 64

NY

中华人民共和国农业行业标准

NY/T 4130—2022

草原矿区排土场植被恢复生物笆技术要求

Technical requirements of bio-fence for dump field revegetation of
mining area in grassland

2022-07-11 发布
2022-10-01 实施

中华人民共和国农业农村部 发布

前　言

本文件按 GB/T 1.1—2020《标准化工作导则　第 1 部分：标准化文件的结构和起草规则》的规定起草。

请注意本文件的某些内容可能涉及专利。本文件的发布机构不承担识别专利的责任。

本文件由农业农村部畜牧兽医局提出。

本文件由全国畜牧业标准化技术委员会(SAC/TC 274)归口。

本文件起草单位：内蒙古自治区草原勘察规划院、内蒙古农业大学、内蒙古蒙草生态环境（集团）股份有限公司。

本文件主要起草人：朝鲁孟其其格、刘爱军、王志军、图力古尔、邢旗、乌尼图、王丹澜、苏日娜、杨勇、金花、那亚。

草原矿区排土场植被恢复生物笆技术要求

1 范围

本文件规定了草原矿区排土场植被恢复生物笆的制作、铺设、植被建植等技术要求,以及补植、监管等管护措施。

本文件适用于北方干旱、半干旱草原矿区排土场边坡植被恢复和重建工程。

2 规范性引用文件

下列文件中的内容通过文中的规范性引用而构成本文件必不可少的条款。其中,注日期的引用文件,仅该日期对应的版本适用于本文件;不注日期的引用文件,其最新版本(包括所有的修改单)适用于本文件。

GB 6141　豆科草种子质量分级

GB 6142　禾本科草种子质量分级

DZ/T 0219—2006　滑坡防治工程设计与施工技术规范

HJ 651—2013　矿山生态环境保护与恢复治理技术规范

3 术语和定义

下列术语和定义适用于本文件。

3.1

排土场　dump field

矿区集中堆放土壤、土壤母质、泥岩、砂岩、矸石和废煤等剥离物和掘进排弃物的场所。

3.2

生物笆　bio-fence

利用柳条等植物材料制作的网状植物篱笆,平铺于地表,用于滞留、聚集土壤和植物的种子、枯枝落叶,经过生物共同作用可形成生物复合体。

3.3

植物配置　plant mixture

植被重建中对植物种类、比例及混播方式合理搭配的方案。通过种子比例或植株密度进行调节。

4 技术要求

4.1 笆制作

4.1.1 原材料

以柳条等灌木枝条为主,还可用芦苇、芨芨草、农作物秸秆等。

4.1.2 规格

笆外框为长方形,长度以 1.5 m～2.5 m、宽度以 1 m～2 m 为宜;内部为网格状,网格大小依据排土场坡度而定。不同坡度对应的网格密度见表1。

表 1　不同坡度笆内网格规格

项目	指标		
坡度范围	30°～35°	20°～30°	＜20°
网格密度	10 cm×10 cm	20 cm×20 cm	30 cm×30 cm

4.2 铺设地配套措施

4.2.1 边坡平整

铺设笆和种植植物之前,清理有碍于作业的滚石和堆积物,对平台和坡面隆起或塌陷部进行平整。防止排土场滑坡的设计和处理应符合 DZ/T 0219—2006 的规定。

4.2.2 覆土

砾质或土层浅薄的排土场应覆盖表土,覆土应均匀、适当压实。覆土要求按照 HJ 651—2013 中7.3.2 的规定执行。

4.2.3 修建排水沟槽

边坡需修建排水沟槽,参考 GB 51018—2014 中11.4 的规定设计挖建,长度依据坡面长度而定。见图 1。

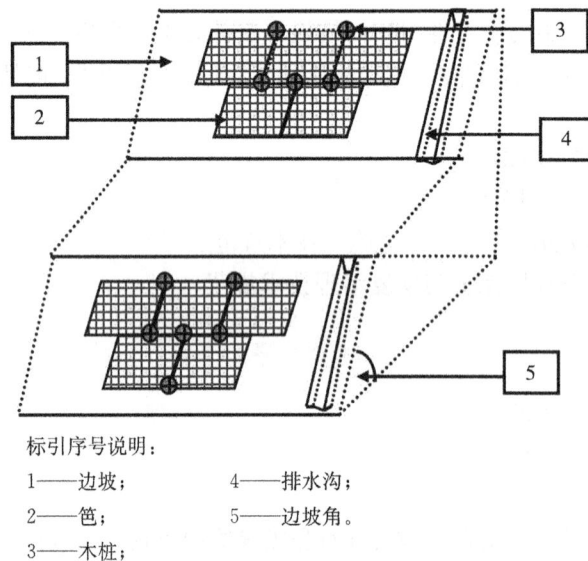

标引序号说明:
1——边坡;   4——排水沟;
2——笆;   5——边坡角。
3——木桩;

图 1 排土场生物笆铺设示意图

4.3 笆铺设

4.3.1 铺设时间

每年可分 2 次铺设。当年播种植物,应每年 4 月下旬至 5 月上旬铺设;次年春天播种植物,应在每年7 月下旬至 10 月上旬铺设。

4.3.2 铺设方法

应采用无缝平铺方式,自上而下平铺在排土场坡面上,并将其四角用锚桩固定在地面,用绑结铁丝将相邻的生物笆连接固定。排土场生物笆铺设见图 1。

4.4 笆内植被建植

4.4.1 植物配置

应采用禾本科植物与豆科植物进行组合,再选择草本与草本、半灌木、灌木进行配置。所配置的植物宜由一年生植物和多年生植物组成。

4.4.2 种子质量与播种要求

宜选择抗逆性强的乡土植物,草种发芽率应达到 75% 以上。若选用栽培草种,种子质量应符合GB 6141 和 GB 6142 要求。播种量的确定应参照 NY/T 1342,结合实地条件进行适当调整。

4.4.3 播种方式

播种方式包括条播、穴播和客土喷播,根据实际情况至少选择如下一种播种方式:
  a) 条播:宜于笆铺设之前播种。
  b) 穴播:宜于笆铺设之后播种草种或移植苗木。移植苗木参照 GB/T 15776。
  c) 客土喷播:宜于笆铺设之后,将客土材料与草种混合喷播。喷播技术参照 CJJ/T 292 的规定执行。

5 管护

5.1 补植

播种后的 1 年～3 年内,若植被覆盖度低于 50％应及时补植。

5.2 实时监管

排土场生物笆治理区,前 3 年需要实时监管,如出现坍塌、滑坡、泥石流等灾害,及时采取修复和补植措施,恢复原状。

参 考 文 献

[1]　GB/T 15776　造林技术规范
[2]　GB 51018—2014　水土保持工程设计规范
[3]　CJJ/T 292　边坡喷播绿化工程技术标准
[4]　NY/T 1342　人工草地建设技术规程

————————————

ICS 65.020.30
CCS B 43

NY

中华人民共和国农业行业标准

NY/T 4131—2022

多 浪 羊

Duolang sheep

2022-07-11 发布

2022-10-01 实施

中华人民共和国农业农村部 发布

前　言

本文件按照 GB/T 1.1—2020《标准化工作导则　第 1 部分:标准化文件的结构和起草规则》的规定起草。

请注意本文件的某些内容可能涉及专利。本文件的发布机构不承担识别专利的责任。

本文件由农业农村部种业管理司提出。

本文件由全国畜牧业标准化技术委员会(SAC/TC 274)归口。

本文件起草单位:农业农村部种羊及羊毛羊绒质量监督检验测试中心(乌鲁木齐)、新疆畜牧科学院畜牧业质量标准研究所。

本文件主要起草人:郑文新、王军、宫平、冯东河、陶卫东、张敏、魏佩玲、许艳丽、司衣提·克热木、牛志涛、邢巍婷、何茜、采复拉、木扎帕尔、张蓉银、吕雪峰、叶尔兰、段新华、周卫东、师帅、高扬、张志军、尔夏提、帕娜尔、库木斯、阿依古丽。

多　浪　羊

1　范围

本文件规定了多浪羊的品种来源、品种特性、外貌特征、体重体尺、生产性能、测定方法、等级评定及评定记录。

本文件适用于多浪羊品种的鉴定和等级评定。

2　规范性引用文件

下列文件中的内容通过文中的规范性引用而构成本文件必不可少的条款。其中，注日期的引用文件，仅该日期对应的版本适用于本文件；不注日期的引用文件，其最新版本（包括所有的修改单）适用于本文件。

NY/T 1236　绵、山羊生产性能测定技术规范

3　术语和定义

本文件没有需要界定的术语和定义。

4　品种来源

多浪羊又称麦盖提羊，含少量的阿富汗瓦格吉尔羊血统。多浪羊主要分布于昆仑山下叶尔羌河流域的新疆喀什地区麦盖提县，以及周边的伽师县、巴楚县、莎车县和岳普湖县。

5　品种特性

多浪羊属肉脂兼用型地方绵羊品种，具有体格大、生长发育快、性早熟、耐粗饲、繁殖率较高、增膘快等特点，适合农区饲养。

6　外貌特征

体格大、体躯长而深、体质结实。头中等大小；鼻梁隆起；耳大下垂；颈长，脂臀较大；公羊多数无角，少数有小角，母羊无角。初生羔羊被毛为黑色或褐色，长大后被毛以灰白色为主，深灰色次之，头耳与四肢的颜色保留初生胎毛褐色或黑棕色，腹毛稀疏而短，多为白色。外貌特征见附录 A。

7　体重体尺

12 月龄、24 月龄多浪羊体重和体尺如表 1 所示。

表 1　12 月龄、24 月龄体重和体尺

年龄	性别	剪毛后体重,kg	体高,cm	体长,cm	胸围,cm
12 月龄	公	60.7	75.3	72.2	94.1
	母	45.1	62.3	54.8	69.4
24 月龄	公	95.3	88.7	89.1	110.0
	母	75.2	78.0	76.3	100.7
注:表中数据为平均值。					

8　生产性能

8.1　屠宰性能

公羊 12 月龄和 24 月龄的平均胴体重分别为 30.7 kg、52.0 kg,平均屠宰率分别为 51.1%、54.8%;母羊 12 月龄和 24 月龄的平均胴体重分别为 21.7 kg、39.1 kg,平均屠宰率分别为 48.3%、52.1%。

8.2 产毛性能

被毛为异质毛,由粗毛、绒毛和两型毛组成。成年公羊平均产毛量 2.5 kg,成年母羊平均产毛量 2.0 kg;周岁公羊平均产毛量 1.8 kg,周岁母羊平均产毛量 1.5 kg。其中,底绒含量 30%～60%,纤维直径主体范围 18 μm～26 μm。

8.3 繁殖性能

性成熟早,初配年龄一般为 8 月龄,常年发情,胎产羔率为 120%～130%。

9 测定方法

体重、体尺、屠宰性能、产毛性能、繁殖性能测定方法按照 NY/T 1236 的规定执行。

10 等级评定

10.1 评定对象和时间

评定对象为 12 月龄和 24 月龄的多浪羊。剪毛期评定。

10.2 分级

10.2.1 特级

一级中的优秀个体,体重、体高、体长、胸围 4 项指标均超过一级羊指标 10% 以上的评为特级。

10.2.2 一级

符合品种体型外貌特征,且体重、体高、体长、胸围 4 项指标均达到表 2 规定的羊评为一级。

表 2 一级羊评定指标

年龄	性别	剪毛后体重,kg	体高,cm	体长,cm	胸围,cm
12 月龄	公	≥60	≥75	≥72	≥94
	母	≥45	≥62	≥54	≥69
24 月龄	公	≥95	≥88	≥89	≥110
	母	≥75	≥78	≥76	≥100

10.2.3 二级

符合品种体型外貌特征,且体重、体高、体长、胸围 4 项指标均达到表 3 规定的羊评为二级。

表 3 二级羊评定指标

年龄	性别	剪毛后体重,kg	体高,cm	体长,cm	胸围,cm
12 月龄	公	≥55	≥67	≥64	≥84
	母	≥42	≥55	≥48	≥62
24 月龄	公	≥85	≥78	≥80	≥99
	母	≥65	≥68	≥68	≥90

11 评定记录

见附录 B。

附 录 A
（资料性）
多浪羊外貌特征

多浪羊外貌特征见图 A.1～图 A.6。

图 A.1 公羊侧面

图 A.2 母羊侧面

图 A.3 公羊头部

图 A.4　母羊头部

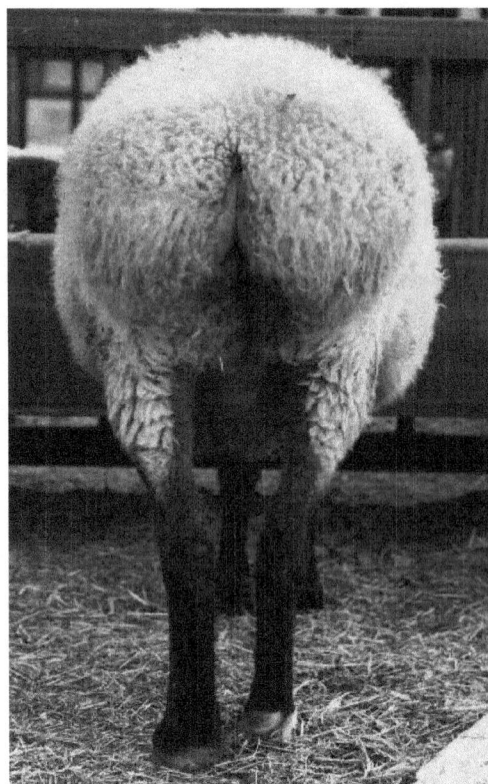

图 A.5　公羊尾部

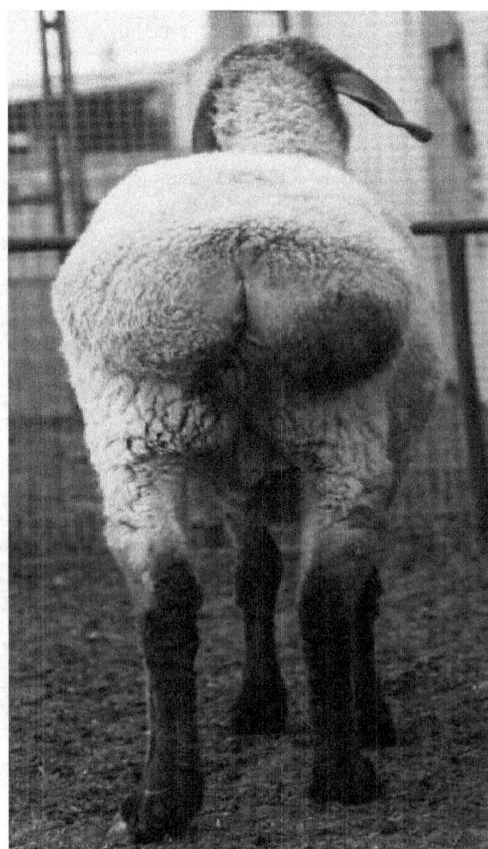

图 A.6　母羊尾部

附 录 B
（资料性）
多浪羊评定记录

多浪羊评定记录见表 B.1。

表 B.1 多浪羊评定记录

耳号	性别	年龄 月龄	剪毛后体重 kg	体高 cm	体长 cm	胸围 cm	剪毛量 kg	底绒长度 cm	等级	备注

评定（养殖）地点：　　　养殖户名：　　　评定人员：　　　评定时间：

ICS 65.020.30
CCS B 43

NY

中华人民共和国农业行业标准

NY/T 4132—2022

和 田 羊

Hetian sheep

2022-07-11 发布

2022-10-01 实施

中华人民共和国农业农村部 发布

前　言

本文件按照 GB/T 1.1—2020《标准化工作导则　第 1 部分:标准化文件的结构和起草规则》的规定起草。

请注意本文件的某些内容可能涉及专利。本文件的发布机构不承担识别专利的责任。

本文件由农业农村部种业管理司提出。

本文件由全国畜牧业标准化技术委员会(SAC/T 274)归口。

本文件起草单位:农业农村部种羊及羊毛羊绒质量监督检验测试中心(乌鲁木齐)、新疆畜牧科学院畜牧业质量标准研究所。

本文件主要起草人:郑文新、高维明、张敏、冯东河、阿布杜拉、陶卫东、宫平、何茜、许艳丽、魏佩玲、邢巍婷、王乐、采复拉、高扬、左晓佳、周卫东、吕雪峰、乌兰、胡波、叶尔兰、师帅、王珊珊、段新华、阿依古丽、尔夏提、库木斯。

和　田　羊

1　范围

本文件规定了和田羊的品种来源、品种特性、外貌特征、体重体尺、生产性能、测定方法、等级评定及评定记录等。

本文件适用于和田羊品种的鉴定和等级评定。

2　规范性引用文件

下列文件中的内容通过文中的规范性引用而构成本文件必不可少的条款。其中，注日期的引用文件，仅该日期对应的版本适用于本文件；不注日期的引用文件，其最新版本（包括所有的修改单）适用于本文件。

NY/T 1236　绵、山羊生产性能测定技术规范

3　术语和定义

本文件没有需要界定的术语和定义。

4　品种来源

原产于新疆和田地区，目前主要分布在新疆和田地区的皮山、墨玉、和田、洛浦、策勒、于田、民丰等县市及周边地区。

5　品种特性

属毛肉兼用地方绵羊品种，分山区型和农区型。被毛弹性好，是制作地毯、毛毯等纺织制品优质原料。善于长途跋涉、登山觅食，耐粗饲，适应干旱、炎热、贫瘠的荒漠、半荒漠及低营养水平自然生态条件。长期生活区域的差异，形成了山区型和农区型。

6　外貌特征

体质结实，结构匀称，体格较小。头部清秀，鼻梁隆起，耳大下垂，颈细长，公羊多数有大角，呈螺旋状向前、向外伸，母羊多数无角或有小角。体躯较窄，背腰平直。四肢较高，肢势端正，蹄质结实。尾基部呈不大的三角形，基部宽大向下收缩，下端为一下垂稍长的瘦细尾尖；一种宽大肥厚，下端钝圆呈圆盘状，尾尖小或无尾尖。毛色全白为主，也有黑色、棕色等其他颜色，个别羊头为黑色或有黑斑。被毛富有光泽，弯曲明显，呈毛辫状，上下披叠、层次分明，呈裙状垂于体侧达腹线以下。和田羊外貌特征见附录 A。

7　体重体尺

24 月龄、12 月龄和田羊体重和体尺如表 1 所示。

表 1　24 月龄、12 月龄体重和体尺

年龄	性别	剪毛后体重,kg	体高,cm	体长,cm	胸围,cm
24 月龄	公	40.3	65.1	65.3	85.9
	母	32.1	62.8	65.5	81.2
12 月龄	公	25.5	58.3	58.6	70.9
	母	22.5	52.6	56.2	65.1
注：表中数据为平均值。					

8 生产性能

8.1 产毛性能

被毛异质,毛辫较长,呈白色,由小毛辫和中毛辫组成,垂于躯体两侧。被毛中油汗适中。底绒含量30%～55%,纤维直径18.0 μm～23.0 μm;两型毛含量30%～60%,纤维直径30.0 μm～49.0 μm。农区型成年公羊年剪毛量2.2 kg～4.7 kg、成年母羊0.8 kg～1.9 kg;山区型成年公羊年剪毛量1.8 kg～2.2 kg,成年母羊1.2 kg～1.8 kg。毛辫长度10 cm～22 cm,底绒长度3 cm～10 cm。净毛率55%～80%。

8.2 屠宰性能

公羊12月龄和24月龄的平均胴体重分别为11.3 kg、19.8 kg,平均屠宰率分别为45.1%、49.2%;母羊12月龄和24月龄的平均胴体重分别为10.0 kg、15.4 kg,平均屠宰率分别为45.3%、47.9%。

8.3 繁殖性能

母羊初配年龄12月龄～18月龄。全年发情,4月、5月和11月为发情旺季,发情周期16 d～19 d,发情持续24 h～48 h。妊娠期为143 d～147 d,胎产羔率为102%。

9 测定方法

9.1 体尺、体重

按照NY/T 1236的规定执行。

9.2 产毛性能指标

9.2.1 毛辫长度

在羊体左侧中线,肩胛骨后缘10 cm处,分开毛辫,将钢直尺垂直插入毛丛并紧贴皮肤,顺毛辫方向测量毛丛自然状态的长度(除去虚尖),精确至0.5 cm。

9.2.2 底绒长度

在测量毛辫长度的部位分开毛辫,将钢直尺垂直插入毛辫并紧贴皮肤,测量绒毛层的长度,精确至0.5 cm。

9.2.3 干死毛

被毛中干死毛含量以3分制表示:
a) 3分:正身被毛无干死毛;
b) 2分:正身主要部位无干死毛,背部、股部有少量干死毛;
c) 1分:正身主要部位有干死毛或背部、股部干死毛含量高。

9.2.4 其他指标

底绒含量、两型毛含量、净毛率、纤维直径按照NY/T 1236的规定执行。

9.3 屠宰性能指标

按照NY/T 1236的规定执行。

9.4 繁殖性能指标

按照NY/T 1236的规定执行。

10 等级评定

10.1 评定对象和时间

评定对象为24月龄和12月龄的和田羊。剪毛期评定。

10.2 分级

10.2.1 特级

一级羊中剪毛后体重、剪毛量、毛辫长度中有2项高于一级羊指标10%,且正身被毛中无干死毛的羊评为特级羊。

10.2.2 一级

符合体型外貌特征，且剪毛后体重、剪毛量、体高、体长、胸围、毛辫长度、底绒长度、干死毛符合表 2 中各项要求的个体为一级。

表 2 一级羊评定指标

年龄	性别	剪毛后体重 kg	剪毛量 kg	体高 cm	体长 cm	胸围 cm	毛辫长度 cm	底绒长度 cm	干死毛 分
24 月龄	公	≥40.0	≥1.6	≥65	≥65	≥85	≥14.0	≥6.0	≥2
	母	≥32.0	≥1.2	≥62	≥65	≥80	≥14.0	≥6.0	≥2
12 月龄	公	≥25.0	≥1.3	≥58	≥58	≥70	≥14.0	≥6.0	≥2
	母	≥22.0	≥1.1	≥52	≥56	≥65	≥14.0	≥6.0	≥2

10.2.3 二级

符合体型外貌特征，且剪毛后体重、剪毛量、体高、体长、胸围、毛辫长度、底绒长度、干死毛符合表 3 中各项要求的个体为二级。

表 3 二级羊评定指标

年龄	性别	剪毛后体重 kg	剪毛量 kg	体高 cm	体长 cm	胸围 cm	毛辫长度 cm	底绒长度 cm	干死毛 分
24 月龄	公	≥36.0	≥1.4	≥60	≥59	≥76	≥10	≥4.0	≥1
	母	≥27.0	≥1.1	≥55	≥59	≥71	≥10	≥4.0	≥1
12 月龄	公	≥22.0	≥1.2	≥52	≥52	≥62	≥10	≥4.0	≥1
	母	≥20.0	≥1.0	≥48	≥50	≥60	≥10	≥4.0	≥1

11 评定记录

评定结果记录见附录 B。

附 录 A

（资料性）

和田羊外貌特征

和田羊外貌特征见图 A.1～图 A.6。

图 A.1 公羊侧面

图 A.2 母羊侧面

图 A.3　公羊头部

图 A.4　母羊头部

图 A.5 公羊尾部

图 A.6 母羊尾部

附 录 B

（资料性）

和田羊评定记录

和田羊评定记录见表 B.1。

表 B.1 和田羊评定记录

耳号	性别	年龄月龄	剪毛后体重 kg	体高 cm	体长 cm	胸围 cm	毛色	底绒长度 cm	毛辫长度 cm	干死毛分	剪毛量 kg	等级	备注

评定（养殖）地点：　　　养殖户名：　　　评定人员：　　　评定时间：

ICS 65.020.30
CCS B 43

NY

中华人民共和国农业行业标准

NY/T 4133—2022

哈萨克羊

Kazakh sheep

2022-07-11 发布

2022-10-01 实施

中华人民共和国农业农村部 发布

前　言

本文件按照 GB/T 1.1—2020《标准化工作导则　第 1 部分:标准化文件的结构和起草规则》的规定起草。

请注意本文件的某些内容可能涉及专利。本文件的发布机构不承担识别专利的责任。

本文件由农业农村部种业管理司提出。

本文件由全国畜牧业标准化技术委员会(SAC/TC 274)归口。

本文件起草单位:农业农村部种羊及羊毛羊绒质量监督检验测试中心(乌鲁木齐)、新疆畜牧科学院畜牧业质量标准研究所。

本文件主要起草人:郑文新、张敏、陶卫东、叶尔兰、冯东河、魏佩玲、许艳丽、高维明、宫平、王乐、张蓉银、邢巍婷、何茜、采复拉、木扎帕尔、赛迪古丽·赛买提、王晓涛、胡波、高扬、吕雪峰、左晓佳、乌兰、帕娜尔、张志军、尔夏提、阿依古丽、库木斯。

哈萨克羊

1 范围

本文件规定了哈萨克羊的品种来源、品种特性、外貌特征、体重体尺、生产性能、测定方法、等级评定及评定记录。

本文件适用于哈萨克羊品种的鉴定和等级评定。

2 规范性引用文件

下列文件中的内容通过文中的规范性引用而构成本文件必不可少的条款。其中,注日期的引用文件,仅该日期对应的版本适用于本文件;不注日期的引用文件,其最新版本(包括所有的修改单)适用于本文件。

NY/T 1236 绵、山羊生产性能测定技术规范

3 术语和定义

本文件没有需要界定的术语和定义。

4 品种来源

原产于新疆天山北麓和阿尔泰山南麓,现主要分布于北疆及其与甘肃、青海毗邻的地区。

5 品种特性

属肉脂兼用型地方绵羊品种,具有适应性强、体质结实、抓膘能力强的特性。

6 外貌特征

哈萨克羊体质结实、结构匀称。被毛异质,主要由绒毛、两型毛和少量粗毛组成。毛色以棕红色为主,头肢杂色个体也占有相当数量,少部分为白色、灰色、黑色。公羊大多具有粗大的螺旋形角,母羊半数有小角。头大小适中,鼻梁明显隆起,耳大下垂。背腰平直、四肢高粗结实,肢势端正。脂臀尾,外附短毛,内面光滑无毛,呈方圆形。外貌特征见附录 A。

7 体重体尺

24 月龄、12 月龄哈萨克羊体重和体尺如表 1 所示。

表 1 24 月龄、12 月龄体重和体尺

年龄	性别	剪毛后体重,kg	体高,cm	体长,cm	胸围,cm
24 月龄	公	74.5	72.7	71.4	97.8
	母	48.1	64.0	68.5	83.3
12 月龄	公	42.5	62.7	64.5	87.7
	母	41.3	62.2	67.2	85.0
注:表中数据为平均值。					

8 生产性能

8.1 屠宰性能

公羊 12 月龄和 24 月龄的平均胴体重分别为 19.3 kg、30.1 kg,平均屠宰率分别为 44.8%、48.9%;母

羊12月龄和24月龄的平均胴体重分别为17.4 kg、23.2 kg,平均屠宰率分别为42.4%、46.9%。

8.2 产毛性能

被毛为异质毛,由粗毛、绒毛和两型毛组成。成年公羊平均产毛量2.5 kg,成年母羊平均产毛量2 kg,周岁公羊平均产毛量2 kg,周岁母羊平均产毛量1.5 kg。底绒含量30%~60%,其纤维直径主体范围为18 μm~25 μm。

8.3 繁殖性能

母羊性成熟一般在6月龄~8月龄,初配年龄18月龄~19月龄,秋季发情,发情周期16 d~19 d,妊娠期为147 d~152 d,胎产羔率为102.0%。

9 测定方法

体重、体尺、屠宰性能、产毛性能、繁殖性能测定方法按照NY/T 1236的规定执行。

10 等级评定

10.1 评定时间和对象

评定对象为24月龄、12月龄。剪毛期评定。

10.2 分级

10.2.1 特级

一级中的优秀个体,体重、体高、体长、胸围4项指标均超过一级羊指标10%以上的评为特级。

10.2.2 一级

符合体型外貌特征,且体重、体高、体长、胸围4项指标均达到表2规定的羊评为一级羊。

表2 一级羊评定指标

年龄	性别	剪毛后体重,kg	体高,cm	体长,cm	胸围,cm
24月龄	公	≥73	≥72	≥71	≥97
	母	≥47	≥64	≥68	≥84
12月龄	公	≥42	≥62	≥65	≥87
	母	≥40	≥62	≥66	≥85

10.2.3 二级

符合体型外貌特征,且体重、体高、体长、胸围4项指标均达到表3规定的羊评为二级羊。

表3 二级羊评定指标

年龄	性别	剪毛后体重,kg	体高,cm	体长,cm	胸围,cm
24月龄	公	≥66	≥65	≥64	≥88
	母	≥42	≥58	≥62	≥76
12月龄	公	≥37	≥56	≥59	≥78
	母	≥36	≥56	≥60	≥77

11 评定记录

评定记录见附录B。

附　录　A
（资料性）
哈萨克羊外貌特征

哈萨克羊外貌特征见图 A.1～图 A.6。

图 A.1　公羊侧面

图 A.2　母羊侧面

图 A.3　公羊头部

图 A.4　母羊头部

图 A.5　公羊尾部

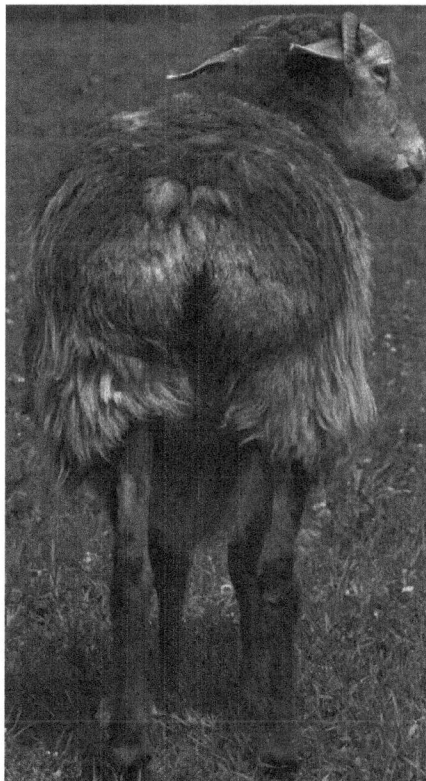

图 A.6　母羊尾部

附 录 B
（资料性）
哈萨克羊评定记录

哈萨克羊评定记录见表 B.1。

表 B.1 哈萨克羊评定记录

耳号	性别	年龄 月龄	剪毛后体重 kg	体高 cm	体长 cm	胸围 cm	剪毛量 kg	底绒长度 cm	等级	备注

评定（养殖）地点：　　　养殖户名：　　　　评定人员：　　　　评定时间：

ICS 65.020.30
CCS B 43

NY

中华人民共和国农业行业标准

NY/T 4134—2022

塔什库尔干羊

Taxkorgan sheep

2022-07-11 发布

2022-10-01 实施

中华人民共和国农业农村部 发布

前　言

本文件按照 GB/T 1.1—2020《标准化工作导则　第 1 部分:标准化文件的结构和起草规则》的规定起草。

请注意本文件的某些内容可能涉及专利。本文件的发布机构不承担识别专利的责任。

本文件由农业农村部种业管理司提出。

本文件由全国畜牧业标准化技术委员会(SAC/TC 274)归口。

本文件起草单位:农业农村部种羊及羊毛羊绒质量监督检验测试中心(乌鲁木齐)、新疆畜牧科学院畜牧业质量标准研究所。

本文件主要起草人:陶卫东、郑文新、张敏、冯东河、许艳丽、魏佩玲、邢巍婷、司衣提·克热木、牛志涛、高维明、宫平、何茜、吕雪峰、王乐、赛迪古丽、张蓉银、采复拉、叶尔兰、木扎帕尔、高扬、王晓涛、段新华、左晓佳、乌兰、尔夏提、库木斯、阿依古丽。

塔什库尔干羊

1 范围

本文件规定了塔什库尔干羊的品种来源、品种特性、外貌特征、体重体尺、生产性能、测定方法、等级评定及评定记录。

本文件适用于塔什库尔干羊品种的鉴定和等级评定。

2 规范性引用文件

下列文件中的内容通过文中的规范性引用而构成本文件必不可少的条款。其中,注日期的引用文件,仅该日期对应的版本适用于本文件;不注日期的引用文件,其最新版本(包括所有的修改单)适用于本文件。

NY/T 1236 绵、山羊生产性能测定技术规范

3 术语和定义

本文件没有需要界定的术语和定义。

4 品种来源

在新疆帕米尔高原东部山区,经过长期自然选择及人工选育形成的地方绵羊品种。主要分布在塔什库尔干县及周边地区。

5 品种特性

属肉脂兼用型地方绵羊品种,具有耐粗饲,产肉性能较高,抗病性强,对帕米尔高原的高海拔、高寒等自然条件适应性强的特性。

6 外貌特征

体质结实,体格大,四肢高而直,头大小适中,鼻梁隆起,耳小下垂,公羊多数无角,母羊无角,颈长适中,肌肉发达,胸宽深,肋骨拱圆,后躯发育良好,脂臀呈圆形,大而不下垂,四肢结实,肢势端正。毛色以棕褐色为主,少数为黑色。外貌特征见附录A。

7 体重体尺

24月龄、12月龄塔什库尔干羊体重和体尺如表1所示。

表 1 24月龄、12月龄体重和体尺

年龄	性别	剪毛后体重,kg	体高,cm	体长,cm	胸围,cm
24月龄	公	66.9	75.4	83.3	92.8
	母	49.9	72.8	81.0	85.6
12月龄	公	43.2	63.5	67.2	78.3
	母	41.3	57.6	61.5	65.5
注:表中数据为平均值。					

8 生产性能

8.1 屠宰性能

公羊 12 月龄和 24 月龄的平均胴体重分别为 19.3 kg、30.1 kg,平均屠宰率分别为 44.8%、48.9%;母羊 12 月龄和 24 月龄的平均胴体重分别为 17.4 kg、23.2 kg,平均屠宰率分别为 42.4%、46.9%。

8.2 产毛性能

被毛为异质毛,由粗毛、绒毛和两型毛组成。成年公羊平均产毛量 1.5 kg,成年母羊平均产毛量 1.2 kg,1.5 岁公羊产毛量 0.75 kg,1.5 岁母羊产毛量 0.65 kg。其中,底绒含量 30%~60%,其纤维直径主体范围为 18 μm~26 μm。

8.3 繁殖性能

公、母羊 6 月龄~9 月龄性成熟,初配期一般在 18 月龄,秋季发情,发情周期 17 d。胎产羔率 105%。

9 测定方法

体重、体尺、屠宰性能、产毛性能、繁殖性能测定方法按照 NY/T 1236 的规定执行。

10 等级评定

10.1 评定对象和时间

评定对象为 24 月龄和 12 月龄。剪毛期评定。

10.2 分级

10.2.1 特级

一级中的优秀个体,体重、体高、体长、胸围 4 项指标均超过一级羊指标 10% 以上的评为特级。

10.2.2 一级

符合体型外貌特征,且体重、体高、体长、胸围 4 项指标均达到表 2 规定的羊评为一级羊。

表 2 一级羊评定指标

年龄	性别	剪毛后体重,kg	体高,cm	体长,cm	胸围,cm
24 月龄	公	≥67	≥75	≥83	≥93
	母	≥49	≥72	≥80	≥85
12 月龄	公	≥43	≥63	≥67	≥78
	母	≥41	≥58	≥61	≥65

10.2.3 二级

符合体型外貌特征,且体重、体高、体长、胸围 4 项指标均达到表 3 规定的羊评为二级羊。

表 3 二级羊评定指标

年龄	性别	剪毛后体重,kg	体高,cm	体长,cm	胸围,cm
24 月龄	公	≥51	≥68	≥75	≥84
	母	≥45	≥65	≥72	≥75
12 月龄	公	≥37	≥57	≥62	≥61
	母	≥35	≥47	≥51	≥58

11 评定记录

评定记录见附录 B。

附 录 A

（资料性）

塔什库尔干羊外貌特征

塔什库尔干羊外貌特征见图 A.1～图 A.6。

图 A.1 公羊侧面

图 A.2 母羊侧面

图 A.3 公羊头部

图 A.4 母羊头部

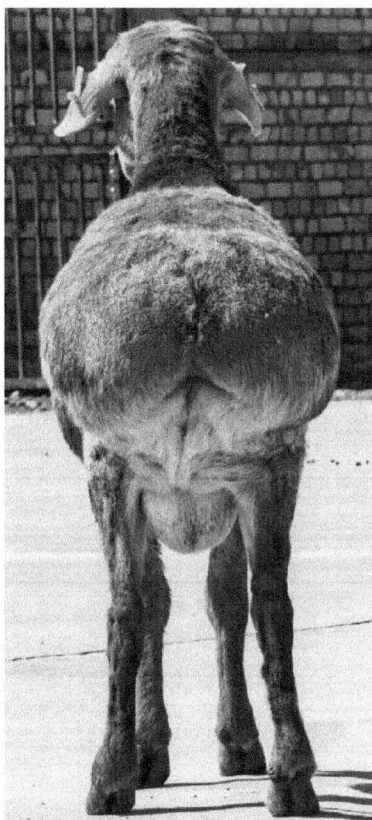

图 A.5　公羊尾部

图 A.6　母羊尾部

附 录 B
（资料性）
塔什库尔干羊评定记录

塔什库尔干羊评定记录见表 B.1。

表 B.1 塔什库尔干羊评定记录

耳号	性别	年龄月龄	剪毛后体重 kg	体高 cm	体长 cm	胸围 cm	剪毛量 kg	底绒长度 cm	等级	备注

评定（养殖）地点：　　养殖户名：　　评定人员：　　评定时间：

ICS 65.020.30
CCS B 43

NY

中华人民共和国农业行业标准

NY/T 4135—2022

巴尔楚克羊

Baerchuke sheep

2022-07-11 发布

2022-10-01 实施

中华人民共和国农业农村部 发布

前　言

本文件按照 GB/T 1.1—2020《标准化工作导则　第 1 部分：标准化文件的结构和起草规则》的规定起草。

请注意本文件的某些内容可能涉及专利。本文件的发布机构不承担识别专利的责任。

本文件由农业农村部种业管理司提出。

本文件由全国畜牧业标准化技术委员会(SAC/TC 274)归口。

本文件起草单位：农业农村部种羊及羊毛羊绒质量监督检验测试中心(乌鲁木齐)、新疆畜牧科学院畜牧业质量标准研究所。

本文件主要起草人：郑文新、张敏、王军、宫平、冯东河、许艳丽、魏佩玲、盛明明、周卫东、司依提、何茜、王乐、吕雪峰、左晓佳、孙利萍、吕长鹏、高维明、赛迪古丽、卫新璞、党乐、高扬、采复拉、木扎帕尔、陶卫东、师帅、胡波、王晓涛、叶尔兰、张志军、尔夏提、张蓉银、帕娜尔、柴婷、张妤、段新华、伊力哈木、夏永强、牛志涛、再努尔、米尔卡米力、于苏甫、买合木提。

巴尔楚克羊

1 范围

本文件规定了巴尔楚克羊的品种来源、品种特性、外貌特征、体重体尺、生产性能、测定方法、等级评定及评定记录。

本文件适用于巴尔楚克羊品种的鉴定和等级评定。

2 规范性引用文件

下列文件中的内容通过文中的规范性引用而构成本文件必不可少的条款。其中,注日期的引用文件,仅该日期对应的版本适用于本文件;不注日期的引用文件,其最新版本(包括所有的修改单)适用于本文件。

NY/T 1236 绵、山羊生产性能测定技术规范

3 术语和定义

本文件没有需要界定的术语和定义。

4 品种来源

巴尔楚克羊原产于巴尔楚克城(即今巴楚县),是由巴尔楚克城的名称而来。主要分布在新疆巴楚县的阿纳库勒乡、多来提巴格乡、恰尔巴格乡、夏马勒乡、阿克萨克马热勒乡、夏马勒牧场、夏马勒林场、夏河林场、园艺场等地。

5 品种特性

属肉毛兼用型地方绵羊品种,适应于荒漠和半荒漠环境,具有耐粗饲、耐盐碱、耐干旱、耐热、抗病力强等特性。肉质鲜嫩,风味独特。

6 外貌特征

体质结实,肢体健壮。主体被毛为白色,头部大部分或眼圈、嘴轮、耳尖、蹄部多有大小不规则分布的黑斑。头清秀,略呈三角形,额微凸,鼻梁隆起,耳小、半下垂。公、母羊均无角。颈部长短适中,颈下有长毛,胸较窄,背腰平直、较长。四肢较高,肢势端正,蹄质结实,后躯肌肉丰满呈圆筒状。脂尾丰满,尾型分为三角形和萝卜形。外貌特征见附录 A。

7 体重体尺

24 月龄、12 月龄巴尔楚克羊体重和体尺如表 1 所示。

表 1 24 月龄、12 月龄体重和体尺

年龄	性别	剪毛后体重,kg	体高,cm	体长,cm	胸围,cm
24 月龄	公	63.5	74.7	70.8	89.9
	母	43.2	68.3	67.8	85.7
12 月龄	公	37.2	61.2	60.6	77.4
	母	33.2	58.3	58.5	72.1
注:表中数据为平均值。					

8 生产性能

8.1 屠宰性能

公羊12月龄和24月龄的平均胴体重分别为15.1 kg、29.7 kg,平均屠宰率分别为46.3%、46.8%;母羊12月龄和24月龄的平均胴体重分别为14.4 kg、19.8 kg,平均屠宰率分别为47.0%、47.2%。

8.2 产毛性能

被毛为异质毛,由粗毛、绒毛和两型毛组成。每年剪毛一次,成年公羊平均产毛量为1.6 kg,成年母羊为1.3 kg,周岁公羊为1.4 kg,周岁母羊为1.3 kg。底绒含量为45%~65%,其纤维直径主体范围为19 μm~26 μm。

8.3 繁殖性能

公羊性成熟为6月龄~7月龄,母羊为5月龄~6月龄;初配年龄为12月龄~14月龄。发情周期为17 d,发情持续为34 h,妊娠期为150 d,胎产羔率105.7%。

9 测定方法

体重、体尺、屠宰性能、产毛性能、繁殖性能测定方法按照NY/T 1236的规定执行。

10 等级评定

10.1 评定对象和时间

评定对象为24月龄和12月龄。剪毛期评定。

10.2 分级

10.2.1 特级

一级中的优秀个体,体重、体高、体长、胸围4项指标均超过一级羊指标10%以上的评为特级。

10.2.2 一级

符合体型外貌特征,且体重、体高、体长、胸围4项指标均达到表2规定的羊评为一级羊。

表2 一级羊评定指标

年龄	性别	剪毛后体重,kg	体高,cm	体长,cm	胸围,cm
24月龄	公	≥63	≥75	≥70	≥90
	母	≥43	≥68	≥67	≥85
12月龄	公	≥37	≥60	≥59	≥77
	母	≥33	≥57	≥57	≥72

10.2.3 二级

符合体型外貌特征,且体重、体高、体长、胸围4项指标均达到表3规定的羊评为二级羊。

表3 二级羊评定指标

年龄	性别	剪毛后体重,kg	体高,cm	体长,cm	胸围,cm
24月龄	公	≥54	≥61	≥63	≥80
	母	≥35	≥58	≥60	≥75
12月龄	公	≥32	≥55	≥53	≥67
	母	≥28	≥52	≥51	≥62

11 评定记录

评定记录见附录B。

附　录　A

（资料性）

巴尔楚克羊外貌特征

巴尔楚克羊外貌特征见图 A.1～图 A.6。

图 A.1　公羊侧面

图 A.2　母羊侧面

图 A.3　公羊头部

图 A.4　母羊头部

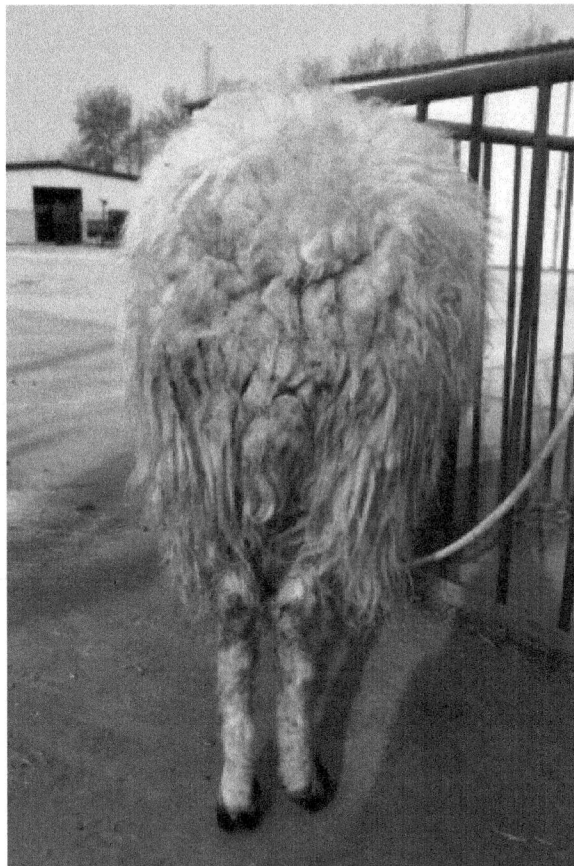

图 A.5　公羊尾部

图 A.6　母羊尾部

附 录 B
（资料性）
巴尔楚克羊评定记录

巴尔楚克羊评定记录见表 B.1。

表 B.1 巴尔楚克羊评定记录

耳号	性别	年龄月龄	剪毛后体重kg	体高cm	体长cm	胸围cm	剪毛量kg	底绒长度cm	等级	备注

评定（养殖）地点：　　　养殖户名：　　　评定人员：　　　评定时间：

ICS 65.020.30
CCS B 43

NY

中华人民共和国农业行业标准

NY/T 4242—2022

鲁 西 牛

Luxi cattle

2022-11-11 发布

2023-03-01 实施

中华人民共和国农业农村部 发布

前　言

本文件按照 GB/T 1.1—2020《标准化工作导则　第 1 部分:标准化文件的结构和起草规则》的规定起草。

请注意本文件的某些内容可能涉及专利。本文件的发布机构不承担识别专利的责任。

本文件由农业农村部种业管理司提出。

本文件由全国畜牧业标准化技术委员会(SAC/TC 274)归口。

本文件起草单位:山东省农业科学院畜牧兽医研究所、山东省畜牧总站、山东省鲁西黄牛原种场、山东科龙畜牧产业有限公司、山东省阳信鑫源畜牧养殖有限公司、菏泽市畜牧工作站、菏泽市牡丹区鲁西黄牛保种中心、湖南农业大学。

本文件主要起草人:万发春、曲绪仙、张相伦、赵红波、刘桂芬、刘晓牧、张淑二、张德敏、高翔、张青云、蔡中峰、杨立波、宋恩亮、张德强、张奇峰。

鲁 西 牛

1 范围

本文件规定了鲁西牛的品种来源及特性、体型外貌、体尺体重、生产性能和等级评定的要求,描述了体尺体重和生产性能的测定方法。

本文件适用于鲁西牛的品种鉴定和等级评定。

2 规范性引用文件

下列文件中的内容通过文中的规范性引用而构成本文件必不可少的条款。其中,注日期的引用文件,仅该日期对应的版本适用于本文件;不注日期的引用文件,其最新版本(包括所有的修改单)适用于本文件。

GB 4143　牛冷冻精液

NY/T 2660　肉牛生产性能测定技术规范

3 术语和定义

本文件没有需要界定的术语和定义。

4 品种来源及特性

鲁西牛是山东省鲁西地区长期选育而成的地方牛品种,主要分布在山东省菏泽市的鄄城县、郓城县、巨野县、牡丹区,济宁市的梁山县、嘉祥县、汶上县、金乡县,泰安市的东平县等地。鲁西牛经育肥,牛肉大理石状花纹明显,脂肪分布均匀,风味独特,肌纤维细。

5 体型外貌

鲁西牛体格高大,体躯宽深,结构匀称,体质结实紧凑,肌肉较丰满。被毛浅黄至棕黄色,眼圈、口轮和四肢内侧色浅,呈"三粉"特征;鼻镜以肉红色为主。前躯发育好,鬐甲较高,肩宽厚,胸宽深,背腰平直,尻稍斜,四肢端正,蹄质坚实。公牛头粗壮,角粗大,多为龙门角和倒八字角,颈短厚,肩峰耸起。母牛头清秀,角细短,多为倒八字角、龙门角和扁担角,颈长短适中,肩峰明显,乳房发育较好。鲁西牛公牛、母牛外貌特征图见附录 A。

6 体尺体重

6 月龄、12 月龄、24 月龄和成年的公牛体尺体重见表 1。6 月龄、12 月龄、24 月龄和成年的母牛体尺体重见表 2。

表 1　公牛体尺体重

年龄	体高 cm	体斜长 cm	胸围 cm	髋宽 cm	尻长 cm	体重 kg
6 月龄	108±2.4	118±2.5	131±2.1	29.9±0.7	37.3±0.9	170±16.3
12 月龄	118±3.4	126±2.9	147±2.8	31.6±1.3	39.5±1.2	276±22.4
24 月龄	136±3.9	146±3.8	171±3.6	38.8±1.9	44.6±1.6	459±24.6
成年	148±4.2	173±3.8	206±3.6	41.9±2.1	52.0±2.1	691±32.2
注:表中数据采用平均数加减标准差表示。						

表 2　母牛体尺体重

年龄	体高 cm	体斜长 cm	胸围 cm	髋宽 cm	尻长 cm	体重 kg
6 月龄	100±2.7	100±2.4	122±2.3	29.8±0.7	36.0±0.7	141±10.5
12 月龄	116±2.5	123±2.6	144±2.3	31.0±1.0	37.8±0.8	244±15.4
24 月龄	133±3.2	146±3.1	177±3.2	33.9±1.3	40.9±1.6	392±23.8
成年	138±3.4	154±3.3	181±3.5	39.3±1.9	46.4±1.9	449±22.1
注:表中数据采用平均数加减标准差表示。						

7　生产性能

7.1　育肥性状

在日粮综合净能 5.0 MJ/kg～6.1 MJ/kg、粗蛋白 12.0%～14.0%的营养水平下,公牛从 12 月龄育肥,育肥 180 d,日增重 900 g～1 000 g;育肥 360 d,日增重 845 g～940 g。

7.2　胴体性状

公牛从 12 月龄育肥,育肥 180 d、360 d 的宰前活重分别为 330 kg～360 kg 和 420 kg～450 kg;屠宰率 58.9%～60.6%,净肉率 49.1%～53.2%。

7.3　繁殖性能

公牛出生重(28.1±4.9) kg,性成熟期 11 月龄～12 月龄,开始采精年龄 16 月龄～18 月龄,每次采精量 3.7 mL～6.0 mL,精子密度 5.5 亿/mL～12.2 亿/mL。种公牛精液品质应符合 GB 4143 的要求。

母牛出生重(26.3±3.5) kg,初情期 10 月龄～12 月龄,发情周期 20 d～24 d,发情持续时间 1 d～3 d,初配年龄 13 月龄～14 月龄,妊娠期 276 d～294 d。

8　测定方法

8.1　体尺

8.1.1　体高、体斜长、胸围

按照 NY/T 2660 的规定执行。

8.1.2　髋宽

采用圆形测定器测定髋关节最高点左右两侧间的直线距离,单位为厘米。

8.1.3　尻长

采用测杖或圆形测定器测定腰角前缘至坐骨结节后缘的直线距离,单位为厘米。

8.2　体重

按照 NY/T 2660 的规定执行。

8.3　生产性能

按照 NY/T 2660 的规定执行。

9　等级评定

9.1　评定年龄

12 月龄、18 月龄、24 月龄和成年。

9.2　体型外貌

按照附录 B 中的表 B.1 进行体型外貌评分,按照表 B.2 进行体型外貌等级评定。

9.3　体尺

按照表 B.3 分别对体高、体斜长、胸围、髋宽和尻长进行评定,以 5 项指标中的最低等级为牛只体尺等级。

9.4 体重

按照表 B.4 进行体重等级评定。

9.5 种牛等级综合评定

按照表 B.5 进行种牛等级综合评定。

附　录　A

（资料性）

鲁西牛体型外貌特征图

鲁西牛体型外貌特征见图 A.1～图 A.6。

图 A.1　鲁西牛公牛头部矢状面图

图 A.2　鲁西牛母牛头部矢状面图

图 A.3　鲁西牛公牛侧面图

图 A.4　鲁西牛母牛侧面图

图 A.5　鲁西牛公牛尾部矢状面图

图 A.6　鲁西牛母牛尾部矢状面图

附 录 B
（规范性）
等级评定表

B.1 鲁西牛体型外貌评分

按照表 B.1 进行鲁西牛体型外貌评分。评分时,根据表现程度酌情减分,与满分条件偏离程度越大扣分越多。

表 B.1 鲁西牛体型外貌评分表

单位为分

项目	满分条件	公牛		母牛	
		满分	扣分说明	满分	扣分说明
外貌特征	被毛浅黄至棕黄色,眼圈、口轮和四肢内侧色浅,呈"三粉"特征,鼻镜以肉红色为主。公牛为龙门角和倒八字角	10	毛色不符合扣1分~3分,"三粉"特征不明显扣1分~3分,鼻镜不是肉红色扣1分~2分,角型不符合扣1分~2分	10	毛色不符合扣1分~4分,"三粉"特征不明显扣1分~4分,鼻镜不是肉红色扣1分~2分
体躯结构	体躯宽深,结构匀称,体质结实紧凑,肌肉丰满	15	体躯狭窄扣1分~4分,结构不匀称扣1分~3分,体质疏松扣1分~3分,肌肉不丰满扣1分~5分	15	体躯狭窄扣1分~4分,结构不匀称扣1分~3分,体质疏松扣1分~3分,肌肉不丰满扣1分~5分
前躯	肩宽厚,胸宽深。公牛鬐甲高,肩峰高耸;母牛鬐甲低,肩峰明显	15	肩窄斜扣1分~5分,胸窄浅扣1分~5分,公牛鬐甲低扣1分~3分,肩峰不明显扣1分~2分	15	肩窄斜扣1分~5分,胸窄浅扣1分~6分,母牛鬐甲过高或过低扣1分~2分,肩峰不明显或过高扣1分~2分
中躯	背腰平直,长短适中,结合良好,肋骨扩张良好,腹呈圆筒形	25	背腰不平直扣1分~5分,长短不适中扣1分~6分,结合不好扣1分~4分,肋骨扩张不佳扣1分~5分,腹不呈圆筒形扣1分~5分	25	背腰不平直扣1分~3分,长短不适中扣1分~6分,结合不好扣1分~5分,肋骨扩张不佳扣1分~5分,腹不呈圆筒形扣1分~6分
后躯	尻宽长不过斜,臀和腿宽厚,肌肉丰满,公牛睾丸发育正常,母牛乳房良好	20	尻窄斜扣1分~4分,臀和腿窄小扣1分~4分,肌肉不丰满扣1分~4分,公牛睾丸发育不良扣1分~8分	25	尻窄斜扣1分~6分,臀和腿窄小扣1分~5分,肌肉不丰满扣1分~6分,母牛乳房发育不好扣1分~8分
四肢	四肢端正,蹄质坚实,蹄缝紧密	15	四肢不端正扣1分~5分,蹄质不坚实扣1分~5分,蹄缝不紧密扣1分~5分	10	四肢不端正扣1分~4分,蹄质不坚实扣1分~3分,蹄缝不紧密扣1分~3分
合　计		100		100	

B.2 鲁西牛体型外貌等级评定

按照表 B.2 进行鲁西牛体型外貌等级评定。

表 B.2　鲁西牛体型外貌等级评定表

单位为分

等级	公牛	母牛
特	≥85	≥80
一	≥80	≥75
二	≥75	≥70

B.3　鲁西牛体尺等级评定

按照表 B.3 进行鲁西牛体尺等级评定。

表 B.3　鲁西牛体尺等级评定表

单位为厘米

年龄	等级	公牛					母牛				
		体高	体斜长	胸围	髋宽	尻长	体高	体斜长	胸围	髋宽	尻长
12月龄	特	≥125	≥131	≥152	≥34.0	≥42.0	≥121	≥128	≥148	≥32.5	≥39.5
	一	≥121	≥128	≥149	≥32.5	≥40.5	≥118	≥125	≥146	≥32.0	≥38.5
	二	≥118	≥126	≥147	≥31.5	≥39.5	≥115	≥121	≥142	≥30.5	≥37.0
18月龄	特	≥135	≥140	≥166	≥38.0	≥45.0	≥131	≥142	≥161	≥35.0	≥42.0
	一	≥132	≥137	≥163	≥36.5	≥43.5	≥128	≥139	≥158	≥33.5	≥40.5
	二	≥129	≥134	≥160	≥35.0	≥42.0	≥124	≥135	≥154	≥31.5	≥38.5
24月龄	特	≥144	≥153	≥178	≥42.5	≥47.5	≥139	≥152	≥183	≥36.0	≥44.0
	一	≥140	≥149	≥174	≥40.5	≥46.0	≥135	≥149	≥180	≥35.0	≥42.5
	二	≥136	≥146	≥171	≥38.5	≥44.5	≥131	≥144	≥175	≥33.0	≥40.0
成年	特	≥155	≥180	≥213	≥46.0	≥56.0	≥144	≥160	≥188	≥43.0	≥50.0
	一	≥151	≥177	≥209	≥44.0	≥54.0	≥141	≥157	≥184	≥41.0	≥48.0
	二	≥147	≥173	≥206	≥41.5	≥52.0	≥136	≥152	≥179	≥38.0	≥45.5

B.4　鲁西牛体重等级评定

按照表 B.4 进行鲁西牛体重等级评定。

表 B.4　鲁西牛体重等级评定表

单位为千克

年龄	公牛			母牛		
	特	一	二	特	一	二
12月龄	≥305	≥295	≥275	—	—	—
18月龄	≥390	≥375	≥350	≥340	≥330	≥315
24月龄	≥495	≥480	≥455	≥425	≥415	≥390
成年	≥740	≥720	≥690	≥480	≥470	≥445

B.5　鲁西牛种牛等级综合评定

按照表 B.5 进行鲁西牛种牛等级综合评定。

表 B.5 鲁西牛种牛等级综合评定表

单位为级

单项等级			综合评定
特	特	特	特
特	特	一	特
特	特	二	一
特	一	一	一
特	一	二	一
特	二	二	二
一	一	一	一
一	一	二	一
一	二	二	二
二	二	二	二

ICS 13.020.10
CCS X 04

NY

中华人民共和国农业行业标准

NY/T 4243—2022

畜禽养殖场温室气体排放核算方法

Method for calculating greenhouse gas emissions of
livestock and poultry farm

2022-11-11 发布

2023-03-01 实施

中华人民共和国农业农村部 发布

前　言

本文件按照 GB/T 1.1—2020《标准化工作导则　第 1 部分:标准化文件的结构和起草规则》的规定起草。

请注意本文件的某些内容可能涉及专利。本文件的发布机构不承担识别专利的责任。

本文件由农业农村部畜牧兽医局提出。

本文件由全国畜牧业标准化技术委员会(SAC/TC 274)归口。

本文件起草单位:中国农业科学院农业环境与可持续发展研究所、中农创达(北京)环保科技有限公司。

本文件主要起草人:董红敏、朱志平、李玉娥、王悦、周元清、张羽、马瑞强、魏莎、陈永杏。

畜禽养殖场温室气体排放核算方法

1 范围

本文件规定了畜禽养殖场温室气体排放量的核算边界与内容、核算步骤与方法、数据质量管理等内容。

本文件适用于畜禽养殖场温室气体排放量的核算。

2 规范性引用文件

下列文件中的内容通过文中的规范性引用而构成本文件必不可少的条款。其中,注日期的引用文件,仅该日期对应的版本适用于本文件;不注日期的引用文件,其最新版本(包括所有的修改单)适用于本文件。

GB/T 213 煤的发热量测定方法

GB/T 384 石油产品热值测定法

GB/T 6435 饲料中水分的测定

GB/T 11891 水质 凯氏氮的测定

GB 17167 用能单位能源计量器具配备和管理通则

GB/T 22723 天然气能量的测定

GB/T 32151.10 温室气体排放核算与报告要求 第 10 部分:化工生产企业

GB/T 32151.11 温室气体排放核算与报告要求 第 11 部分:煤炭生产企业

GB/T 32760 反刍动物甲烷排放量的测定 六氟化硫示踪-气相色谱法

NY/T 525 有机肥料

NY/T 1700 沼气中甲烷和二氧化碳的测定 气相色谱法

3 术语和定义

下列术语和定义适用于本文件。

3.1

温室气体 greenhouse gas

大气层中自然存在的和由于人类活动产生的能够吸收和散发由地球表面、大气层和云层所产生的、波长在红外光谱内的辐射的气态成分。

[GB/T 32150—2015,3.1]

注:本文件涉及的温室气体包含二氧化碳(CO_2)、甲烷(CH_4)和氧化亚氮(N_2O)。

3.2

畜禽养殖场 livestock and poultry farm

具有一定规模,在一定的场地内,投入较多的生产资料和劳动,采用合适的工艺与技术措施,进行畜禽饲养的场所,并符合国家法律法规规定的畜禽规模养殖场。

3.3

化石燃料燃烧二氧化碳排放 fossil fuel combustion CO_2 emission

化石燃料在氧化燃烧过程中产生的二氧化碳排放。

3.4

畜禽肠道发酵甲烷排放 methane emission from enteric fermentation

饲料在畜禽肠道微生物作用下发酵产生的甲烷排放。

3.5

畜禽粪污管理甲烷排放　methane emission from manure management

畜禽粪污在养殖场内储存、处理和利用过程中，有机物在厌氧微生物作用下发酵产生的甲烷排放。

注：粪污包括粪、尿和污水，不含施入农田、林地等土壤之后的甲烷排放。

3.6

畜禽粪污管理氧化亚氮排放　nitrous oxide emission from manure management

畜禽粪污在养殖场内储存、处理和利用过程中，含氮物质在硝化或反硝化反应过程中产生的氧化亚氮排放。

注：粪污包括粪、尿和污水，不含施入农田、林地等土壤之后的氧化亚氮排放。

3.7

沼气甲烷回收利用　methane recycle from biogas utilization

养殖场产生的沼气自用或供第三方利用，避免排放到大气中的甲烷量。

3.8

火炬燃烧　torch flaring

养殖场产生的沼气进行火炬燃烧处理的过程。

3.9

净购入电力和热力产生的排放　net emission from purchased electricity and heat

养殖场生产生活过程净购入电力、热力所产生的温室气体排放。

注：热力包括蒸汽、热水等。

3.10

活动数据　activity data

导致温室气体排放的生产或消费活动量的表征值。

[GB/T 32150—2015,3.12]

注：主要指各种畜禽年平均存栏数、化石燃料量，购入或输出的电量、沼气甲烷回收利用量等。

3.11

排放因子　emission factor

表征单位生产或消费活动量的温室气体排放的系数。

[GB/T 32150—2015,3.13]

3.12

碳氧化率　carbon oxidation rate

燃料中的碳在燃烧过程被完全氧化的百分比。

[GB/T 32150—2015,3.14]

3.13

全球变暖潜势　global warming potential

GWP

将单位质量的某种温室气体在给定时间段内辐射强度的影响与等量二氧化碳辐射强度影响相关联的系数。

[GB/T 32150—2015,3.15]

3.14

二氧化碳当量　carbon dioxide equivalent

CO₂e

在辐射强度上与某种温室气体质量相当的二氧化碳的量。

注：二氧化碳当量等于给定温室气体的质量乘以它的全球变暖潜势值。

[GB/T 32150—2015,3.16]

4 核算边界与内容

4.1 核算边界

4.1.1 核算边界以畜禽养殖场为物理边界范围内的排放设施和排放源。包括主要生产系统,含畜禽饲养与管理、饲料场内加工和粪污处理等;辅助生产系统,含配电房、机修车间、库房和场内运输设施设备等;附属生产系统,含办公区、生活区等。核算边界图见附录A。

4.1.2 核算期限以年为单位,养殖场在1年内以实际运行天数计。

4.2 核算内容

核算边界内的化石燃料燃烧二氧化碳排放、畜禽肠道发酵甲烷排放、畜禽粪污管理甲烷排放、畜禽粪污管理氧化亚氮排放、沼气甲烷回收利用减排、净购入电力和热力二氧化碳排放。

5 核算步骤与方法

5.1 核算步骤

畜禽养殖场进行温室气体排放核算的工作流程包括以下步骤:

a) 确定核算边界、温室气体产生环节;

b) 制订监测方案;

c) 收集活动数据,选择和获取排放因子数据;

d) 按4.2的核算内容分别计算排放量;

e) 计算养殖场温室气体总排放量。

5.2 核算方法

5.2.1 排放总量计算方法

畜禽养殖场温室气体排放总量按公式(1)计算。

$$E = E_{燃烧} + E_{CH_4\_肠道} + E_{CH_4\_粪污} + E_{N_2O\_粪污} - R_{CH_4\_回收} + E_{净购入电} + E_{净购入热} \quad \cdots\cdots\cdots\cdots (1)$$

式中:

E ——温室气体排放总量的数值,单位为吨二氧化碳当量(t CO$_2$e);

$E_{燃烧}$ ——化石燃料燃烧产生的二氧化碳排放量的数值,单位为吨二氧化碳(t CO$_2$);

$E_{CH_4\_肠道}$ ——畜禽肠道发酵产生的甲烷排放量的数值,单位为吨二氧化碳当量(t CO$_2$e);

$E_{CH_4\_粪污}$ ——畜禽粪污管理产生的甲烷排放量的数值,单位为吨二氧化碳当量(t CO$_2$e);

$E_{N_2O\_粪污}$ ——畜禽粪污管理产生的氧化亚氮排放量的数值,单位为吨二氧化碳当量(t CO$_2$e);

$R_{CH_4\_回收}$ ——通过沼气回收利用减少的甲烷排放量的数值,单位为吨二氧化碳当量(t CO$_2$e);

$E_{净购入电}$ ——净购入的电力对应的二氧化碳排放量的数值,单位为吨二氧化碳(t CO$_2$);

$E_{净购入热}$ ——净购入的热力对应的二氧化碳排放量的数值,单位为吨二氧化碳(t CO$_2$)。

5.2.2 化石燃料燃烧二氧化碳排放

5.2.2.1 计算

化石燃料燃烧二氧化碳排放量按公式(2)计算。

$$E_{燃烧} = \sum_i (AD_i \times EF_i) \quad \cdots\cdots\cdots\cdots\cdots\cdots\cdots\cdots (2)$$

式中:

$E_{燃烧}$ ——化石燃料燃烧产生的二氧化碳排放量的数值,单位为吨二氧化碳(t CO$_2$);

AD_i ——第i种化石燃料活动数据的数值,单位为吉焦(GJ);

EF_i ——第i种化石燃料的二氧化碳排放因子的数值,单位为吨二氧化碳每吉焦(t CO$_2$/GJ);

i ——化石燃料类型。

5.2.2.2 活动数据获取

5.2.2.2.1 化石燃料的活动数据

化石燃料的活动数据按公式(3)计算。

$$AD_i = NCV_i \times FC_i \quad \cdots\cdots\cdots\cdots\cdots\cdots\cdots\cdots\cdots\cdots\cdots\cdots\cdots\cdots\cdots (3)$$

式中：

AD_i ——第 i 种化石燃料活动数据的数值，单位为吉焦(GJ)；

NCV_i ——第 i 种化石燃料平均低位发热量的数值，对固体和液体化石燃料，单位为吉焦每吨(GJ/t)；对气体化石燃料，单位为吉焦每万标立方米($GJ/10^4Nm^3$)；

FC_i ——第 i 种化石燃料实际消耗量的数值，对固体和液体化石燃料，单位为吨(t)；对气体化石燃料，单位为万标立方米(10^4Nm^3)[1]；

i ——化石燃料类型。

5.2.2.2.2 化石燃料实际消耗量

化石燃料的消耗量应根据养殖场能源消费台账或统计报表确定。燃料消耗量具体测量仪器应符合 GB 17167 的相关规定。

5.2.2.2.3 平均低位发热量

燃料平均低位发热量的测定应委托有资质的专业机构进行检测，也可采用与相关方结算凭证中提供的检测值。如采用实测，化石燃料低位发热量检测应遵循 GB/T 213、GB/T 384、GB/T 22723 等相关要求；对于没有条件实测的养殖场，可参照附录 B 中表 B.1 的推荐值。

5.2.2.3 排放因子确定

化石燃料燃烧的 CO_2 排放因子按公式(4)计算。

$$EF_i = CC_i \times OF_i \times \frac{44}{12} \quad \cdots\cdots\cdots\cdots\cdots\cdots\cdots\cdots\cdots\cdots\cdots (4)$$

式中：

EF_i ——第 i 种化石燃料二氧化碳排放因子的数值，单位为吨二氧化碳每吉焦($t\,CO_2/GJ$)；

CC_i ——第 i 种化石燃料的单位热量含碳量的数值，单位为吨碳每吉焦($t\,C/GJ$)，见附录 B 中的表 B.1；

OF_i ——第 i 种化石燃料的碳氧化率的数值，单位为百分号(%)，见附录 B 中的表 B.1；

44/12 ——二氧化碳与碳的转化系数的数值，单位为吨二氧化碳每吨碳($t\,CO_2/tC$)；

i ——化石燃料类型。

5.2.3 畜禽肠道发酵甲烷排放

5.2.3.1 计算

畜禽肠道发酵甲烷排放量按公式(5)计算。

$$E_{CH_4\_肠道} = \sum_j (EF_{CH_4\_肠道,j} \times AP_j \times 10^{-3}) \times GWP_{CH_4} \quad \cdots\cdots\cdots\cdots (5)$$

式中：

$E_{CH_4\_肠道}$ ——畜禽肠道发酵产生的甲烷排放量的数值，单位为吨二氧化碳当量($t\,CO_2e$)；

$EF_{CH_4\_肠道,j}$ ——第 j 种畜禽肠道发酵甲烷排放因子的数值，单位为千克甲烷每年每头或只[$kg\,CH_4/$(年·头或只)]；

AP_j ——第 j 种畜禽在核算年度内的活动数据，单位为年·头或只；

j ——畜禽种类；

GWP_{CH_4} ——甲烷的全球变暖潜势，甲烷的全球变温潜势值按照 GB/T 32151.11 中给出的系数取值。

5.2.3.2 活动数据获取

畜禽肠道发酵甲烷排放活动数据应是畜禽养殖场在核算年度内各种类型畜禽的年平均存栏数。年平均存栏数应根据畜禽养殖场的养殖量台账或统计报表来确定，养殖量台账或统计报表应与上报上级主管

---

[1] 本文件中的气体标准状况是大气压力为 101.325 kPa，273.15 K(0 ℃)。

部门的一致。核算边界内畜禽年平均存栏数包括奶牛、肉牛、水牛、山羊、绵羊、猪等中的任意一种或几种。

对于存活时间小于一年的畜禽,其年平均存栏量按公式(6)计算。

$$AP_j = NA_j \times \frac{DA_j}{365}$$ ………………………………………………… (6)

式中:

AP_j ——第 j 种畜禽在核算年度内的活动数据,单位为年·头或只;

NA_j ——第 j 种畜禽一年总的出栏数,单位为头或只;

DA_j ——第 j 种畜禽生长天数,单位为天(d);

j ——畜禽种类;

365 ——核算周期按一年 365 d 计算。

5.2.3.3 排放因子确定

排放因子可选择下列其中任意一种方法获取,优先顺序为直接测定法、参数计算法和推荐值法。

a) 直接测定法。畜禽肠道发酵甲烷排放因子可按照 GB/T 32760 规定的方法或其他方法直接测定获取排放因子。

b) 参数计算法。畜禽肠道发酵甲烷排放因子按公式(7)计算。

$$EF_{CH_4\_肠道,j} = \left(GE_j \times \frac{Y_{m,j}}{100} \times 365\right)/55.65$$ ………………………… (7)

式中:

$EF_{CH_4\_肠道,j}$ ——第 j 种畜禽肠道发酵甲烷排放因子的数值,单位为千克甲烷每年每头或只[kg CH_4/(年·头或只)];

GE_j ——第 j 种畜禽每天摄取的总能量的数值,单位为兆焦每天每头或只[MJ/(d·头或只)];

$Y_{m,j}$ ——第 j 种畜禽甲烷转化因子的数值,即采食饲料中总能转化成甲烷能的比例,单位为百分号(%),见表 B.2 中取推荐值;

365 ——核算周期按一年 365 d 计算;

55.65 ——甲烷的能值,单位为兆焦每千克甲烷(MJ/kg CH_4)。

畜禽摄入总能量根据干物质摄入量(DMI)按公式(8)计算。

$$GE_j = DMI_j \times 18.45$$ …………………………………………………… (8)

式中:

DMI_j ——第 j 种畜禽每天摄入饲料的干物质量的数值,单位为千克每天每头或只[kg/(天·头或只)];

18.45 ——饲料干物质与总能的转化系数推荐值,单位为兆焦每千克(MJ/kg);

j ——畜禽种类。

养殖场饲料干物质摄入量应根据养殖场的饲料使用台账和统计报表记录各阶段畜禽的平均日采食量,按照 GB/T 6435 规定的方法测定饲料的含水量,计算获得干物质摄入量。

c) 推荐值法。不同畜禽肠道发酵甲烷排放的推荐排放因子见表 B.3。

5.2.4 畜禽粪污管理甲烷排放

5.2.4.1 计算

畜禽粪污管理甲烷排放量按公式(9)计算。

$$E_{CH_4\_粪污} = \sum_j \left(EF_{CH_4\_粪污,j} \times AP_j \times 10^{-3}\right) \times GWP_{CH_4}$$ ……………… (9)

式中:

$E_{CH_4\_粪污}$ ——畜禽粪污管理产生的甲烷排放量的数值,单位为吨二氧化碳当量(t CO_2e);

$EF_{CH_4\_粪污,j}$ ——第 j 种畜禽粪污管理甲烷排放因子的数值,单位为千克甲烷每年每头或只[kg CH_4/(年·头或只)];

AP_j ——第 j 种畜禽核算年度内的活动数据,单位为年·头或只;

j ——畜禽种类;

GWP_{CH_4} ——甲烷的全球变暖潜势。

甲烷的全球变温潜势值按照 GB/T 32151.11 中给出的系数取值。

5.2.4.2 活动数据获取

家畜活动数据按照 5.2.3.2 获取。家禽活动数据按年均存栏量计算,饲养周期小于一年的家禽存栏量按公式(6)计算。

5.2.4.3 排放因子确定

排放因子可按下列 2 种方法获取,优先选择参数计算法。

a) 参数计算法。粪污管理甲烷排放因子按公式(10)计算。

$$EF_{CH_4\_粪污,j} = (VS_j \times 365) \times \left[B_{0,j} \times 0.67 \times \sum_k (MCF_k \times MS_{j,k}) \right] \quad\cdots\cdots\cdots\cdots (10)$$

式中:

$EF_{CH_4\_粪污,j}$ ——第 j 种畜禽的粪污管理甲烷排放因子的数值,单位为千克甲烷每年每头或只[kg CH_4/(年·头或只)];

VS_j ——第 j 种畜禽每天排放粪污的挥发性固体量的数值,单位为千克挥发性固体每天每头或只[kg VS/(天·头或只)],如果养殖场无法测定畜禽粪污挥发性固体量,见表 B.4 推荐值;

$B_{0,j}$ ——第 j 种畜禽的粪污最大甲烷生产能力,单位为立方米甲烷每千克挥发性固体(m³ CH_4/kg VS),见表 B.5 取推荐值;

MCF_k ——粪污管理方式 k 的甲烷转化系数,单位为百分号(%),根据粪污管理方式和养殖场所在地年平均气温,见表 B.6 取推荐值;

$MS_{j,k}$ ——第 j 种畜禽的粪污在第 k 种粪污管理方式所占比例,单位为百分号(%),以养殖场的粪污管理台账或统计报表为据;

j ——畜禽种类;

k ——粪污管理方式;

365 ——核算周期按一年 365 d 计算;

0.67 ——甲烷气体在 20℃、1 个大气压下的密度,单位为千克甲烷每标立方米(kg CH_4/Nm³)。

b) 推荐值法。不同区域、不同畜禽粪污管理的甲烷排放因子推荐值见表 B.7。

5.2.5 畜禽粪污管理氧化亚氮排放

5.2.5.1 计算

畜禽粪污管理氧化亚氮排放量按公式(11)计算。

$$E_{N_2O\_粪污} = \sum_j \left[(EF_{N_2O\_粪污,D,j} + EF_{N_2O\_粪污,ID,j}) \times AP_j \right] \times 10^{-3} \times GWP_{N_2O} \quad\cdots\cdots\cdots (11)$$

式中:

$E_{N_2O\_粪污}$ ——畜禽粪污管理产生的氧化亚氮排放量的数值,单位为吨二氧化碳当量(t CO_2e);

$EF_{N_2O\_粪污,D,j}$ ——第 j 种畜禽的粪污管理氧化亚氮直接排放因子的数值,单位为千克氧化亚氮每年每头或只[kg N_2O/(年·头或只)];

$EF_{N_2O\_粪污,ID,j}$ ——第 j 种畜禽的粪污管理氧化亚氮间接排放因子的数值,单位为千克氧化亚氮每年每头或只[kg N_2O/(年·头或只)];

AP_j ——第 j 种畜禽的活动数据,单位为头或只;

j ——畜禽种类;

GWP_{N_2O} ——氧化亚氮的全球变暖潜势,氧化亚氮的全球变暖潜势值按照 GB/T 32151.10 中给出的系数取值。

5.2.5.2 活动数据获取

活动数据按照 5.2.4.2 获取。

5.2.5.3 排放因子确定

排放因子可按下列 2 种方法获取,优先选择参数计算法。

a) 参数计算法。粪污管理氧化亚氮直接排放因子按公式(12)计算,粪污管理氧化亚氮间接排放因子按公式(13)计算。

$$EF_{N_2O\_粪污,D,j} = Nex_j \times \left(\sum_k EF_{直接,k} \times MS_{j,k}\right) \times \frac{44}{28} \quad\cdots\cdots (12)$$

$$EF_{N_2O\_粪污,ID,j} = Nex_j \times \sum_k \left[\left(0.01 \times 20\% + 0.0075 \times \frac{Frac_{leachMS}}{100}\right) \times MS_{j,k}\right] \times \frac{44}{28} \cdots (13)$$

式中:

$EF_{N_2O\_粪污,D,j}$ ——第 j 种畜禽粪污管理氧化亚氮直接排放因子的数值,单位为千克氧化亚氮每年每头或只[kg N_2O/(年·头或只)];

$EF_{N_2O\_粪污,ID,j}$ ——第 j 种畜禽粪污管理氧化亚氮间接排放因子的数值,单位为千克氧化亚氮每年每头或只[kg N_2O/(年·头或只)];

Nex_j ——第 j 种畜禽每年粪污中氮排泄量的数值,单位为千克氮每年每头或只[kg N/(年·头或只)];

$44/28$ ——氧化亚氮与氮的转换系数,单位为千克氧化亚氮每千克氧化亚氮-氮(kg N_2O/kg N_2O-N);

$EF_{直接,k}$ ——第 k 种粪污管理方式的氧化亚氮-氮直接排放因子的数值,单位为千克氧化亚氮-氮每千克氮(kg N_2O-N/kg N),见表 B.9 取推荐值;

0.01 ——粪污管理中氨挥发产生的氧化亚氮-氮间接排放因子的数值,单位为千克氧化亚氮-氮每千克氮(kg N_2O-N/kg N);

0.0075 ——粪污管理中淋溶径流产生的氧化亚氮-氮间接排放因子的数值,单位为千克氧化亚氮-氮每千克氮(kg N_2O-N/kg N);

20% ——粪污管理中气体挥发造成氮损失的比例,单位为百分号(%);如果粪污管理采用了氨挥发防治措施,要在本文件推荐数据基础上考虑氨挥发措施的去除效率;

$Frac_{leachMS}$ ——粪污管理中淋溶径流造成氮损失的比例,单位为百分号(%);

$MS_{j,k}$ ——第 j 种畜禽的粪污在第 k 种粪污管理方式中所占比例,单位为百分号(%);

j ——畜禽种类;

k ——粪污管理类型。

b) 推荐值法。不同区域、不同畜禽的粪污管理氧化亚氮直接排放因子推荐值见表 B.10。

5.2.5.3.1 畜禽氮排泄量

可以直接测定氮排泄量,按照 GB/T 11891 和 NY/T 525 给出的方法测定尿液和粪污中的氮含量,然后乘以相应产生量获得氮排泄量。如无法直接测定获取,见表 B.8 取推荐值。

5.2.5.3.2 淋溶径流造成氮损失比例

对于未硬化和防渗处理的运动场或粪污储存设施取值为 10%～20%,有防渗防雨设施的取值为 1%～5%,其他方式取值为 5%～10%。

5.2.6 沼气甲烷回收利用减排

5.2.6.1 计算

沼气甲烷回收利用减排量按公式(14)计算,其中:沼气回收自用减排量按公式(15)计算、沼气外供第三方减排量按公式(16)计算、沼气火炬燃烧导致的排放量按公式(17)计算。

$$R_{CH_4\_回收} = R_{CH_4\_自用} + R_{CH_4\_外供} - E_{CH_4\_火炬} \quad\cdots\cdots (14)$$

$$R_{CH_4\_自用} = Q_{自用} \times \varphi_{自用,CH_4} \times 0.67 \times GWP_{CH_4} \quad\cdots\cdots (15)$$

$$R_{CH_4\_外供} = Q_{外供} \times \varphi_{外供,CH_4} \times 0.67 \times GWP_{CH_4} \quad\cdots\cdots (16)$$

$$E_{CH_4火炬} = Q_{火炬} \times \varphi_{火炬,CH_4} \times (1 - OF_{火炬}) \times 0.67 \times GWP_{CH_4} \quad\cdots\cdots (17)$$

式中：

$R_{CH_4\_回收}$——通过沼气甲烷回收利用减排量的数值，单位为吨二氧化碳当量（$t\ CO_2e$）；

$R_{CH_4\_自用}$——回收沼气自用减排量的数值，单位为吨二氧化碳当量（$t\ CO_2e$）；

$R_{CH_4\_外供}$——回收沼气外供减排量的数值，单位为吨二氧化碳当量（$t\ CO_2e$）；

$E_{CH_4\_火炬}$——回收沼气火炬燃烧产生的排放量的数值，单位为吨二氧化碳当量（$t\ CO_2e$）；

$Q_{自用}$——回收自用的沼气体积的数值，单位为千标立方米沼气（$10^3\ Nm^3$沼气）；

$Q_{外供}$——外供第三方的沼气体积的数值，单位为千标立方米沼气（$10^3\ Nm^3$沼气）；

$Q_{火炬}$——火炬燃烧的沼气体积的数值，单位为千标立方米沼气（$10^3\ Nm^3$沼气）；

$\varphi_{自用,CH_4}$——自用沼气中甲烷气体的体积浓度的数值，单位为千标立方米甲烷每千标立方米沼气（$10^3\ Nm^3\ CH_4/10^3\ Nm^3$沼气）；

$\varphi_{外供,CH_4}$——外供沼气中甲烷气体的体积浓度的数值，单位为千标立方米甲烷每千标立方米沼气（$10^3\ Nm^3\ CH_4/10^3\ Nm^3$沼气）；

$\varphi_{火炬,CH_4}$——火炬燃烧的沼气中甲烷气体的体积浓度的数值，单位为千标立方米甲烷每千标立方米沼气（$10^3\ Nm^3\ CH_4/10^3\ Nm^3$沼气）；

$OF_{火炬}$——甲烷火炬燃烧的碳氧化率的数值，单位为百分号（%）；

0.67——甲烷气体在20 ℃、1 个大气压下的密度，单位为吨甲烷每千标立方米（$t\ CH_4/10^3\ Nm^3$）；

GWP_{CH_4}——甲烷的全球变暖潜势，甲烷的全球变温潜势值按照 GB/T 32151.11 中给出的系数取值。

5.2.6.2 活动数据获取

回收自用或外供第三方的沼气体积应根据输送管线的测量数据、养殖场台账记录数据或者外供第三方使用的结算凭证确定。

应在火炬入口处安装沼气流量计监测进入火炬的总流量。

5.2.6.3 排放因子确定

按照 NY/T 1700 给出的方法测定沼气中的甲烷浓度，回收自用、外供第三方的沼气中甲烷体积浓度至少每月进行一次常规测量，并根据每月沼气用量的体积浓度进行加权平均；进入火炬的沼气中甲烷体积浓度每天检测一次。

甲烷火炬燃烧的碳氧化率，如无实测数据取推荐值为98%。

5.2.7 净购入电力和热力产生的排放

5.2.7.1 计算

5.2.7.1.1 净购入电力产生的排放

净购入的电力所产生的二氧化碳排放量按公式（18）计算。

$$E_{净购入电} = (AD_{购入电} - AD_{输出电}) \times EF_{电} \quad\cdots\cdots\cdots\cdots\cdots (18)$$

式中：

$E_{净购入电}$——净购入的电力消费引起二氧化碳排放量的数值，单位为吨二氧化碳（$t\ CO_2$）；

$AD_{购入电}$——核算年度内购入电量的数值，单位为兆瓦时（MWh）；

$AD_{输出电}$——核算年度内输出电量的数值，单位为兆瓦时（MWh）；

$EF_{电}$——电网年平均供电排放因子的数值，单位为吨二氧化碳每兆瓦时（$t\ CO_2/MWh$）。

5.2.7.1.2 净购入热力产生的排放

净购入的热力所产生的二氧化碳排放量按公式（19）计算。

$$E_{净购入热} = (AD_{购入热} - AD_{输出热}) \times EF_{热} \quad\cdots\cdots\cdots\cdots\cdots (19)$$

$E_{净购入热}$——净购入的热力消费引起二氧化碳排放量的数值，单位为吨二氧化碳（$t\ CO_2$）；

$AD_{购入热}$——核算年度内购入热力量的数值，单位为吉焦（GJ）；

$AD_{输出热}$——核算年度内输出热力量的数值，单位为吉焦（GJ）；

$EF_{热}$——热力生产排放因子的数值，单位为吨二氧化碳每吉焦（$t\ CO_2/GJ$）。

5.2.7.2 活动数据获取

购入和输出电量数据,以结算电表为准。如果没有,可采用供应商提供的电费发票或者结算单等结算凭证上的数据。

购入和输出热力数据,以结算热力表或计量表为准。如果没有,可采用供应商提供的供热量发票或者结算单等结算凭证上的数据。

5.2.7.3 排放因子数据的获取

电网年平均供电排放因子选用国家主管部门最近年份公布的数据;热力生产的排放因子取 0.11 t CO_2/GJ。

6 数据质量管理

畜禽养殖场应加强温室气体数据质量管理工作,包括但不限于:

a) 建立养殖场温室气体排放核算的规章制度,包括负责机构和人员、工作流程和内容、工作周期和时间节点等;指定专职人员负责养殖场温室气体排放核算工作;

b) 根据各种类型的温室气体排放源的重要程度对其进行等级划分,并建立养殖场主要温室气体排放源一览表,对不同等级的排放源的活动数据和排放因子数据的获取提出相应的要求;

c) 对现有监测条件进行评估,并制订相应的监测方案,包括对活动数据的监测和对化石燃料低位发热量、沼气中甲烷含量等参数的监测;定期对计量器具,检测设备和在线监测仪表进行维护管理,并记录存档;

d) 建立健全温室气体数据记录管理体系,包括数据来源、数据获取时间及相关责任人等信息的记录管理;

e) 建立养殖场温室气体排放核算内部审核制度,定期对温室气体排放数据进行交叉校验,对可能产生的数据误差进行分析识别,并提出相应的解决方案;畜禽养殖场应重点对不同阶段畜禽存栏数、饲料消耗量、粪污产生量、沼气产生量、利用量和火炬燃烧量等数据进行交叉验证。

附 录 A
（资料性）
核算边界图

畜禽养殖场的核算边界见图 A.1。

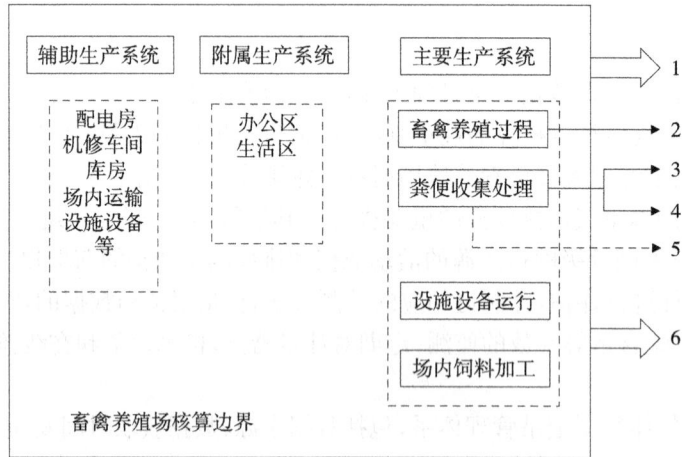

标引序号说明：
1——化石燃料燃烧排放；
2——畜禽肠道发酵甲烷排放；
3——畜禽粪污管理甲烷排放；
4——畜禽粪污管理氧化亚氮排放；
5——沼气甲烷回收利用；
6——净购入电力和热力产生的排放。
注：图中各项标引所指边界表明该边界范围内存在该类排放。

图 A.1　畜禽养殖场核算边界图

附　录　B
（资料性）
相关参数推荐值

相关参数推荐值见表 B.1～表 B.10。

表 B.1　养殖场常用化石燃料相关参数推荐值

燃料品种		计量单位	低位发热量 GJ/t 或 GJ/10⁴Nm³	单位热值含碳量 t C/GJ	燃料碳氧化率 %
固体燃料	无烟煤	t	26.70	27.4×10^{-3}	94
	烟煤	t	19.57	26.1×10^{-3}	93
	褐煤	t	11.90	28.0×10^{-3}	96
	洗精煤	t	26.33	25.4×10^{-3}	90
	型煤	t	17.46	33.6×10^{-3}	90
液体燃料	汽油	t	43.07	18.9×10^{-3}	98
	柴油	t	42.65	20.2×10^{-3}	98
	液化天然气	t	51.43	15.3×10^{-3}	98
	液化石油气	t	50.18	17.2×10^{-3}	98
气体燃料	天然气	10⁴Nm³	389.31	15.3×10^{-3}	99

表 B.2　日粮甲烷转化因子(Y_m)推荐值

日粮种类	Y_m,%
100%粗饲料的日粮	8.0
TMR 日粮	6.5
青贮饲料＋精饲料	7.0
粗饲料氨化＋精饲料	6.8
精饲料占 90%以上的日粮	3.0

表 B.3　畜禽肠道发酵甲烷排放因子($EF_{CH_4\_肠道}$)推荐值

畜禽种类	奶牛			肉牛			水牛			绵羊		山羊		
饲养阶段	当年出生	后备牛	成年牛	当年出生	育肥牛（后备牛）	成母牛	当年出生	后备牛	成年牛	当年出生	成年羊	当年出生	成年羊	猪
$EF_{CH_4\_肠道}$ kg CH₄/ （年·头或只）	21.9	58.6	109.9	32.3	69.2	80.8	22.5	72.3	110.6	6.5	12.0	7.1	13.1	1.5

表 B.4　畜禽排放的挥发性固体(VS)量推荐值

畜禽种类	奶牛	肉牛	水牛	山羊	绵羊	猪	家禽
VS kg/（d·头或只）	3.5	3.0	3.9	0.35	0.32	0.30	0.02

表 B.5 畜禽粪污最大甲烷生产能力(B_0)推荐值

畜禽种类	B_0,$m^3 CH_4$/kg VS
奶牛	0.24
肉牛	0.19
水牛	0.10
猪	0.29
山羊	0.13
绵羊	0.13
家禽	0.24

表 B.6 不同气温、不同粪污管理方式甲烷转化系数(MCF)推荐值

气温范围 ℃	氧化塘 %	液体储存		固体储存 %	自然风干 %	舍内粪坑储存 %	厌氧沼气 %	堆肥和沤肥 %	其他 %
		覆盖储存 %	敞口储存 %						
≤10	66	10	17	2.0	1.0	3.0	10.0	0.5	1.0
11	68	11	19	2.0	1.0	3.0	10.0	0.5	1.0
12	70	13	20	2.0	1.0	3.0	10.0	0.5	1.0
13	71	14	22	2.0	1.0	3.0	10.0	0.5	1.0
14	73	15	25	2.0	1.0	3.0	10.0	0.5	1.0
15	74	17	27	4.0	1.5	3.0	10.0	1.0	1.0
16	75	18	29	4.0	1.5	3.0	10.0	1.0	1.0
17	76	20	32	4.0	1.5	3.0	10.0	1.0	1.0
18	77	22	35	4.0	1.5	3.0	10.0	1.0	1.0
19	77	24	39	4.0	1.5	3.0	10.0	1.0	1.0
20	78	26	42	4.0	1.5	3.0	10.0	1.0	1.0
21	78	29	46	4.0	1.5	3.0	10.0	1.0	1.0
22	78	31	50	4.0	1.5	3.0	10.0	1.0	1.0
23	79	34	55	4.0	1.5	3.0	10.0	1.0	1.0
24	79	37	60	4.0	1.5	3.0	10.0	1.0	1.0
25	79	41	65	4.0	1.5	3.0	10.0	1.0	1.0
26	79	44	71	5.0	2.0	30.0	10.0	1.5	1.0
27	80	48	78	5.0	2.0	30.0	10.0	1.5	1.0
≥28	80	50	80	5.0	2.0	30.0	10.0	1.5	1.0

表 B.7 不同区域畜禽粪污甲烷排放因子($EF_{CH_4\_粪污}$)推荐值

单位为千克甲烷每年每头或只

区域	省(自治区、直辖市)	奶牛	肉牛	水牛	绵羊	山羊	猪	家禽
华北	北京、天津、河北、内蒙古、山西	7.46	2.82	—	0.15	0.17	3.12	0.01
东北	辽宁、吉林、黑龙江	2.23	1.02	—	0.15	0.16	1.12	0.01
华东	上海、江苏、浙江、安徽、福建、江西、山东	8.33	3.31	5.55	0.26	0.28	5.08	0.02
中南	河南、湖北、湖南、广东、广西、海南	8.45	4.72	8.24	0.34	0.31	5.85	0.02
西南	重庆、四川、贵州、云南、西藏	6.51	3.21	4.53	0.48	0.53	4.18	0.02
西北	陕西、甘肃、青海、宁夏、新疆	5.93	1.86	—	0.28	0.32	1.38	0.01
注:"—"表示该区域无水牛养殖。								

表 B.8 畜禽氮排泄量(Nex)推荐值

畜禽种类	奶牛	肉牛	水牛	山羊、绵羊	猪	家禽
Nex,kg N/(年·头或只)	72.0	40.0	40.0	12.0	11.0	0.60

表 B.9　不同粪污管理方式的氧化亚氮-氮直接排放因子(EF_3)推荐值

管理方式	氧化塘	液体储存		固体储存	自然风干	舍内粪坑储存	沼气池	堆肥和沤肥	其他
		覆盖储存	敞口储存						
EF_3 kg N_2O-N/kg N	0.0	0.005	0.0	0.005	0.02	0.002	0.0	0.01	0.005

表 B.10　不同区域畜禽粪污氧化亚氮直接排放因子($EF_{N_2O\_粪污}$)推荐值

单位为千克氧化亚氮每年每头或只

地区	省(自治区、直辖市)	奶牛	肉牛	水牛	绵羊	山羊	猪	家禽
华北	北京、天津、河北、内蒙古、山西	1.846	0.794	—	0.093	0.093	0.227	0.007
东北	辽宁、吉林、黑龙江	1.096	0.913	—	0.057	0.057	0.266	0.007
华东	上海、江苏、浙江、安徽、福建、江西、山东	2.065	0.846	0.875	0.113	0.113	0.175	0.007
中南	河南、湖北、湖南、广东、广西、海南	1.710	0.805	0.860	0.106	0.106	0.157	0.007
西南	重庆、四川、贵州、云南、西藏	1.884	0.691	1.197	0.064	0.064	0.159	0.007
西北	陕西、甘肃、青海、宁夏、新疆	1.447	0.545	—	0.074	0.074	0.195	0.007
注:"—"表示该区域无水牛养殖。								

参 考 文 献

［1］ 省级温室气体清单编制指南(试行),国家发展和改革委员会办公厅
［2］ 国家发展和改革委员会应对气候变化司,2005 中国温室气体清单研究［M］. 北京:中国环境出版社
［3］ 国家统计局能源统计司,中国能源统计年鉴 2013［M］. 北京:中国统计出版社
［4］ 畜禽养殖业源产排污系数手册,第一次全国污染源普查领导小组办公室
［5］ 2006 年 IPCC 国家温室气体清单指南,政府间气候变化专门委员会(IPCC)
［6］ GB/T 32150 工业企业温室气体排放核算和报告通则

ICS 65.060.01
CCS B 40

NY

中华人民共和国农业行业标准

NY/T 4251—2022

牧草全程机械化生产技术规范

Technical specification for full mechanized production of forage

2022-11-11 发布

2023-03-01 实施

中华人民共和国农业农村部 发布

前　言

　　本文件按照 GB/T 1.1—2020《标准化工作导则　第 1 部分：标准化文件的结构和起草规则》的规定起草。

　　请注意本文件的某些内容可能涉及专利。本文件的发布机构不承担识别专利的责任。

　　本文件由农业农村部农业机械化管理司提出。

　　本文件由全国农业机械标准化技术委员会农业机械化分技术委员会(SAC/TC 201/SC 2)归口。

　　本文件起草单位：内蒙古自治区农牧业技术推广中心、内蒙古农牧业机械工业协会、内蒙古自治区农村牧区经营管理服务中心、内蒙古农业大学、内蒙古机电职业技术学院、呼伦贝尔市农牧技术推广中心、兴安盟农牧技术推广中心、赤峰市农牧技术推广中心、锡林郭勒盟农牧技术推广中心、包头市农牧科学技术研究所、科右中旗农牧业综合行政执法大队、呼伦贝尔市农牧业综合执法支队、山西省农业机械发展中心。

　　本文件主要起草人：王强、苏日娜、高云燕、刘玉冉、吴鸣远、荣杰、王海军、王靖、郭海杰、刘波、赵晓风、卢培新、白瑞英、张晓敏、乌云塔娜、赵宏杰、郑晓东、魏星、肖皓文、曹阳、朱校鹏、郝宇、陈雪琛、田海青、刘飞、刘玲、王京、武艳慧、赵双龙、郝楠森、李延军、陈绍恒、何双柱、曹玉、张明远、张志青、于洪涛、程石、郭燕群、安邦。

牧草全程机械化生产技术规范

1 范围

本文件规定了牧草机械化生产的基本要求、耕整地、播种、田间管理、收获各环节的技术要求。

本文件适用于天然草地、人工草地的牧草机械化生产作业。

2 规范性引用文件

下列文件中的内容通过文中的规范性引用而构成本文件必不可少的条款。其中,注日期的引用文件,仅该日期对应的版本适用于本文件;不注日期的引用文件,其最新版本(包括所有的修改单)适用于本文件。

GB 6141—2008 豆科草种子质量分级

GB 6142—2008 禾本科草种子质量分级

GB/T 25421—2010 牧草免耕播种机

GB/T 27514 沙地草场牧草补播技术规程

JB/T 7874—2015 种植机械 术语

NY/T 496 肥料合理使用准则 通则

NY/T 499 旋耕机 作业质量

NY/T 650 喷雾机(器) 作业质量

NY/T 742 铧式犁 作业质量

NY/T 991 牧草收获机械 作业质量

NY/T 1276 农药安全使用规范 总则

NY/T 1631 方草捆打捆机 作业质量

NY/T 1905 草原鼠害安全防治技术规范

NY/T 1997 除草剂安全使用技术规范 通则

NY/T 2463 圆草捆打捆机 作业质量

NY/T 2767 牧草病害调查与防治技术规程

NY/T 2845 深松机 作业质量

3 术语和定义

JB/T 7874—2015 界定的以及下列术语和定义适用于本文件。

3.1

天然草地 natural grassland

优势种为自然生长形成,且自然生长植物生物量和覆盖度占比大于等于50%的草地。

3.2

人工草地 artificial grassland

优势种由人为栽培形成,且自然生长植物生物量和覆盖度占比小于50%的草地。

4 基本要求

4.1 机具

4.1.1 应结合当地自然条件、农艺要求、生产规模等生产因素,选择功能齐全、性能可靠、先进适用的机械化生产设备。

4.1.2 应以保证作业质量和生产需求为前提,选用联合整地机、牧草播种(施肥)机、牧草补播机、草原切根改良机、中耕除草机、植保机械、喷灌机、割草机(割草压扁机)、摊晒机、搂草机、打捆机、包膜机、联合收获机等机具。配套拖拉机功率、轮距及机具作业幅宽应与地块大小、草场类型匹配。

4.1.3 机具安全性能应符合国家相关标准要求,作业性能应满足相关标准和使用说明书要求。

4.1.4 作业前应按使用说明书要求将机具调试至工作状态。

4.1.5 机具调试作业正常后,可开始正式作业。

4.1.6 机具操作人员应经过培训,并能按照使用说明书要求进行操作、维护、保养。作业时应随时观察机具作业状态,如有异常应停机检查并排除故障。

4.2 种子

4.2.1 应选择通过国家或省级审(认)定,且由当地农牧业部门推广的抗逆性强、适宜机械化作业的优质牧草种子品种。

4.2.2 牧草种子应经过检验、检疫,质量应不低于 GB 6141—2008 或 GB 6142—2008 规定的 3 级。

4.2.3 牧草种子应选择适宜的方式进行预处理,如选种、浸种、消毒、打破硬实、接种根瘤菌、除芒、去杂等。

4.3 地块

宜选择地势平坦或坡度平缓、集中连片、排灌条件良好、土壤符合牧草种植要求、适宜机械化作业的地块。

5 耕整地

5.1 人工草地的耕整地作业应根据土壤条件、农艺要求、种植模式等因素,选择相应的耕作方式和作业时间。

5.2 耕整地根据作业方式选配灭茬、深翻、深松、旋耕、耙等机具。地表平坦、面积较大的地块宜选用多功能联合复式作业机具,一次性完成耕整地作业。

5.3 春季和夏季播种的人工草地宜在春季进行耕整地,深松等部分作业项目可在上一年秋季进行。秋季播种的人工草地宜在播种当年秋季进行耕整地。

5.4 根据当地土壤条件,对没有深翻、深松基础的地块宜进行深翻作业,深度应为 25 cm~30 cm,应翻垡一致,无回垡立垡,无重耕漏耕,覆盖严密。作业后将地表杂草、秸秆、残茬全部埋入耕作层内,作业质量应符合 NY/T 742 的规定。

5.5 对没有深翻、深松基础的地块应使用深松机或深松联合整地机进行深松作业,宜每隔 3 年或 4 年作业 1 次,深度应不小于 25 cm,应能打破犁底层,不漏松。作业后地表无明显大土块和沟痕,无残茬堆积,作业质量应符合 NY/T 2845 的规定。

5.6 旋耕作业深度应不小于 8 cm,作业后应地表平整、土壤疏松、碎土均匀,达到播种状态。作业质量应符合 NY/T 499 的规定。

5.7 宜根据土壤肥力状况、人工草地的牧草品种施加适量基肥。基肥应随耕整地作业深施,可采用撒肥机作业后再用铧式犁或旋耕机作业,亦可采用带有施肥装置的耕整机具联合作业的方式进行。禾本科牧草施用氮肥为主,配合施用磷、钾肥料,豆科牧草施用磷、钾肥料为主,少量氮肥。肥料使用应符合 NY/T 496 的规定。

5.8 翻耕土壤后宜进行耙平、耱实土壤,使土层疏松、蓄水保墒。

6 播种

6.1 人工草地的牧草应根据品种特性和当地气候及生产习惯选择春季播种、夏季播种或者秋季播种。春季宜在日平均温度稳定在 5 ℃以上时播种,秋季播种应保证幼苗在越冬前有 2 个月的有效生长期。

6.2 一般根据条播、撒播等不同的播种方式选择机具。条播时,应根据不同牧草种子品种的特性选择适宜的行距、播种深度、播种量、施肥量或滴灌管铺设深度,一次性完成施肥、播种、镇压或地埋式滴灌管铺设作业。撒播时,应根据不同牧草种子品种的特性选择适宜的排种量和撒播幅宽,再用其他机具进行覆土。

6.3 牧草播种(施肥)机的播种深度合格率、播种均匀性变异系数和撒播均匀性作业性能应符合 GB/T 25421—2010 中 4.2.2、4.2.3 的规定。

6.4 天然草地的牧草补播应符合草原保护、建设、利用规划。采用牧草补播机进行作业,天然草地的牧草补播草种的选择、种子质量要求及处理、补播期的确定原则、播种量、补播方式应符合 GB/T 27514 的规定。

7 田间管理

7.1 切根改良
天然草地的牧草采用草原切根改良机进行作业,作业后的切根深度应不小于 10 cm。

7.2 除草

7.2.1 人工草地的牧草在整个生育期内,注意控制杂草,尤其是与所生产种子同期成熟的杂草,应随时清除。

7.2.2 宜选用适当的除草剂除草,除草剂和施药器械的选择应符合 NY/T 1997 的规定。

7.2.3 中耕除草机应选择具有良好行间通过性能的机械,无明显伤根,伤苗率应不大于 5%。

7.3 追肥与灌溉

7.3.1 人工草地的牧草根据生长发育需要追施适量肥料,宜在春季返青后或牧草刈割后使用水肥一体化设备、撒肥机或喷雾机等进行追肥。

7.3.2 根据地区降雨情况、牧草生长发育需要适时灌溉。地势低洼易积水的地方,应注意排水。豆科牧草在孕蕾期、越冬前、返青期、刈割后等关键时期,应适时灌溉。禾本科牧草在拔节期、抽穗期、刈割后等关键时期,应适时灌溉。

7.3.3 人工草地的牧草灌溉宜根据种植面积和种植地形选择大型喷灌机或者地埋式滴灌管。

7.4 植保

7.4.1 牧草病害调查宜在牧草播种或返青后、生长中期及越冬前进行,病害调查方法和防治措施应符合 NY/T 2767 的规定。在牧草生育期监测主要虫害种群动态,达到防治指标时应进行防治。

7.4.2 根据人工草地的牧草病虫害的发生规律及突发疫情,选择适宜的高效低毒的药剂及用量进行防治。

7.4.3 施药应均匀喷洒,不漏喷、不重喷、低漂移。

7.4.4 宜选用风送式喷雾机、喷杆喷雾机、植保无人飞机等高效植保机械,植保作业应符合 NY/T 650、NY/T 1276 的规定。

7.4.5 天然草地的鼠害防治宜选用毒饵撒布机,作业应符合 NY/T 1905 的规定。

8 收获

8.1 作业路径选择
收获作业时应根据草场地形采用梭形法或回形法收获,人工草地的牧草宜顺行收获。

8.2 割草

8.2.1 阴雨天气或风速大于 8 m/s 时,不应进行割草作业。豆科牧草宜在始花期进行刈割,禾本科牧草宜在抽穗后进行刈割。

8.2.2 天然草地的牧草宜采用割草机割草,人工草地的牧草宜采用割草压扁机割草。

8.2.3 人工草地的牧草割草作业应按照种植牧草规定的留茬高度调整割草机(割草压扁机),豆科牧草的割茬高度宜为 3 cm～5 cm,禾本科牧草的割草高度宜为 5 cm～7 cm;天然草地的牧草留茬高度应遵守当地林业草原管理部门规定。割草机(割草压扁机)作业质量应符合 NY/T 991 的规定。

8.3 摊晒、搂草

8.3.1 天然草地的牧草宜在割草后摊晒 1 d,在早晨或傍晚进行搂草作业。人工草地的牧草宜在早晨或傍晚进行摊晒作业。干草的搂草作业宜在牧草含水率不大于 30% 时进行,青贮牧草的搂草作业宜在牧草含水率不大于 70% 时进行,半干青贮牧草的搂草作业宜在牧草含水率不大于 50% 时进行。

8.3.2 摊晒、搂草作业时,风速应不大于 8 m/s。

8.3.3 搂草作业应按照机具使用说明书调整好搂齿的离地间隙,作业质量应符合 NY/T 991 的规定。

8.4 捡拾打捆、包膜

8.4.1 摊晒搂草作业后牧草含水率达到 17%～23% 时可进行方草捆打捆作业,牧草含水率达到 18%～25% 时可进行圆草捆打捆作业。

8.4.2 捡拾打捆作业前应按照要求调整好打捆机的草捆密度和草捆尺寸。

8.4.3 方草捆打捆机作业质量应符合 NY/T 1631 的规定,圆草捆打捆机作业质量应符合 NY/T 2463 的规定。

8.4.4 青贮牧草在打捆作业后使用包膜机进行包膜作业,或者使用打捆包膜一体机进行打捆包膜作业。青贮时的牧草含水率宜在 60%～70%,半干青贮时的牧草含水率宜在 40%～50%。

8.4.5 圆草捆包膜机作业时,圆草捆表面应无影响包膜质量的凸出尖锐物,用于包膜的塑料薄膜应符合使用说明书的规定。

8.4.6 圆草捆包膜机作业质量应符合 NY/T 991 的规定。

8.5 联合收获

8.5.1 青贮牧草收获宜采用牧草联合收获机收获。

8.5.2 牧草联合收获机宜选用具有切割、切碎、物料抛送功能或具有切割、切碎、打捆功能的联合收获机,其作业质量应符合 8.2、8.4 的规定。

————————————

ICS 65.040.10
CCS B 92

NY

中华人民共和国农业行业标准

NY/T 4254—2022

生猪规模化养殖设施装备配置技术规范

Technical specification for facilities and equipment configuration of
large scale pig raising

2022-11-11 发布

2023-03-01 实施

中华人民共和国农业农村部 发布

NY/T 4254—2022

前　言

本文件按照 GB/T 1.1—2020《标准化工作导则　第 1 部分：标准化文件的结构和起草规则》的规定起草。

请注意本文件的某些内容可能涉及专利。本文件的发布机构不承担识别专利的责任。

本文件由农业农村部农业机械化管理司提出。

本文件由全国农业机械标准化技术委员会农业机械化分技术委员会(SAC/TC 201/SC 2)归口。

本文件起草单位：中国农业机械化协会、农业农村部农业机械化总站、广东南牧机械设备有限公司、安徽省农业机械试验鉴定站、青岛尚芳环境科技有限公司。

本文件主要起草人：仪坤秀、金红伟、王明磊、吕晓能、徐凯、郑小龙、孙冬、吕占民、陈汉清、吴斌。

生猪规模化养殖设施装备配置技术规范

1 范围

本文件规定了规模化养猪场规划布局、养殖工艺流程与规模划分、生物安全要求、主要设施装备要求、机械装备配置的要求。

本文件适用于规模化养猪场(以下简称养猪场),其他类型养猪场可参照执行。

2 规范性引用文件

下列文件中的内容通过文中的规范性引用而构成本文件必不可少的条款。其中,注日期的引用文件,仅该日期对应的版本适用于本文件;不注日期的引用文件,其最新版本(包括所有的修改单)适用于本文件。

GB/T 17824.3 规模猪场环境参数及环境管理

GB/T 36195 畜禽粪便无害化处理技术规范

NY/T 3211 农业通风机节能选用规范

3 术语和定义

下列术语和定义适用于本文件。

3.1

规模化养猪场 large scale pig farm

存栏母猪不少于 30 头的种猪场,或年出栏商品猪不少于 200 头的育肥场。

3.2

净道 non-pollution road

供健康生猪周转、员工行走、饲料供应的专用道路。

3.3

污道 pollution road

运送粪污和动物尸体等污物和废弃物的道路。

4 规划布局

4.1 养猪场内应划分生活办公区、生产区和环保处理区等。

4.2 生活办公区应位于养猪场全年主导风向的上风向或地势较高处。

4.3 生产区与其他区间隔距离应不少于 50 m,宜用围墙分开。

4.4 环保处理区应位于全年主导风向的下风向和地势最低位置,距离生产区和生活办公区应不少于 50 m。环保处理区与生产区之间有专用道路相通,与场外有专用大门相通。

4.5 养猪场的供水、供电、供暖等设施应靠近生产区的负荷中心布置。

4.6 场区地形复杂或坡度较大时,应作阶梯式布置,道路坡度满足行车要求。

5 养殖工艺流程与规模划分

5.1 养猪场规模化养殖工艺流程

5.1.1 种猪场规模化养殖工艺流程

种猪场规模化养殖一般工艺流程见图 1。

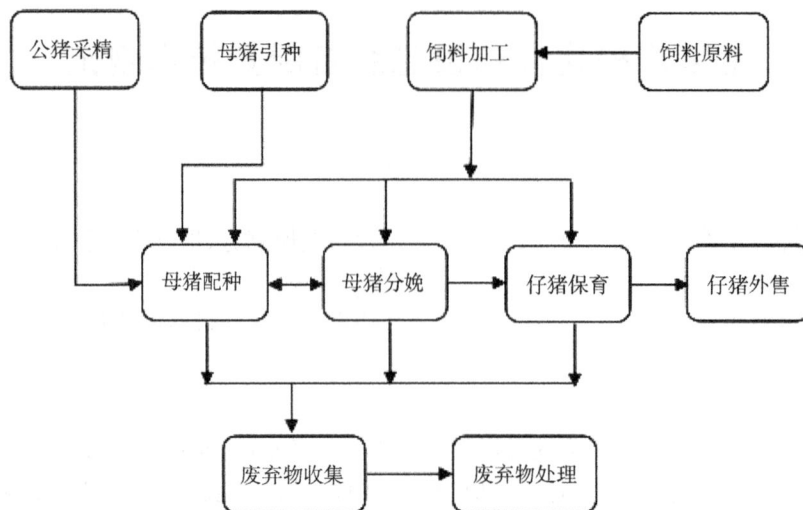

图1 种猪场规模化养殖工艺流程图

5.1.2 育肥场规模化养殖工艺流程

育肥场规模化养殖一般工艺流程见图2。

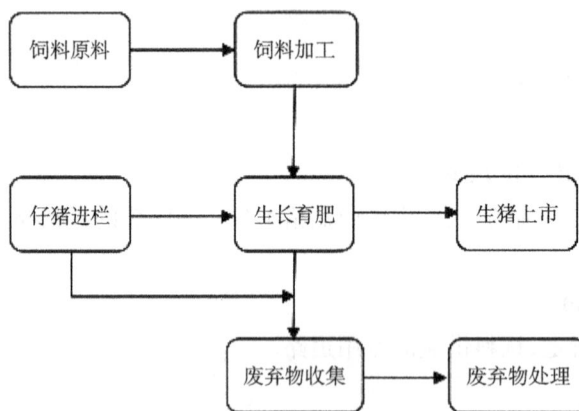

图2 育肥场规模化养殖工艺流程图

5.2 养猪场规模划分

5.2.1 单栋饲养规模划分

单栋饲养规模划分见表1。

表1 单栋饲养规模划分

单位为头

类别	小规模	中规模	大规模	超大规模
保育舍	100~600	601~2 000	2 001~4 000	＞4 000
育肥舍	100~300	301~1 000	1 001~2 000	＞2 000
隔离舍	4~10	11~32	33~250	＞250
后备舍	4~10	11~32	33~250	＞250
配怀舍	25~67	68~210	211~1 700	＞1 700
分娩舍	5~13	14~40	41~320	＞320
公猪舍	1~3	4~10	11~80	＞80

5.2.2 单场饲养规模划分

单场饲养规模划分见表2。

表2 单场饲养规模划分

单位为头

类型	单场饲养规模			
	小规模	中规模	大规模	超大规模
育肥场(年出栏量)	200~600	601~5 000	5 001~18 000	>18 000
种猪场(存栏基础母猪)	30~80	81~250	251~2 000	>2 000

6 生物安全要求

6.1 生产区、生活办公区和养猪场大门口等区域应配置相应的防疫消毒设备,对接触养猪设施和进入猪场的人员、物资和车辆应进行消毒处理。

6.2 养猪场内净道和污道不应交叉混用。

6.3 猪场粪污无害化处理应符合GB/T 36195的规定。

6.4 病死猪尸体的处理与处置应符合国家和行业相关规定。

6.5 猪舍进风口、通风窗应配置防护网或采取其他措施,防止鼠类、飞鸟和其他动物进入猪舍。

7 主要设施装备要求

7.1 猪栏设备

7.1.1 按饲养猪的类别,猪栏可分为定位栏、分娩栏、保育栏、大栏、公猪栏,其基本参数应符合表3的规定。

表3 猪栏基本参数

种类	每栏饲养数量,头	每头猪占栏内面积,m²	栏高,mm
定位栏	1	1.2~1.5	≥1 000
分娩栏	1	4.2~5.0	≥1 000
保育栏	9~14	0.3~0.5	≥600
大栏	9~16	0.9~1.5	≥800
公猪栏	1	1.8~4.0	≥1 100

7.1.2 漏缝地板按材质分类,有水泥漏缝地板、塑胶漏缝地板、铸铁漏缝地板、三棱钢漏缝地板和复合材质漏缝地板,其基本参数应符合表4的规定。

表4 漏缝地板基本参数

单位为毫米

型式	适用猪群	漏缝间隙宽度
水泥漏缝地板	育肥猪	20~25
	妊娠母猪	20~25
	公猪	20~25
塑胶漏缝地板	哺乳仔猪	9~11
	保育猪	9~11
铸铁/三棱钢漏缝地板	分娩母猪	9~11
复合材质漏缝地板	所有猪群	9~25

7.2 饲喂设备

7.2.1 饲喂设备主要由饲料塔、饲料喂(送)料机、食槽、定量杯(或下料管)组成。

7.2.2 饲料喂(送)料机主要有塞盘链式喂(送)料机和螺旋弹簧式喂(送)料机。

7.2.3 食槽的结构型式主要有通体食槽、单体食槽、圆形食槽、长方体双面/单面食槽。

7.2.4 饲料喂(送)料机、食槽的基本参数应分别符合表5、表6的规定。

表 5 饲料喂(送)料机基本参数

项目	参数	
	塞盘链式喂(送)料机	螺旋弹簧式喂(送)料机
配套电动机额定功率,kW	0.75～2.2	0.75～1.5
输送能力,kg/h	≥1 200	≥1 000
输送料管长度,m	50～300	30～80

表 6 食槽基本参数

单位为毫米

型式	适用猪群	采食间隙	前缘高度
通体食槽	妊娠母猪	600～700	140～160
单体食槽	分娩母猪	280～350	200～300
圆形食槽	哺乳仔猪	80～130	60～80
长方体双面/	保育猪	140～150	100～120
单面食槽	育肥猪	220～250	160～190

7.3 饮水设备

7.3.1 猪舍内应配置自动饮水器,自动饮水器宜选用滚珠式饮水器、碗式饮水器、鸭嘴式饮水器。

7.3.2 自动饮水器的基本参数应符合表 7 的规定。

表 7 自动饮水器基本参数

型式	适用猪群	水流速度,mL/min	安装高度,mm
滚珠式/鸭嘴式	妊娠母猪	2 000～4 000	80～200
滚珠式/鸭嘴式	分娩母猪	2 000～4 000	300～600
滚珠式/碗式/鸭嘴式	哺乳仔猪/保育猪	300～1 300	80～300
滚珠式/碗式	育肥猪	1 300～2 200	300～600

7.4 清粪设备

7.4.1 清粪设备主要有往复刮板式清粪机和绞龙提升机。

7.4.2 往复刮板式清粪机的基本参数应符合表 8 的规定。

表 8 往复刮板式清粪机基本参数

项目名称	参数
配套电动机额定功率,kW	0.75～2.2
刮粪板移动速度,m/min	5～12
刮粪板最大行程,m	≤100
刮粪板宽度,m	1.0～2.8
刮粪板高度,m	0.3～0.4

7.4.3 绞龙提升机的基本参数应符合表 9 的规定。

表 9 绞龙提升机基本参数

项目名称	参数
配套电动机额定功率,kW	≥4
螺旋叶片外径,mm	≥200
螺旋叶片厚度,mm	≥4
螺距,mm	≥150

7.5 环境调控设备

7.5.1 猪舍应配置通风、加温和降温等环境调控设备,温度、相对湿度、通风量、空气卫生要求应符合GB/T 17824.3 的相关规定。

7.5.2 猪舍应配套风机、湿帘等机械通风、降温设备。机械通风、降温设备的规格和数量应结合当地气候环境条件、猪舍建筑结构、猪只类型和饲养数量来确定。

7.5.3 猪舍应配置环境控制器,用于监控室内温度、相对湿度等环境指标,并能自动控制风机、湿帘等终端设备的启停,以使舍内温度、相对湿度、通风量和空气卫生达到标准要求。

7.5.4 分娩舍和保育舍除配置7.5.2和7.5.3所述设备外,应配置加温设备,宜选配红外保温灯、燃气加温设备或热水加温设备。

7.5.5 风机的能效应符合 NY/T 3211 的规定。

7.5.6 风机的通风风量应符合表10的规定。

表 10　风机通风风量参数

风机静压,Pa	通风风量,m³/h		
	600 mm～800 mm 风机	800 mm～1 100 mm 风机	1 100 mm 以上风机
0.0	≥12 200	≥14 200	≥32 600
10.0	≥11 700	≥13 400	≥30 000
20.0	≥11 000	≥12 600	≥28 300
30.0	≥10 400	≥11 800	≥26 600
40.0	≥9 700	≥11 000	≥24 900
50.0	≥8 700	≥10 400	≥24 000
60.0	≥7 600	≥9 600	≥22 300

7.5.7 湿帘的基本参数应符合表11的规定。

表 11　湿帘基本参数

项目	参数	
厚度规格,mm	100	150
吸水速率,mm/min	≥5	

7.5.8 环境控制器应符合以下要求:
a) 监控项目应包括温度和湿度;
b) 可控制终端执行设备应包括风机、湿帘、卷帘机、进风窗和加热器;
c) 传感器输入接口数量应不少于4个;
d) 终端执行设备输出接口数量应不少于12个。

7.6 洗消装备

7.6.1 养猪场应配置洗消装备。

7.6.2 人员进场和生活办公区室内环境宜配置超低容量喷雾器。

7.6.3 带畜圈舍内的定期消杀宜配置自动喷雾消杀设备。

7.6.4 配怀舍等清洗消毒频率较低的猪舍宜配置移动式高压清洗机。分娩舍、保育舍等清洗消毒频率较高的猪舍宜配置集中式高压清洗系统。

7.6.5 进场或场内运输车辆的清洗消毒宜配置车辆洗消系统。中小规模养猪场如未配置车辆洗消系统时可配置移动式高压清洗机。

7.6.6 场区道路宜配置场区消毒车进行清洗消毒。

7.6.7 洗消装备性能指标应符合表12的规定。

表 12　洗消装备性能指标

设备名称	项目	指标
车辆洗消系统	清洗系统压力,MPa	3～20
	清洗系统流量,L/min	20～100
	消毒系统压力,MPa	3～5
	消毒系统流量,L/min	≥120
	烘干温度,℃	60～65

表 12（续）

设备名称	项目	指标
集中式高压清洗系统	压力，MPa	14～20
	单把喷枪流量，L/min	15～30
移动式高压清洗机	压力，MPa	14～20
	流量，L/min	15～20
超低容量喷雾器	雾滴直径，μm	30～120
	喷雾量，mL/min	80～150
自动喷雾消杀设备	雾滴直径，μm	50～80
	单个喷头喷雾量，mL/min	83～333
场区消毒车	雾滴直径，μm	80～120
	喷幅，m	≥10

7.7 动物尸体储运及无害化处理装备

7.7.1 养猪场应配置动物尸体储运及无害化处理装备。

7.7.2 动物尸体储运设备应具有良好密封性，防止恶臭气味、污水外漏，避免运输途中对环境造成污染。

7.7.3 动物尸体无害化处理装备的性能指标应符合表 13 的规定。

表 13 动物尸体无害化处理装备性能指标

项目	指标
处理温度，℃	80～95
处理有效容积，m³	1.5～6.0
单次最大处理量，kg	700～2 500
处理周期，h	16～24

7.8 粪污固液分离处理装备

7.8.1 养猪场应配置粪污固液分离处理装备。

7.8.2 粪污固液分离处理装备整机性能参数应符合表 14 的规定。

表 14 粪污固液分离处理装备整机性能参数

项目	参数值
污液处理能力，m³/h	不低于企业明示值的下限
分离后固形物含水率，%	≤80
能源消耗量，(kW·h)/m³	≤0.4

7.9 生猪规模化养殖场机械装备配套布置

生猪规模化养殖场机械装备配套布置应符合附录 A 的规定。

8 机械装备配置

8.1 配怀舍与分娩舍机械装备配置

配怀舍与分娩舍机械装备配置应符合表 15 的规定。

表 15 配怀舍与分娩舍机械装备配置

机械装备名称	类别	配怀舍规模				分娩舍规模			
		小	中	大	超大	小	中	大	超大
猪栏	定位栏	●	●	●	●	—	—	—	—
	分娩栏	—	—	—	—	●	●	●	●
	保育栏	—	—	—	—	—	—	—	—
	大栏	●	●	●	●	—	—	—	—
	公猪栏	◎	◎	◎	◎	—	—	—	—

表 15（续）

机械装备名称	类别	配怀舍				分娩舍			
		规模				规模			
		小	中	大	超大	小	中	大	超大
饲喂系统	螺旋弹簧式	●	●	◎	◎	●	●	◎	◎
	塞盘链式	◎	◎	◎	◎	◎	◎	◎	◎
	螺旋弹簧式＋塞盘链式	◎	◎	●	●	◎	◎	●	●
饮水系统	自动饮水器	●	●	●	●	●	●	●	●
清粪系统	刮板式	◎	◎	●	●	◎	◎	◎	◎
	液泡粪	●	●	◎	◎	●	●	●	●
	绞龙提升机	◎	◎	◎	◎	◎	◎	◎	◎
环境调控设备	风机	●	●	●	●	●	●	●	●
	湿帘	●	●	●	●	●	●	●	●
	通风小窗	●	●	●	●	●	●	●	●
	滑帘板	◎	◎	●	●	◎	◎	●	●
	红外保温灯	—	—	—	—	●	●	●	●
	燃气加温	◎	◎	◎	◎	●	●	◎	◎
	热水加温	◎	◎	◎	◎	●	●	◎	◎
	环境控制器	◎	◎	●	●	◎	◎	◎	◎
控制系统	简易式	●	◎	◎	◎	●	◎	◎	◎
	单系统	◎	●	◎	◎	◎	●	◎	◎
	集成式	◎	◎	●	●	◎	◎	◎	●

注：表中符号"—"为不适用；"◎"为可选择性配置；"●"为推荐配置。

8.2 保育舍与育肥舍机械装备配置

保育舍与育肥舍机械装备配置应符合表 16 的规定。

表 16 保育舍与育肥舍机械装备配置

机械装备名称	类别	保育舍				育肥舍			
		规模				规模			
		小	中	大	超大	小	中	大	超大
猪栏	定位栏	—	—	—	—	—	—	—	—
	分娩栏	—	—	—	—	—	—	—	—
	保育栏	●	●	●	●	—	—	—	—
	大栏	—	—	—	—	●	●	●	●
	公猪栏	—	—	—	—	—	—	—	—
饲喂系统	螺旋弹簧式	●	●	◎	◎	●	●	◎	◎
	塞盘链式	◎	◎	◎	◎	◎	◎	◎	◎
	螺旋弹簧式＋塞盘链式	◎	◎	●	●	◎	◎	●	●
饮水系统	自动饮水器	●	●	●	●	●	●	●	●
清粪系统	刮板式	◎	◎	●	●	◎	◎	●	●
	液泡粪	●	●	◎	◎	●	●	◎	◎
	绞龙提升机	◎	◎	◎	◎	◎	◎	◎	◎
环境调控设备	风机	●	●	●	●	●	●	●	●
	湿帘	●	●	●	●	●	●	●	●
	通风小窗	●	●	●	●	●	●	●	●
	滑帘板	◎	◎	◎	◎	◎	◎	◎	◎
	红外保温灯	●	●	●	●	◎	◎	◎	◎
	燃气加温	◎	◎	◎	◎	◎	◎	◎	◎
	热水加温	◎	◎	◎	◎	◎	◎	◎	◎
	环境控制器	◎	●	●	●	◎	●	●	●
控制系统	简易式	●	◎	◎	◎	●	◎	◎	◎
	单系统	◎	●	◎	◎	◎	●	◎	◎
	集成式	◎	◎	●	●	◎	◎	●	●

注：表中符号"—"为不适用；"◎"为可选择性配置；"●"为推荐配置。

8.3 隔离舍与后备舍机械装备配置

隔离舍与后备舍机械装备配置应符合表17的规定。

表17 隔离舍与后备舍机械装备配置

机械装备名称	类别	隔离舍				后备舍			
		规模				规模			
		小	中	大	超大	小	中	大	超大
猪栏	定位栏	◎	◎	◎	◎	◎	◎	◎	◎
	分娩栏	—	—	—	—	—	—	—	—
	保育栏	—	—	—	—	—	—	—	—
	大栏	●	●	●	●	●	●	●	●
	公猪栏	—	—	—	—	◎	◎	◎	◎
饲喂系统	螺旋弹簧式	●	●	◎	◎	●	●	◎	◎
	塞盘链式	◎	◎	◎	◎	◎	◎	◎	◎
	螺旋弹簧式＋塞盘链式	◎	◎	●	●	◎	◎	●	●
饮水系统	自动饮水器	●	●	●	●	●	●	●	●
清粪系统	刮板式	●	●	●	●	●	●	●	●
	液泡粪	◎	◎	◎	◎	◎	◎	◎	◎
	绞龙提升机	◎	◎	◎	◎	◎	◎	◎	◎
环境调控设备	风机	●	●	●	●	●	●	●	●
	湿帘	●	●	●	●	●	●	●	●
	通风小窗	◎	◎	◎	◎	◎	◎	●	●
	滑帘板	◎	◎	●	●	◎	◎	●	●
	红外保温灯	◎	◎	◎	◎	◎	◎	◎	◎
	燃气加温	◎	◎	◎	◎	◎	◎	◎	◎
	热水加温	◎	◎	◎	◎	◎	◎	◎	◎
	环境控制器	◎	◎	●	●	◎	◎	●	●
控制系统	简易式	●	◎	◎	◎	●	◎	◎	◎
	单系统	◎	●	◎	◎	◎	●	◎	◎
	集成式	◎	◎	●	●	◎	◎	●	●

注:表中符号"—"为不适用;"◎"为可选择性配置;"●"为推荐配置。

8.4 场内共用机械装备配置

场内共用机械装备配置应符合表18的规定。

表18 场内共用机械装备配置

机械装备名称	类别	规模			
		小	中	大	超大
废弃物处理设备	固液分离机	●	●	●	●
	动物尸体储运设备	◎	◎	●	●
	动物尸体无害化处理机	◎	◎	●	●
	发酵罐	◎	◎	●	●
洗消装备	超低容量喷雾器	●	●	●	●
	自动喷雾消杀设备	◎	◎	●	●
	移动式高压清洗机	●	●	●	●
	集中式高压清洗系统	◎	◎	●	●
	车辆洗消系统	◎	◎	●	●
	场区消毒车	◎	◎	●	●

表 18（续）

机械装备名称	类别	规模			
		小	中	大	超大
送料系统	散装饲料车	—	◎	●	◎
	中转料塔	—	◎	●	●
	气动送料	—	◎	◎	●
	塞盘链式送料	—	◎	◎	◎
场区集成管控系统		◎	◎	◎	●
应急发电设备		◎	●	●	●
注:表中符号"—"为不适用;"◎"为可选择性配置;"●"为推荐配置。					

附　录　A

（规范性）

生猪规模化养殖场机械装备配套布置

生猪规模化养殖场机械装备配套布置按图 A.1 所示。

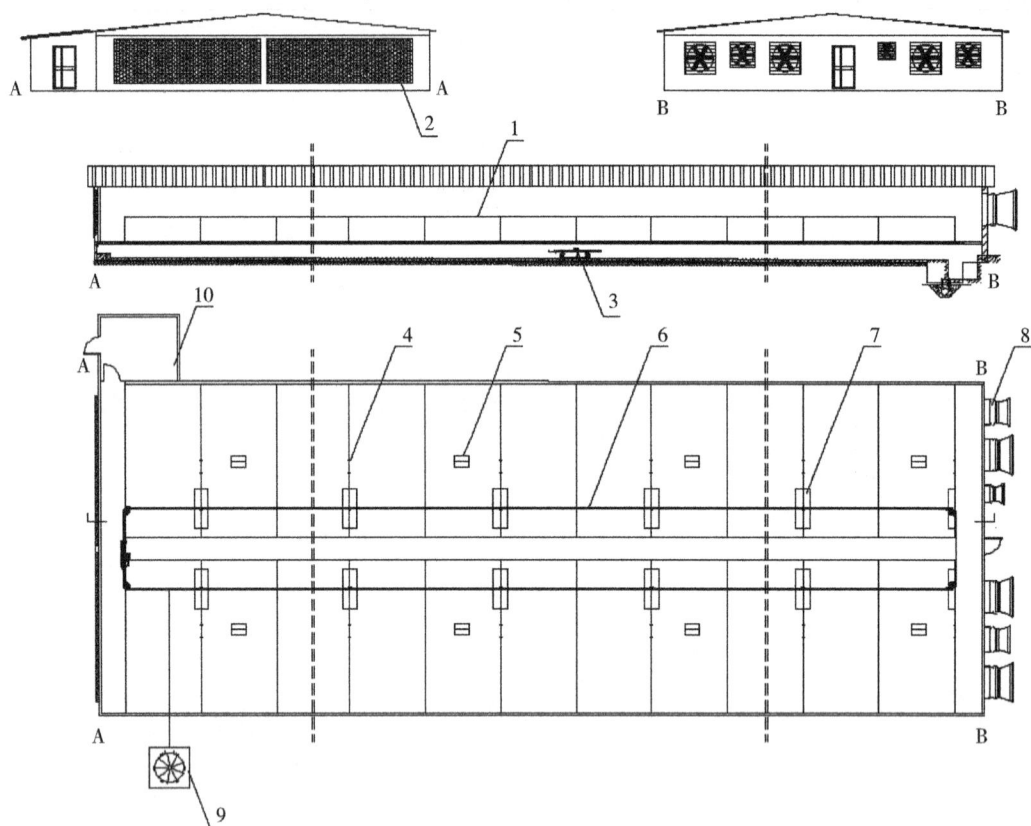

标引序号说明：

1——猪栏；

2——湿帘；

3——刮板式清粪机；

4——饮水设备；

5——通风小窗；

6——塞盘链式喂料机；

7——食槽；

8——风机；

9——饲料塔；

10——电控房。

图 A.1　生猪规模化养殖场机械装备配套布置

ICS 65.040.10
CCS B 92

NY

中华人民共和国农业行业标准

NY/T 4255—2022

规模化孵化场设施装备配置技术规范

Technical specification for facilities and equipment configuration of large-scale hatching farm

2022-11-11 发布

2023-03-01 实施

中华人民共和国农业农村部 发布

前　言

本文件按照 GB/T 1.1—2020《标准化工作导则　第 1 部分:标准化文件的结构和起草规则》的规定起草。

请注意本文件的某些内容可能涉及专利。本文件的发布机构不承担识别专利的责任。

本文件由农业农村部农业机械化管理司提出。

本文件由全国农业机械标准化技术委员会农业机械化分技术委员会(SAC/TC 201/SC 2)归口。

本文件起草单位:中国农业机械化协会、农业农村部农业机械化总站、青岛兴仪电子设备有限责任公司、南阳市农业机械技术中心。

本文件主要起草人:仪坤秀、金红伟、王明磊、陈斌、李奇、郑培宁、周小燕、姜德强、孙冬。

规模化孵化场设施装备配置技术规范

1 范围

本文件规定了规模化孵化场(以下简称孵化场)孵化布局及孵化生产流程、孵化场及设施装备配置、技术要求。

本文件适用于鸡、鸭孵化场设施装备的配置,其他禽类的孵化场可参照执行。

2 规范性引用文件

下列文件中的内容通过文中的规范性引用而构成本文件必不可少的条款。其中,注日期的引用文件,仅该日期对应的版本适用于本文件;不注日期的引用文件,其最新版本(包括所有的修改单)适用于本文件。

GB 5749　生活饮用水卫生标准

GB 50019　工业建筑供暖通风与空气调节设计规范

GB 50174　数据中心设计规范

GB 50395　视频安防监控系统工程设计规范

JB/T 9809.1—2013　孵化机　第1部分:技术条件

TSG 21　固定式压力容器安全技术监察规程

3 术语和定义

下列术语和定义适用于本文件。

3.1

孵化场　hatching farm

集成鸡、鸭孵化相关工程的工厂。

3.2

孵化厅　hatchery

孵化场内用于种蛋孵化的专用场所。

3.3

熏蒸　fumigation

在孵化厅特定密闭空间内,使用熏蒸剂对种蛋和器具进行消毒的方式。

3.4

孵化废弃物　hatching waste

孵化过程中产生的废弃物(蛋壳、绒毛、臭蛋、死雏等)的总称。

3.5

码蛋　egg palletizing

将种蛋按大头朝上的规则码放到孵化盘中的过程。

3.6

翻蛋　egg slanting

在种蛋孵化过程中,使用机械方式将种蛋连同孵化盘翻转一定角度的动作。

3.7

照蛋　egg canding

种蛋孵化一定时间后,通过光、红外、图像等胚胎识别技术,来检查胚胎发育情况,剔除未受精和死胚蛋的动作。

3.8

落盘 egg traying

孵化达到一定时间后,将胚蛋从孵化盘转移至出雏盘的过程。

3.9

最大平均日上孵量 maximum average daily hatching

一个孵化周期内,满载上孵最大量与孵化周期天数的比值。

4 孵化场布局及孵化生产流程

4.1 总体要求

4.1.1 孵化场应符合相关法律法规和国家强制性标准要求。

4.1.2 孵化场选址应满足以下要求:

    a) 孵化场应是一个独立的隔离场所,交通便利,净污区通道独立设置;

    b) 孵化场应远离市区交通主干道 500 m 以上,距离河流 500 m 以上,距离居民居住区 1 000 m 以上,周围 3 000 m 内无畜禽养殖场、大型化工厂和粉尘较大的工矿区;

    c) 如有孵化场和种鸡场在同一区域,孵化场与种鸡场应相隔 500 m 以上,选择在种鸡场常年主导风的下风向或侧风向,除围墙外,中间应有树木隔离。

4.1.3 孵化场设施装备宜一次性安装到位,如需分期安装,则后续安装工程不应妨碍前期已投入生产部分的生产活动,并做好相应防疫措施。

4.2 孵化场布局

4.2.1 整体布局

孵化场布局应包含以下 3 个方面:

    a) 主体结构:孵化厅、办公楼、宿舍楼、食堂;

    b) 附属用房:变压器房、发电机房、环控机房、锅炉房;

    c) 场区设施:消防水池、污水处理池、道路硬化、植被绿化、场区围挡等。

4.2.2 孵化厅布局

孵化厅布局及建设原则应满足下列 4 个方面:

    a) 人流:净区工作区人员和污区工作区人员应分离;

    b) 物流:环形单向流程,并且不应相互交叉;

    c) 水流:应为单向流程(从净区流向污区);

    d) 气流:压力控制,应为单向流程(从净区流向污区)。

注:孵化厅布局见附录 A。

4.3 孵化生产流程

孵化生产流程至少应经过种蛋处理、熏蒸、种蛋存储、孵化、照蛋落盘、出雏、禽雏处理、污水处理等关键环节,并应全程进行环境控制和供气供水。自动化孵化流程见附录 B。

5 孵化场及设施装备配置

5.1 孵化场规模指标

孵化场规模按表 1 中最大平均日上孵量进行确定,最大平均日上孵量按公式(1)计算。

表 1 孵化场规模指标

单位为万枚

品种	规模	最大平均日上孵量(N)
鸡	小规模	$5 \leqslant N < 15$
	中规模	$15 \leqslant N < 25$

表 1（续）

品种	规模	最大平均日上孵量（N）
鸡	大规模	$25 \leqslant N < 40$
	超大规模	$N \geqslant 40$
鸭	小规模	$3 \leqslant N < 10$
	中规模	$10 \leqslant N < 20$
	大规模	$20 \leqslant N < 35$
	超大规模	$N \geqslant 35$

$$N = (C \cdot n)/t \cdots\cdots\cdots\cdots\cdots\cdots\cdots\cdots\cdots\cdots\cdots\cdots (1)$$

式中：

N ——最大平均日上孵量的数值，单位为万枚；

C ——每台孵化机容蛋量的数值，单位为万枚；

n ——孵化机台数的数值，单位为台；

t ——孵化天数的数值，种蛋从上孵到落盘在孵化机内的时间，单位为天(d)。

注 1：孵化周期为种蛋从上孵到孵化成雏所用的时间，一般是孵化天数和出雏天数之和。肉鸡孵化周期一般为孵化 18 d，出雏 3 d；肉鸭孵化周期一般为孵化 25 d，出雏 3 d。

注 2：最大平均日上孵量是理论值，实际生产根据种蛋量及孵化工艺确定每天上孵数量。

5.2 孵化场设施装备配置

5.2.1 孵化场设施装备主要包含种蛋处理系统、洗蛋机、熏蒸系统、蛋库翻蛋系统、供水供气系统、孵化机、照蛋落盘系统、出雏机、禽雏处理系统、环境控制系统、数字化中心、污水处理系统等，设施装备的处理能力应与最大平均日上孵量相匹配。

5.2.2 孵化场设施装备配套应符合表 2 的规定。

表 2 各规模孵化场设施装备配置表

生产流程	设施装备	鸡 规模				鸭 规模			
		小	中	大	超大	小	中	大	超大
种蛋孵化准备处理	种蛋处理系统	◎	◎	●	●	◎	◎	●	●
洗蛋	洗蛋机	—	—	—	—	◎	◎	◎	◎
熏蒸	熏蒸系统	◎	◎	●	●	◎	◎	●	●
种蛋存储	蛋库翻蛋系统	◎	◎	●	●	◎	◎	●	●
全流程用气用水	供气供水系统	●	●	●	●	●	●	●	●
孵化阶段	孵化机	●	●	●	●	●	●	●	●
照蛋落盘处理阶段	照蛋落盘系统	◎	◎	●	●	◎	◎	●	●
出雏阶段	出雏机	●	●	●	●	●	●	●	●
禽雏及其附属物处理阶段	禽雏处理系统	◎	◎	●	●	◎	◎	●	●
全流程环境控制	环境控制系统	●	●	●	●	●	●	●	●
全流程数字化控制	数字化中心	◎	◎	◎	●	◎	◎	◎	●
污水处理	污水处理系统	●	●	●	●	●	●	●	●

注 1：表中所列设施装备，其功能指标见第 6 章。

注 2："●"表示必选配置，"◎"表示可选配置，"—"表示不配置。

6 技术要求

6.1 种蛋处理系统

6.1.1 种蛋处理系统以码蛋功能为核心，利用自动化设施和装备实现种蛋的自动处理流程。种蛋处理系统至少应具备种蛋的剔除功能、自动大小头调整功能、自动码蛋功能。

6.1.2 种蛋处理系统可扩展种蛋分级功能、孵化盘自动上车功能、种蛋托拆垛功能、自动上蛋功能、孵化盘拆垛功能等。

6.1.3 蛋形指数(蛋纵径横径之比)在1.30～1.35的种蛋,自动种蛋大小头调整准确率应不小于99%。

6.2 洗蛋机

洗蛋机应具备去除种蛋表面的粪便、污血、禽舍垫料,并能洗掉种蛋表面角质膜的功能。

6.3 熏蒸系统

熏蒸间种蛋熏蒸系统应配置熏蒸控制柜、加药子系统、排风子系统。

6.4 蛋库翻蛋系统

6.4.1 处理好的种蛋在入孵之前应存放在蛋库中,根据存放时间的不同,应设置适宜的温度、湿度、翻蛋次数。

6.4.2 蛋库翻蛋系统主要包含时间继电器、电磁阀的控制部分和供气管路及末端设备部分。

6.5 供水供气系统

6.5.1 供水

6.5.1.1 低压供水

6.5.1.1.1 低压水用于高压供水端、纯净水处理端、隧道式清洗机、卫生间、淋浴间、冲洗手盆等。

6.5.1.1.2 低压供水可直接采用市政用水或自备水源,水质应符合 GB 5749 的规定,压力应不低于0.2 MPa,末端管道公称直径应不小于15 mm。

6.5.1.2 高压供水

6.5.1.2.1 高压供水系统应由高压泵、变频器、高压不锈钢管路、末端设备等组成,应变频运行,高压供水工作压力应达到2 MPa。

6.5.1.2.2 高压供水应布置在除数字中心、配电间、蛋库、纸盒间的孵化厅各个角落,以冲洗为主。

6.5.1.3 纯净水供水

6.5.1.3.1 纯净水用于孵化机、出雏机、新风机、静压室、蛋库等的加湿,以及环控水系统补水。

6.5.1.3.2 纯净水由低压供水通过纯净水处理系统处理形成,供水管道应采用 PPR 或 PVC 给水管,水压不应高于0.35 MPa。

6.5.2 供气

6.5.2.1 供气系统包括空气压缩机、储气罐、供气管道及末端设备。

6.5.2.2 安全阀及储气罐应符合 TSG 21 的有关规定,储气罐与供气总管道之间应装有紧急切断阀。

6.6 孵化机

6.6.1 孵化机性能应符合 JB/T 9809.1—2013 中4.3的规定。

6.6.2 孵化场中孵化机机型与数量应根据孵化工艺和峰值种蛋量来确定。

6.7 照蛋落盘系统

6.7.1 照蛋落盘系统应具备高速照蛋和活胚自动落盘功能。

6.7.2 照蛋落盘系统可选配自动铲蛋、非活胚处理、出雏盘拆垛、出雏盘码垛、遗留蛋处理、孵化盘清洗、孵化盘码垛等功能。

6.8 出雏机

出雏机应根据孵化周期、孵化工艺、孵化机容蛋量、场地面积匹配机型和数量。

示例1:某鸡孵化场采用分批上孵工艺的蛋容量90 720枚的巷道式孵化机,该机型每次上孵2辆蛋车(15 120枚种蛋),分6个批次上满,每3 d～4 d孵一次,一周2次,落盘时每次移出2辆蛋车,则应采用对应容蛋量为15 120枚的出雏机。若孵化场准备购置90 720枚巷道孵化机18台,鸡种蛋孵化周期(孵化18 d＋出雏3 d),同时考虑照蛋落盘时间与消毒时间,出雏机数量应配置18台,孵化场的孵化机和出雏机的蛋位数量之比为6∶1。

示例2:某鸭孵化场采用整孵整出上孵工艺的容蛋量34 560枚箱体式孵化机,采用容蛋量34 560枚箱体式出雏机。若孵化场准备购置34 560枚箱体孵化机25台,鸭种蛋孵化周期(孵化25 d＋出雏3 d),同时考虑照蛋落盘时间与消毒时间,出雏机数量应至少配置3台。

6.9 禽雏处理系统

6.9.1 禽雏处理系统应具备雏壳分离、蛋壳等废弃物处理功能,实现自动或者半自动的雏壳分离和废弃物处理。

6.9.2 禽雏处理系统可选配出雏盘拆垛、毛蛋收集、弱雏挑选、禽雏免疫、计数包装、出雏盘清洗、出雏盘码垛、出雏盘上车、雏苗筐清洗、雏苗筐码垛、出雏盘喷淋系统等功能。

6.10 环境控制系统

6.10.1 孵化场应配置环境控制系统,实现孵化过程中孵化厅温度、湿度的自动动态调整。

6.10.2 孵化厅环境控制设计应符合 GB 50019 的规定。

6.10.3 各功能间参数见附录 C。

6.11 数字化中心

6.11.1 总要求

6.11.1.1 孵化厅的供水供电、温湿度、空气粒子、噪声、电磁干扰、震动及静电设计建设,应符合 GB 50174 的规定。

6.11.1.2 孵化场数字中心应集成有智能设备管理系统、视频监控系统。

6.11.2 智能设备管理系统

6.11.2.1 孵化厅的智能设备管理系统应包含能够对孵化设备、种蛋处理设备、照蛋落盘设备、禽雏处理设备、环控设备、功能间设备全方位监控和远程集中管理的功能。

6.11.2.2 智能设备管理系统平台应具备以下功能要求:

    a) 数字显示功能;

    b) 预留孵化场规模升级的设备接口;

    c) 设备的实时数据、报警等功能,刷新速度不高于 10 s;

    d) 数据存储、查询、输出功能;

    e) 远程设定参数功能;

    f) 具有权限管理的功能,多角色分权限进行设备管理;

    g) 具有可扩展和对接上层信息化系统的功能,包括云端。

6.11.3 视频监控系统

6.11.3.1 孵化厅视频监控系统的设计建设应符合 GB 50395 的规定。

6.11.3.2 视频监控系统机构应是矩阵切换模式或数字视频网络虚拟交换/切换模式。

6.11.3.3 孵化场视频监控系统的视频记录保存时间应不少于 60 d。

附 录 A

（资料性）

孵化厅布局图

图 A.1 展示孵化厅布局，以及气流、水流示意图。

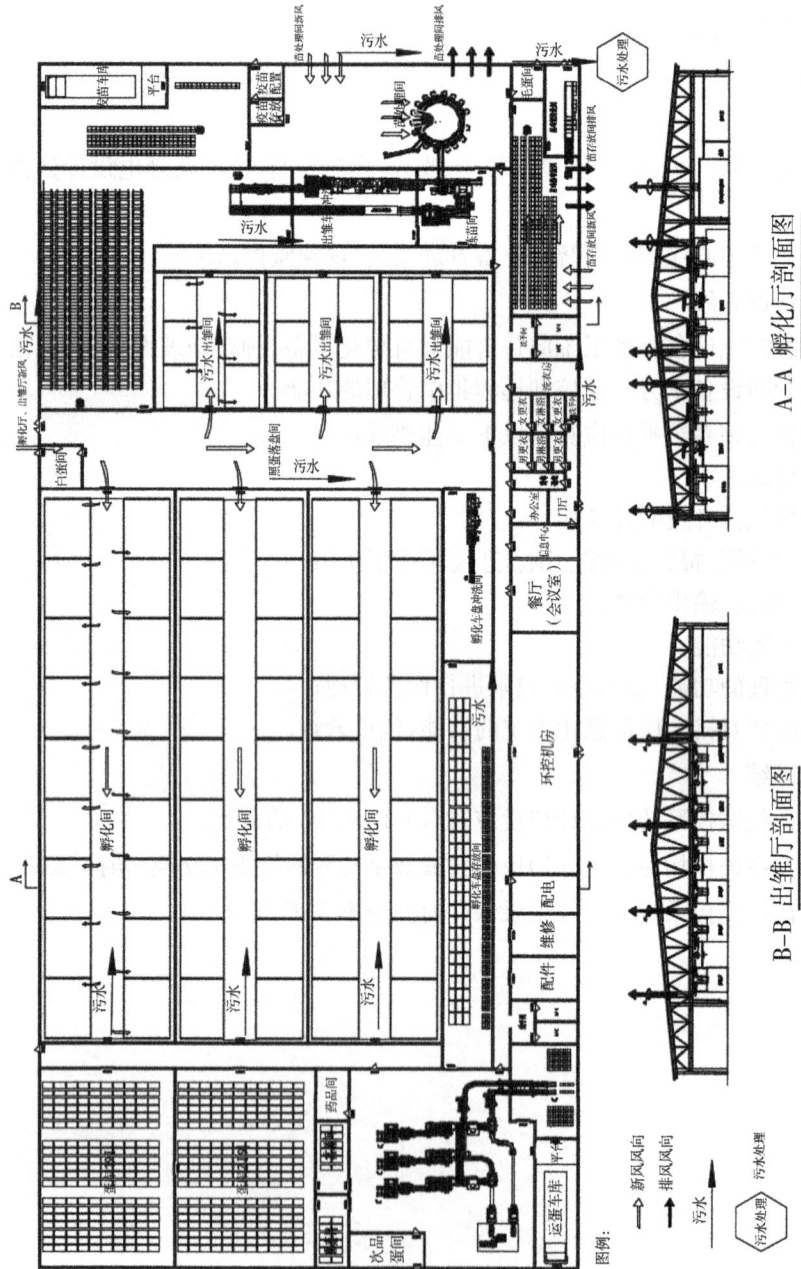

图 A.1 孵化厅布局图

附 录 B
（资料性）
自动化的孵化流程图

图 B.1 展示孵化场孵化流程及设施装备。

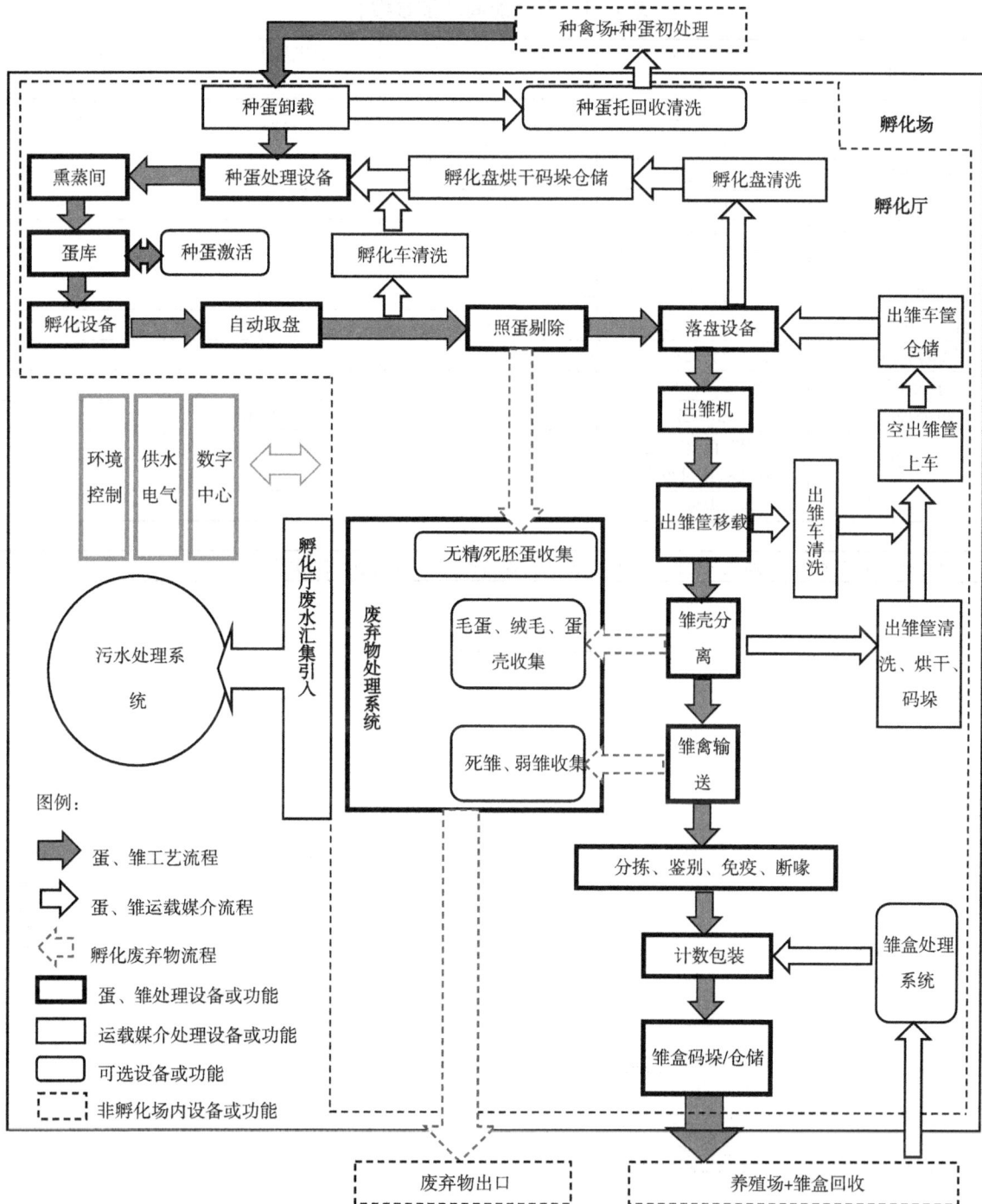

图 B.1 自动化孵化流程图

附　录　C

（资料性）

各功能间环控参数表

表 C.1 规定了各功能间的环控参数。

表 C.1　各功能间环控参数表

功能间	温度控制 ℃	湿度控制（RH） ％	通风压力控制 Pa	CO_2控制 mg/L
码蛋间	18～22	—	—	—
熏蒸间	20～22	50～70	—[a]	—
普通蛋库	18～20	60～70	—	—
低温蛋库	12～18	70～80	—	—
孵化间新风静压区	24～26	45～65	0～5	—
孵化间废气区	—	—	—5～0	—
出雏间新风静压区	24～26	45～65	0～5	—
出雏间废气区	—	—	—5～0	—
照蛋落盘间	24～28	—	—5	—
捡苗间	25～27	—	—5	—
苗处理间	25～27	50～70	—2～0	600～1 000
存发苗间	24～26,苗直接发走；26～28,苗过夜存放	50～70	—1～1	600～1 000
车盘存放间	烘干温度＞30	—	—[a]	—
注：—表示无需控制。				
[a]　熏蒸间、车盘存放间对通风压力控制没有要求,但应保持换气,换气次数＞10 次/h。				

第二部分
兽医类标准

ICS 11.220
CCS B 41

NY

中华人民共和国农业行业标准

NY/T 573—2022

代替 NY/T 573—2002

动物弓形虫病诊断技术

Diagnostic techniques for animal toxoplasmosis

2022-07-11 发布

2022-10-01 实施

中华人民共和国农业农村部 发布

前　言

本文件按照 GB/T 1.1—2020《标准化工作导则　第 1 部分:标准化文件的结构和起草规则》的规定起草。

本文件代替 NY/T 573—2002《弓形虫病诊断技术》,与 NY/T 573—2002 相比,除结构调整和编辑性改动外,主要技术变化如下:

a)　增加了临床诊断和病理变化(见第 5 章);

b)　病原学检测方法增加了直接镜检和聚合酶链式反应(见第 6 章和第 8 章);修订了动物接种实验(见第 7 章);

c)　血清学检测删除了间接血凝试验(见 2002 年版的第 3 章),增加了改良凝集试验和间接免疫荧光试验(见第 9 章和第 10 章)。

请注意本文件的某些内容可能涉及专利。本文件的发布机构不承担识别专利的责任。

本文件由农业农村部畜牧兽医局提出。

本文件由全国动物卫生标准化技术委员会(SAC/TC 181)归口。

本文件起草单位:中国农业大学。

本文件主要起草人:刘晶、刘群、潘保良。

本文件及其所代替文件的历次版本发布情况为:

——2002 年首次发布为 NY/T 573—2002。

——本次为第一次修订。

引　言

弓形虫病(Toxoplasmosis)是由刚地弓形虫(*Toxoplasma gondii*)引起的一种人兽共患寄生虫病。该病呈世界性分布,可感染许多温血动物,包括猪、羊、牛、犬和猫等。弓形虫病可使孕畜流产、产死胎,急性弓形虫病可造成家畜的死亡,对猪和羊的危害最为严重。动物弓形虫是人弓形虫病的主要感染来源。弓形虫感染孕妇后可引起流产,胎儿畸形或产出弱智儿;免疫功能低下人群感染后,可侵害多种器官或系统,并造成损伤甚至死亡。我国《一、二、三类动物疫病病种名录》规定,弓形虫病为二类动物疫病中的多种动物共患病。动物弓形虫病的诊断具有重要的公共卫生意义。

本文件在 2002 版《弓形虫病诊断技术》的基础上,参考了 OIE《陆生动物诊断试验和疫苗标准手册》(2018 版)相关国际标准。本文件中补充了病原学诊断的直接镜检和聚合酶链式反应(PCR)诊断方法,修订了动物接种实验,修订了原有的血清学诊断方法,删除了间接血凝试验(IHA),增加了改良凝集试验(MAT)、间接免疫荧光抗体试验(IFAT),所列的标准既适用于我国动物弓形虫病的诊断需求,也符合国际标准。

动物弓形虫病诊断技术

1 范围

本文件规定了动物弓形虫病诊断的直接镜检、动物接种、聚合酶链式反应、改良凝集试验和间接免疫荧光试验的技术要求。

本文件适用于猪、牛、羊、犬、猫、兔等动物弓形虫病的诊断与流行病学调查。所列方法包括病原学诊断和血清学诊断,其中:

——病原学诊断,包括直接镜检、动物接种和聚合酶链式反应适用于在动物淋巴结、脑组织、肌肉、各组织中弓形虫病原的鉴定;

——血清学诊断,包括改良凝集试验、间接免疫荧光抗体试验适用于对动物血清抗体的检测。

2 规范性引用文件

下列文件中的内容通过文中的规范性引用而构成本文件必不可少的条款。其中,注日期的引用文件,仅该日期对应的版本适用于本文件;不注日期的引用文件,其最新版本(包括所有的修改单)适用本文件。

GB/T 6682　分析实验室用水规格和试验方法

GB 19489　实验室　生物安全通用要求

NY/T 541—2016　兽医诊断样品采集、保存与运输技术规范

3 术语和定义

下列术语和定义适用于本文件。

3.1

速殖子　tachyzoite

弓形虫无性生殖阶段。速殖子呈月牙形,一端偏尖,一端偏钝圆,长 4 μm～8 μm,宽 2 μm～4 μm,在有核细胞内呈出芽生殖。速殖子常见于急性感染阶段的体液、淋巴细胞及全身的有核细胞(见附录 A)。

3.2

缓殖子　bradyzoite

弓形虫发育阶段之一,呈月牙形,长 3 μm,宽 2 μm～3 μm,存在于包囊中。速殖子可转化成缓殖子,缓殖子也可以在环境适宜时转化成速殖子(见附录 A)。

3.3

包囊　cyst

呈球形,囊壁薄,直径 25 μm～100 μm,内含圆形或月牙形缓殖子,每个包囊含数十个至数千个缓殖子不等。包囊可在宿主体内长期存在,常见于脑及肌肉组织内(见附录 A)。

4 缩略语

下列缩略语适用于本文件。

BSA:牛血清白蛋白(Bovineserumalbumin)

DAPI:4′,6-二脒基-2-苯基吲哚(4′,6-diamidino-2-phenylindole)

EDTA:乙二胺四乙酸(Ethylene diamine tetraacetic acid)

FITC:异硫氰酸荧光素(Fluorescein isothiocyanate)

IFAT:间接免疫荧光抗体试验(Indirect immunofluorescence antibodytest)

IHA:间接血凝试验(Indirect hemagglutination assay)

MAT:改良凝集试验(Modified agglutination test)

PBS:磷酸盐缓冲液(Phosphate-buffered saline)

PCR:聚合酶链式反应(Polymerase chain reaction)

5 临床诊断

5.1 临床症状

5.1.1 不同动物感染弓形虫后的临床症状差异很大。弓形虫病对猪和羊的危害最为严重。

5.1.2 猪弓形虫病临床症状包括:

  a) 高热,精神委顿,食欲减退或废绝,渴欲增加;

  b) 呼吸困难呈腹式呼吸,严重者呈犬坐姿势,流水样或黏液性鼻涕;

  c) 耳、唇、腹部及四肢下部皮肤前期充血,后期发绀或有淤血斑,耳尖出现干性坏死;

  d) 腹股沟淋巴结肿大;

  e) 妊娠期母猪发生流产、产死胎或产出患有先天性弓形虫病的仔猪。

5.1.3 羊弓形虫病临床症状包括:

  a) 发病急,精神沉郁,体温可达 41 ℃以上,呈稽留热;

  b) 呼吸频率加快,呈明显腹式呼吸,流泪、流涎,病羊眼内有大量的浆液性或黏脓性分泌物;

  c) 少数病羊运动失调、全身震颤,出现神经系统和呼吸系统的症状;

  d) 妊娠羊发生流产,妊娠早期胚胎死亡和吸收、胎儿死亡和木乃伊化。

5.1.4 其他动物弓形虫病临床症状包括:

  a) 牛、鸡、犬、猫等动物都可以被弓形虫感染;

  b) 孕牛感染弓形虫,增加流产的风险;

  c) 鸡急性弓形虫病出现斜颈和侧卧位等神经症状;

  d) 除急性症外,大多数宿主呈慢性(或隐性)感染,在体内形成包囊,多不表现出明显临床症状。

5.2 病理变化

5.2.1 急性感染

5.2.1.1 常出现全身性病变,表现为全身淋巴结肿大,有出血点和小坏死灶。

5.2.1.2 肺高度水肿,有出血斑点和白色坏死灶。

5.2.1.3 脾脏肿大,呈棕红色。

5.2.1.4 肝脏呈灰红色,散在有小点坏死。

5.2.1.5 肠系膜淋巴结肿大,肠道重度充血,肠黏膜上常可见到扁豆大小的坏死灶,肠腔和腹腔内有多量渗出液。

5.2.1.6 肾皮质有出血点和灰白色坏死灶。膀胱有少数出血点。

5.2.1.7 弓形虫病心肌炎的特征是多灶性坏死性心肌炎。

5.2.2 慢性感染

  各内脏器官水肿,并有散在的坏死灶。在脑组织和肌肉中可见弓形虫包囊。

6 直接镜检

6.1 仪器设备与耗材

6.1.1 离心机。

6.1.2 光学显微镜。

6.1.3 剪刀和镊子。

6.1.4 载玻片和盖玻片。

6.1.5 试管、微量移液器及吸头。

6.2 试剂材料

6.2.1 吉姆萨染液(见附录 B 中的 B.1)。

6.2.2 除特殊说明以外,本文件所有试剂均为分析纯,水符合 GB/T 6682 的规定。

6.3 样品处理

取动物淋巴结穿刺液、腹水或羊水等体液 0.5 mL~1 mL,1 500 r/min 离心 10 min;取沉淀涂片,干燥、固定和吉姆萨液染色,光镜下观察。组织涂片或触片经吉姆萨液染色,光镜下观察。

6.4 结果判定

淋巴结穿刺液、腹水、羊水等体液,在光镜下检测到弓形虫速殖子则判定为病原学阳性;组织涂片或触片,光镜下检测到弓形虫速殖子、包囊或缓殖子则判定为病原学阳性。

7 动物接种

7.1 仪器设备与耗材

7.1.1 小鼠独立通气笼 IVC。

7.1.2 生物安全柜。

7.1.3 离心机。

7.1.4 光学显微镜。

7.1.5 剪刀和镊子。

7.1.6 玻璃组织研钵。

7.1.7 注射器。

7.1.8 载玻片和盖玻片。

7.1.9 微量移液器及吸头。

7.2 试剂材料

6 周龄~8 周龄 SPF 级 BALB/c 小鼠;0.8%无菌生理盐水(含 100 IU/mL 青霉素和 10 μg/mL 链霉素)、蛋白酶、吉姆萨染液。

7.3 样品的采集及处理

无菌采集被检动物的脑、心、肺组织和骨骼肌各 1 g 或腹腔液 3 mL,所取组织混合后放入玻璃组织研钵中,加入无菌沙和 0.8%的无菌生理盐水研磨成组织糜。研磨好的组织用 0.8%的无菌生理盐水配制成10%~20%的组织悬浮液。

7.4 操作方法

将小鼠分为 3 组,每组 3 只小鼠。第 1 组为组织糜灌胃接种组,经口灌胃接种小鼠;第 2 组为腹腔液接种组,直接腹腔接种,每只小鼠分别接种待检样品 1 mL;第 3 组为阴性对照组,腹腔接种生理盐水 1 mL。

小鼠接种待检样品后,如在 2 d~14 d 内死亡,则应抽取腹腔渗出液涂片,吉姆萨液染色后镜检。同时,另采集脑、肝、肺、脾涂片,吉姆萨液染色后镜检。若小鼠未死亡,则应在接种后 8 周对小鼠进行扑杀,按上述操作取脑组织染色镜检并辅助进行 PCR 检测(见第 8 章)。

7.5 结果判定

当阴性对照组没有查出弓形虫时,可进行结果判定,否则应重检。

    a) 阳性标准判定:若在小鼠腹腔液中查出速殖子,或所取的小鼠组织样品中查出包囊或速殖子,则可将被检动物样品判为阳性;当所检动物样品中有一个为阳性,即说明被检动物已被弓形虫感染,将其判定为阳性。若小鼠脑组织镜检发现包囊或 PCR 检测为阳性,即说明被检动物已被弓形虫感染,将其判定为阳性。

    b) 阴性标准判定:若所有小鼠腹腔液未查出速殖子、组织样品未检出包囊或缓殖子,脑组织 PCR 检测为阴性,即接种结果为阴性时,被检动物判定为阴性。

8 PCR 检测

8.1 仪器设备与耗材

8.1.1 PCR 基因扩增仪。

8.1.2 台式离心机。

8.1.3 核酸电泳仪。

8.1.4 核酸电泳槽。

8.1.5 凝胶成像仪。

8.1.6 微量移液器及吸头、PCR 管等。

8.2 试剂

8.2.1 商品化组织、细胞、全血基因组 DNA 快速提取试剂盒。

8.2.2 普通 PCR 聚合酶(2×*Taq* MasterMix)。

8.2.3 1×TAE 缓冲液(见 B.3)。

8.2.4 1%琼脂糖凝胶(见 B.3)。

8.2.5 Goldview 核酸染料。

8.2.6 引物(1 μmol/mL)、DNA Marker、ddH₂O、PBS (pH 7.2)。

8.3 样品的采集、运输和保存

采集的病畜组织 2 g(如脑、肺、心、肌肉、胎盘)样品应在 24 h 内尽快送检,送检过程中样品应保存在 0 ℃~4 ℃中;若不能及时送检,应冻存在—20 ℃中。

8.4 操作方法

8.4.1 PCR 反应模板

依据商品化组织、细胞、全血基因组 DNA 快速提取试剂盒说明书,提取样品组织基因组 DNA,作为 PCR 反应的模板。阴性对照为弓形虫阴性组织 DNA;阳性对照为弓形虫速殖子 DNA;空白对照为无菌去离子水。

8.4.2 PCR 引物

以弓形虫(RH 株)特异性基因 529 bp 为靶基因,扩增样品组织中弓形虫 DNA。

上游引物 F:5′-CGCTGCAGGGAGGAAGACGAAAGTTG-3′;

下游引物 R:5′-CGCTGCAGACACAGTGCATCTGGATT-3′。

8.4.3 PCR 反应体系

PCR 反应体系 20.0 μL,包括上下游引物(10 mmol/L)各 1.0 μL;2×*Taq* MasterMix 10.0 μL;待检样品 DNA 2.0 μL;双蒸水补足体积至 20.0 μL。

8.4.4 PCR 扩增条件

95 ℃预变性 10 min,95 ℃变性 30 s,56 ℃退火 30 s,72 ℃延伸 30 s,35 个循环,72 ℃延伸 10 min。

8.4.5 PCR 产物电泳

PCR 反应结束后,取 PCR 产物 5 μL,于 1%琼脂糖凝胶中电泳,电泳后在凝胶成像系统中观察结果。

8.5 质控标准

阳性对照样品出现清晰、单一的 529 bp 大小的扩增片段,阴性对照和空白对照未出现任何扩增条带时实验成立,否则应重做。

样本 DNA 制备的质控标准:检测样本的宿主管家基因(如 ACTIN)可有效扩增。

8.6 结果判定

按附录 C 进行判定。

待检样品在 529 bp 处出现条带,即为阳性,表述为检出弓形虫 DNA。

待检样品在 529 bp 处未出现条带,即为阴性,表述为未检出弓形虫 DNA。

9 改良凝集试验(MAT)

9.1 仪器设备与耗材

9.1.1　恒温箱。

9.1.2　台式离心机。

9.1.3　微量移液器及吸头。

9.1.4　U 型 96 孔板。

9.1.5　保鲜膜。

9.2　试剂

9.2.1　6%甲醛溶液(见 B.4)。

9.2.2　碱性缓冲液(见 B.4)。

9.2.3　抗体稀释液(见 B.4)。

9.3　样品的采集、运输和保存

对不同动物采取适宜的方式无菌采集动物血液样品 1 mL,静置自然析出血清,或血液凝固后 1 500 r/min～3 000 r/min,离心 5 min,分离上层血清。分离后的血清应呈淡黄色透明液体。

采集的样品送检过程中应保存在 0 ℃～4 ℃中;若不能及时送检,应冻存在−20 ℃条件下。

9.4　质控血清的制备

9.4.1　阳性血清

弓形虫全虫抗原或速殖子免疫后的动物血清,或经其他方法验证弓形虫抗体为阳性的动物血清样品。

9.4.2　阴性血清

未感染弓形虫的健康羊、猪、犬、猫等动物血清,或经其他方法验证为弓形虫抗体阴性的动物血清样品。

9.5　操作方法

9.5.1　纯化

待细胞培养的弓形虫速殖子接近完全释放时,用细胞刮将细胞刮离,用 27G 针头吹打破碎细胞,使胞内虫体完全释放。细胞混悬液用 5 μm 孔径的滤器过滤,2 000 r/min 离心 10 min。弃上清液,PBS 重悬洗涤沉淀物并离心,重复 2 次,获得纯化的速殖子。

9.5.2　固定

用 6%甲醛溶液将新鲜释放纯化的弓形虫速殖子重悬,4 ℃过夜(至少 16 h)。

9.5.3　洗涤

2 500 r/min 离心 10 min,弃上清液,5 mL PBS 重悬沉淀,再离心,重复 3 次,充分洗涤,除去甲醛。

9.5.4　保存

以 2×10^7 个/mL 的浓度将虫体重悬于碱性缓冲液,置于 4 ℃低温保存,作为稳定的抗原备用液。

9.5.5　样品稀释

用微量加液器在 U 型 96 孔板上每组的第 1 孔中加入 92 μL 抗体稀释液,其余各组加入 50 μL 抗体稀释液。分别取 8 μL 待检血清加入每组的第 1 孔(1∶12.5),充分混匀后取出 50 μL 置入第 2 孔进行混匀,依次到最后一孔,取出 50 μL 弃掉。

9.5.6　每孔加入 50 μL 虫体悬液,充分吹打混匀,保鲜膜封口,37 ℃恒温箱静置 16 h 后观察结果。

9.6　质控标准

在阳性对照血清滴度不低于 1∶200(第 5 孔);阴性对照血清除第 1 孔允许存在前滞现象(＋)外,其余各孔均为(−);稀释液对照为(−)的前提下,对被检血清进行判定,否则应重做。

9.7　结果判定

按附录 D 进行判定。

"＋":25%～100%弓形虫速殖子在孔壁下部呈均质的膜样或者絮状凝集,边缘整齐,致密,不凝集的虫体在孔底中央集中成圆点。

"＋/−":<25%的弓形虫速殖子在孔底凝集,其余不凝集的虫体在孔底中央集中成大的圆点。

"—":所有的虫体孔底沉淀呈圆点状,边缘光滑,轮廓清晰,无分散凝集。

在标准阳性血清抗体滴度不低于 1:100 的条件下,被检血清滴度达到 1:25 即判为阳性。

10 间接免疫荧光抗体试验(IFAT)

10.1 仪器设备与耗材

10.1.1 恒温箱。

10.1.2 台式离心机。

10.1.3 荧光显微镜。

10.1.4 真空抽液器。

10.1.5 微量移液器及吸头。

10.1.6 10 孔载玻片及盖玻片。

10.2 试剂

10.2.1 抗体稀释液(含 3% BSA 的 PBS)。

10.2.2 PBS(pH 7.2)。

10.2.3 甲醇。

10.2.4 DAPI。

10.2.5 FITC 标记二抗。

10.2.6 FITC conjugated protein A/G。

10.2.7 抗荧光淬灭剂。

10.2.8 封片剂。

10.2.9 BSA。

10.3 样品的采集、运输和保存

同 9.3。

10.4 质控血清的制备

同 9.4。

10.5 操作方法

10.5.1 抗原备用液

用 6% 甲醛溶液将新鲜释放纯化的弓形虫速殖子(RH 株)重悬,调整至 2×10^7 个/mL,4 ℃过夜并保存,作为抗原备用液。

10.5.2 固定

将虫体悬液滴加于 10 孔载玻片上,每孔 20 μL,自然干燥后每孔滴加预冷的甲醇 50 μL 固定虫体,自然干燥。

10.5.3 洗涤

每孔滴加 PBS 50 μL,静置 10 min,吸去液体,反复 2 次。

10.5.4 封闭

每孔滴加含 3% BSA 的 PBS 封闭液 50 μL,37 ℃恒温箱孵育 30 min。

10.5.5 加样

将待检血清用抗体稀释液做 1:50 稀释,每孔滴加 50 μL,同时设阴性血清对照和阳性血清对照,37 ℃恒温箱孵育 30 min。

10.5.6 洗涤

每孔滴加 PBS 50 μL,静置 10 min,吸去液体,重复 2 次。

10.5.7　二抗

抗体稀释液稀释 FITC 标记的 IgG 二抗（或 FITC conjugated protein A/G）和 DAPI，每孔滴加 50 μL，37 ℃避光孵育 30 min。

10.5.8　洗涤

每孔滴加 PBS 50 μL，静置 10 min，吸去液体，反复 3 次，操作过程避光。

10.5.9　封片

每孔滴加抗荧光淬灭剂，覆盖盖玻片，并用封片剂将盖玻片边缘封闭，于避光处保存。

10.5.10　观察

将玻片置于荧光显微镜下观察，在 488 nm 激发光（绿色荧光）、360 nm 激发光下（蓝色荧光）观察。在 40 倍物镜下可观察到发光的速殖子，100 倍油镜下可观察到形态清晰的虫体。

10.6　质控标准

阳性对照在荧光显微镜下观察到明显绿色的、形态完整的弓形虫以及蓝色的弓形虫细胞核；阴性对照在荧光显微镜下观察到发蓝色荧光的弓形虫细胞核，但无法观察到绿色的形态完整的弓形虫。否则，应重做。

10.7　结果判定

按附录 E 进行判定。

"＋"：荧光显微镜下观察到明显发绿色荧光的形态完整的弓形虫。

"－"：荧光显微镜下观察不到发绿色荧光的弓形虫，仅看到虫体细胞核呈蓝色荧光。

11　综合判定

动物表现出的临床症状（5.1）和病理变化（5.2）不能单独作为弓形虫病诊断的依据，必须配合病原学诊断或血清学诊断。

病原检测阳性，即直接镜检阳性（6.4）、小鼠接种结果阳性（7.5）或 PCR 结果阳性（8.6），3 种检测方法中 1 种为阳性即表明动物被弓形虫感染，为弓形虫阳性动物。

抗体检测阳性，即 MAT 结果阳性（9.7）或 IFAT 结果阳性（10.7）均表明动物感染过弓形虫，为弓形虫抗体阳性动物。

附　录　A

（资料性）

弓形虫各阶段虫体形态

弓形虫各阶段虫体形态见图 A.1。

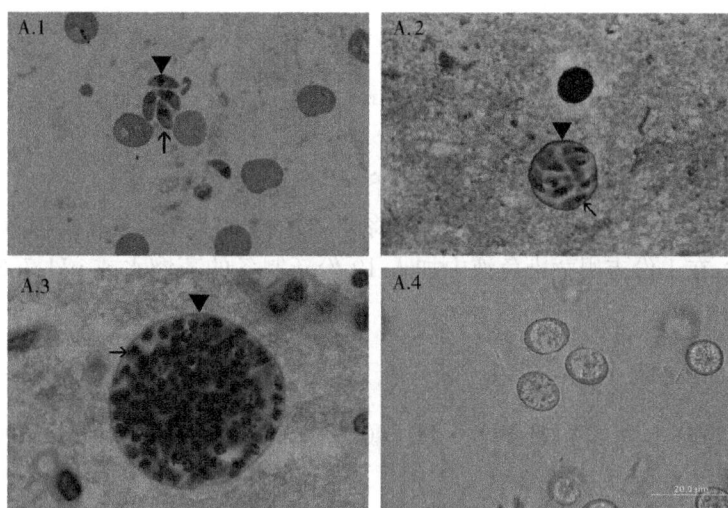

标引序号说明：

A.1——吉姆萨液染色的弓形虫速殖子；

A.2——组织抹片中的弓形虫包囊，三角所指为包囊壁，箭头所指为缓殖子；

A.3——组织切片中的弓形虫包囊，三角所指为包囊壁，箭头所指为缓殖子；

A.4——猫粪便中弓形虫未孢子化的卵囊，标尺为 20.0 μm。

图片引自 Louis M. Weiss and Kami Kim. *Toxoplasma gondii*-The Model Apicomplexan, Perspectives and Methods. Second edition. 2014 Elsevier Ltd.，Chapter 1。

图 A.1　弓形虫各阶段虫体形态

附　录　B

（规范性）

试剂配制方法

B.1　吉姆萨染色液

B.1.1　成分

吉姆萨染料 0.5 g,甘油(中性) 25 mL,甲醇 25 mL。

B.1.2　制法

将吉姆萨染料放入研钵中,加少量甘油充分研磨后,倒入全部甘油,置于 56 ℃~60 ℃水浴中加热 2 h,其间不断摇动混匀。冷却至室温后加入甲醇,将配制好的染液密封保存于棕色瓶内,室温静置 6 个月,过滤备用。使用时,在 1 份吉姆萨染色液中加入 19 份新制备的蒸馏水或 pH 7.2 的 PBS(B.2)中,配成工作液。

B.2　PBS(pH 7.2,0.01 mol/L)缓冲液

NaCl 8.5 g,Na_2HPO_4 1.1 g,$NaH_2PO_4 \cdot H_2O$ 0.3 g,加蒸馏水至 1 000 mL 溶解。

B.3　PCR 溶液的配制

B.3.1　0.5 mol/L EDTA(pH 8.0)

EDTA 186.1 g,蒸馏水 800 mL,NaOH 调至 pH 8.0,定容至 1 L,室温储存。

B.3.2　电泳缓冲液(TAE)

50×TAE 缓冲液:Tris-Base 121.4 g,冰醋酸 28.6 mL,0.5 mol/L EDTA(pH 8.0)50 mL,蒸馏水定容至 500 mL,室温保存。

1×TAE 工作液:50×TAE 缓冲液 10 mL,加蒸馏水 490 mL,即为 1×TAE 工作液。

B.3.3　1%琼脂糖凝胶

琼脂糖 1 g,加入 1×TAE 缓冲液 100 mL,加热融化,待冷却至 50 ℃~60 ℃时加入核酸染料 Goldview 8 μL,混匀后倒入制胶板中。

B.4　MAT 溶液配制

B.4.1　6%甲醛溶液

15 mL 甲醛分析纯溶液(40%)加入 85 mL 蒸馏水中混匀。

B.4.2　碱性缓冲液

NaCl 7.01 g,H_3BO_3 3.09 g,NaN_3 2.0 g,BSA 4.0 g,用 1 mol/L NaOH,调节 pH 至 8.95,蒸馏水定容至 1 000 mL。室温保存。

B.4.3　MAT 抗体稀释液

碱性缓冲液 8.86 mL,伊文思蓝(2 mg/mL)200 μL,2-巯基乙醇 140 μL,0.2% NaN_3,4 ℃保存。

附　录　C
（规范性）
弓形虫 PCR 检测结果判定图

弓形虫 PCR 检测结果按图 C.1 判定。

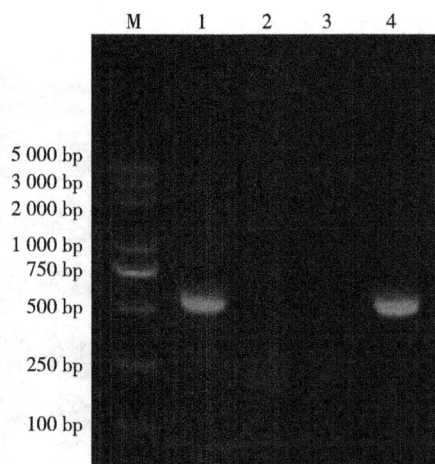

标引序号说明：
M ——DL 5000 Marker；
1 ——弓形虫特异性引物扩增阳性对照的条带；
2 ——弓形虫特异性引物扩增阴性对照的条带；
3 ——弓形虫特异性引物扩增的阴性条带；
4 ——弓形虫特异性引物扩增的阳性条带。

图 C.1　弓形虫 PCR 检测结果判定图

附 录 D

（规范性）

弓形虫 MAT 检测结果判定图

弓形虫 MAT 检测结果按图 D.1 判定。

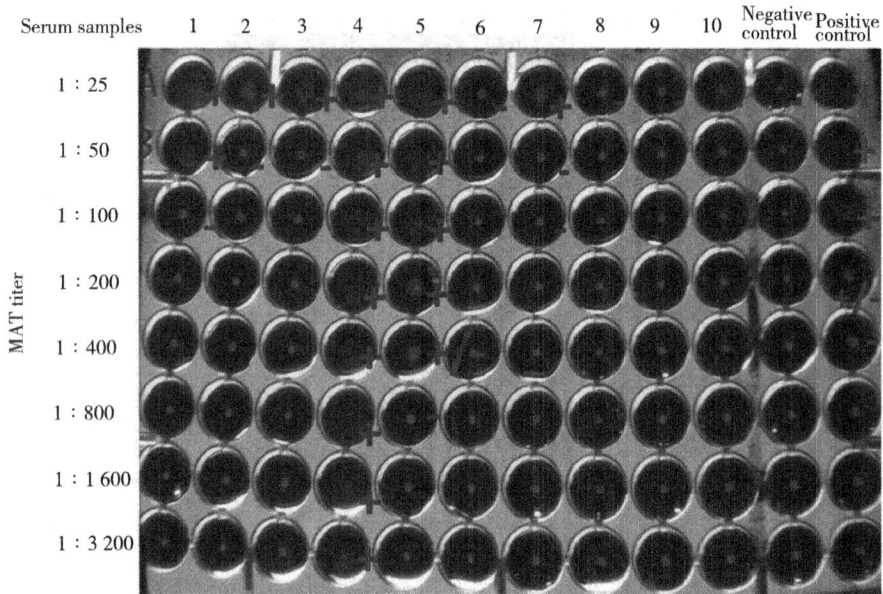

标引序号说明：

＋——弓形虫速殖子在孔壁下部呈膜样凝集，不凝集的虫体在孔底中央集中成圆点；

－——所有的虫体孔底沉淀呈圆点状，边缘光滑，轮廓清晰，无分散凝集；

＋／－——孔底有少量凝集物，无法清晰看到孔底；

1、2、3、4、5、7——判定为弓形虫血清抗体阳性；

6、8、9、10——判定为弓形虫血清抗体阴性。

图片引自 Su C，Dubey J P. Isolation and genotyping of *Toxoplasma gondii* strains. Methods Mol Biol. 2020；2071：49-80. doi：10. 1007/978-1-4939-9857-9_3。

图 D.1 弓形虫 MAT 检测结果判定图

附　录　E
（规范性）
弓形虫 IFAT 检测结果判定图

弓形虫 IFAT 检测结果按图 E.1 判定。

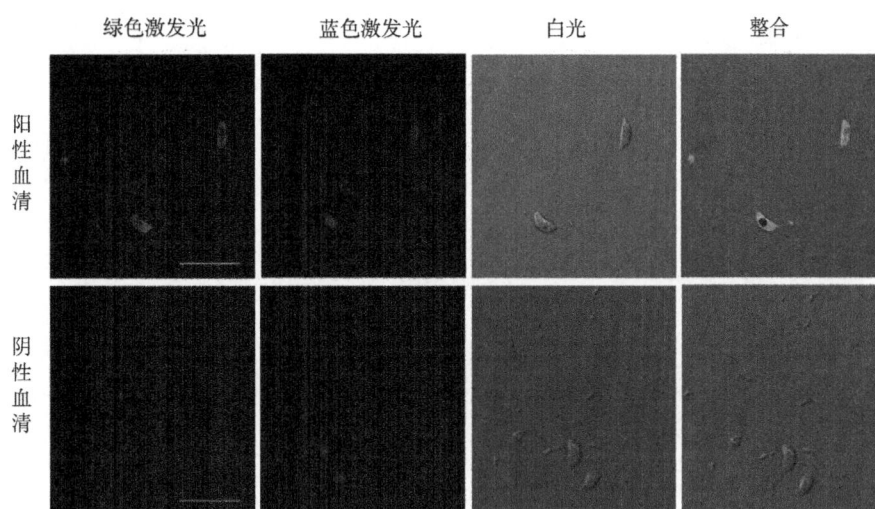

注:
阳性结果:在虫体周围出现明亮的、不间断的外周绿色荧光,
阴性结果:虫体周围观察不到绿色荧光,但细胞核发蓝色荧光。
标尺为 10 μm。

图 E.1　弓形虫 IFAT 检测结果判定图

ICS 11.220
CCS B 41

NY

中华人民共和国农业行业标准

NY/T 1247—2022

代替 NY/T 1247—2006

禽网状内皮组织增殖症诊断技术

Diagnostic technique for avian reticuloendotheliosis

2022-07-11 发布

2022-10-01 实施

中华人民共和国农业农村部 发布

前　言

本文件按照 GB/T 1.1—2020《标准化工作导则　第 1 部分:标准化文件的结构和起草规则》的规定起草。

本文件代替 NY/T 1247—2006《禽网状内皮增生病诊断技术》,与 NY/T 1247—2006 相比,除结构调整和编辑性修改外,主要技术变化如下:

a)　修改了培养病毒用细胞系(见 7.2.2);

b)　增加了禽网状内皮组织增殖症病毒逆转录-聚合酶链反应检测方法(见第 8 章)。

请注意本文件的某些内容可能涉及专利。本文件的发布机构不承担识别专利的责任。

本文件由农业农村部畜牧兽医局提出。

本文件由全国动物卫生标准化技术委员会(SAC/TC 181)归口。

本文件起草单位:山东农业大学、中国动物卫生与流行病学中心、山东益生种畜禽股份有限公司。

本文件主要起草人:崔治中、赵鹏、孙淑红、李阳、郭龙宗。

本文件及其所代替文件的历次版本发布情况为:

——2006 年首次发布为 NY/T 1247—2006;

——本次为第一次修订。

禽网状内皮组织增殖症诊断技术

1 范围

本文件规定了禽网状内皮组织增殖症临床诊断、病毒分离培养与鉴定、间接免疫荧光试验、逆转录-聚合酶链反应检测方法、间接 ELISA 抗体检测方法的技术要求。

本文件适用于禽网状内皮组织增殖症诊断及鸡活体和病料组织中禽网状内皮组织增殖症病毒（REV）的检测。

2 规范性引用文件

下列文件中的内容通过文中的规范性引用而构成本文件必不可少的条款。其中，注日期的引用文件，仅该日期对应的版本适用于本文件；不注日期的引用文件，其最新版本（包括所有的修改单）适用于本文件。

GB 19489 实验室 生物安全通用要求
NY/T 541 兽医诊断样品采集、保存与运输技术规范

3 术语和定义

下列术语和定义适用于本文件。

3.1

禽网状内皮组织增殖症 avian reticuloendotheliosis

由反转录病毒属的禽网状内皮组织增殖症病毒（REV）感染多种禽类引起的一群病理综合征。

3.2

间接免疫荧光试验 immunofluorescent assay；IFA

以细胞增殖的病毒为抗原，与特异抗体结合，再与荧光素标记第二抗体（抗抗体）结合，形成抗原-抗体-抗抗体复合物，洗涤后在荧光显微镜下观察特异性荧光。

3.3

酶联免疫吸附试验 enzyme-linked immunosorbent assay；ELISA

将可溶性的抗原或抗体结合到聚苯乙烯等固相载体上，利用抗原抗体特异性结合进行免疫反应的定性和定量检测方法。

4 设备和材料

4.1 冰箱：—20 ℃，—80 ℃。

4.2 恒温培养箱：(36±1)℃。

4.3 冷冻台式离心机（≥12 000 r/min）。

4.4 恒温水浴锅：(36±1)℃。

4.5 摇床：(36±1)℃。

4.6 CO_2 培养箱。

4.7 正置荧光显微镜。

4.8 SPF 鸡隔离器。

4.9 微量移液器及吸头（10 μL、100 μL 和 1 000 μL）。

4.10 离心管（Ep 管）：1.5 mL、15 mL 和 50 mL。

4.11 细胞培养瓶（T25）。

4.12 细胞培养平皿:90 mm 直径。

4.13 96孔细胞培养板。

4.14 无菌吸管:5 mL(具 0.1 mL 刻度)、10 mL(具 0.1 mL 刻度)。

4.15 载玻片、盖玻片。

4.16 纱布、棉球。

4.17 基因扩增仪。

4.18 电泳仪和水平电泳槽。

4.19 凝胶成像仪。

5 培养基和试剂

5.1 磷酸盐缓冲溶液(0.01 mol/L PBS,pH 7.2)。

5.2 DMEM/F-12 液体培养基(pH 7.2)。

5.3 青霉素(10 000 U/mL)和链霉素(10 000 μg/mL)、制霉菌素(5 μg/mL)。

5.4 REVELISA 抗体检测试剂盒。

5.5 REV 参考株(SNV 株)。

5.6 REV 阳性血清。

5.7 REV 单克隆抗体。

5.8 FITC 标记的羊或兔抗鸡 IgG 抗体。

5.9 FITC 标记的羊抗鼠 IgG 抗体。

5.10 胎牛血清或小牛血清。

5.11 蛋白酶 K。

5.12 胰蛋白酶(0.1%)。

5.13 无水乙醇。

5.14 丙酮。

5.15 甘油。

5.16 碘酊(2%~3%)。

5.17 尼龙膜。

5.18 生理盐水(0.9%氯化钠水溶液)。

6 临床诊断

6.1 易感动物

鸡、火鸡、鸭、雉、鹅和日本鹌鹑等多种禽类均易感。

6.2 临床症状

REV 感染能导致鸡的急性网状内皮细胞肿瘤、矮小综合征和慢性肿瘤等,因病毒毒株和其他因素的差异,该病的潜伏期和临床症状差异明显。急性网状细胞肿瘤潜伏期最短为 3 d,6 d~21 d 开始出现死亡,可能出现法氏囊和胸腺萎缩等变化;发生矮小综合征的鸡群可能会有明显的发育受阻、生长停滞和鸡冠苍白等表现,羽毛生长异常,在身体躯干部位羽小支紧贴羽干。慢性淋巴瘤病鸡从发病到死亡期间,感染鸡均表现出精神委顿、食欲不振。

6.3 病理变化

6.3.1 病鸡主要表现为肝脏和脾脏肿大,腺胃肿胀、黏膜出血、坏死,部分病死鸡的胰腺、性腺、心脏和肾脏会出现肿瘤病变。

6.3.2 发生矮小综合征的病鸡表现为体重减轻,胸腺萎缩、充血,肝脏、脾脏肿大。网状细胞弥散性和结节性增生,病鸡的法氏囊严重萎缩,滤泡中心淋巴细胞数目减少或发生坏死,外周神经水肿,内有各种类型的淋巴样细胞、浆细胞和网状细胞浸润。

6.3.3 慢性肿瘤病包括鸡法氏囊淋巴瘤、非法氏囊淋巴瘤和其他淋巴瘤。法氏囊淋巴瘤病变主要限于肝脏和法氏囊上出现肉眼可见的结节或弥散性淋巴病变,非法氏囊淋巴瘤的病理变化主要表现为胸腺、肝脏和脾脏的肿大及心肌的弥散性淋巴浸润。其他淋巴瘤病变表现为肝脏肿大,脾脏弥散性病变,肾脏、心脏、肠道、骨骼等组织出现浸润或结节性淋巴瘤。

6.3.4 产生急性网状细胞肿瘤的病鸡常伴有局灶性或弥散性浸润病变,表现为大的空泡状细胞或网状内皮细胞或原始间质细胞的浸润和增生,血液中异嗜性白细胞减少,淋巴细胞增多。

6.4 结果判定

出现6.2、6.3中的情况,初步判定为禽网状内皮组织增殖症疑似病例,应进一步开展实验室诊断。

7 病毒的分离培养和鉴定

7.1 总则

样品的采集按照NY/T 541的规定进行,以下所有操作应符合GB 19489的要求。

7.2 分离病毒用细胞

7.2.1 可选用原代或传代鸡胚成纤维细胞(CEF),其制备方法见附录A。

7.2.2 可用DF-1细胞,其培养基配制方法见附录B。

7.3 样品的采集与处理

7.3.1 抗凝血

无菌采集疑似病鸡的抗凝血1 mL,置于离心管中,1 000 r/min离心5 min后,取30 μL～50 μL白细胞备用,用于接种易感细胞。

7.3.2 组织样品

采集疑似病鸡的脾脏、肝脏和肾脏等,按脏器质量(g)的5倍加入预冷的灭菌PBS(mL,含青霉素3 000 U/mL和链霉素3 000 μg/mL)研磨成组织匀浆悬液。将悬液移至离心管中充分摇振后,4 ℃10 000 r/min离心5 min。上清液经0.22 μm滤器过滤后,取0.1 mL～0.2 mL滤液备用,用于接种易感细胞。

7.4 病毒的分离培养

7.4.1 接种培养

将7.3.1或7.3.2中的样品接种于长成80%单层的CEF或DF-1细胞培养瓶(皿)中,置于37.5 ℃含5% CO_2培养箱中培养2 h。然后吸去细胞生长液,更换为细胞维持液,继续培养3 d～4 d。

7.4.2 细胞传代

将7.4.1中培养的细胞传代于加有盖玻片的平皿中,培养5 d～7 d。

7.5 病毒的间接免疫荧光抗体反应(IFA)鉴定

7.5.1 细胞的固定

将盖玻片上的CEF或DF-1单层细胞,PBS漂洗一遍,然后滴加−20 ℃预冷的丙酮:乙醇:H_2O(6:3:1)混合液50 μL～100 μL,室温固定5 min,弃掉固定液。待其自然干燥后,用于IFA,或置于−20 ℃保存备用。设未感染的CEF或DF-1细胞作为阴性对照,设REV参考株感染的细胞作为阳性对照。

7.5.2 加第一抗体

用0.01 mol/L PBS(pH 7.4)将REV单克隆抗体稀释到工作浓度,滴加到7.5.1中的盖玻片上,在37 ℃恒温箱中作用40 min,然后用PBS漂洗3次。如无REV单克隆抗体,可以用REV阳性血清代替,REV阳性血清的制备见附录C。

7.5.3 加 FITC 标记的第二抗体

用 PBS 将 FITC 标记的羊或兔抗鸡 IgG 抗体稀释到工作浓度,滴加到 7.5.2 中的细胞片上,37 ℃作用 40 min,用 PBS 漂洗 3 次。如第一抗体为 REV 单克隆抗体,应选用 FITC 标记的羊抗鼠 IgG 抗体作为第二抗体。如第一抗体为 REV 鸡阳性血清,则选用 FITC 标记的羊或兔抗鸡 IgG 抗体为第二抗体。

7.5.4 结果观察

滴加少量 50%甘油磷酸盐缓冲液于盖玻片上,然后在 510 nm 波长的荧光显微镜下观察。

7.5.5 结果判定

阳性对照中观察到阳性细胞(被感染的 CEF 或 DF-1 细胞胞浆着色呈现亮绿色荧光),同时阴性对照中无阳性细胞时,则试验对照成立。若被检样品中观察到阳性细胞时,则判定为 REV 阳性;否则,判定为阴性。

8 逆转录-聚合酶链反应(RT-PCR)

8.1 试剂

8.1.1 RT-PCR 试剂

8.1.1.1 RT-PCR 试剂盒。

8.1.1.2 灭菌超纯水。

8.1.1.3 引物:

POL-F:5′-GACGGGCAGATGAGGTG-3′;

POL-R:5′-ATCGGAGGTTGGTGAGA-3′。

引物扩增预期目的片段条带为 1 232 bp。

8.1.2 电泳试剂

8.1.2.1 电泳缓冲液:50×TAE 储存液配方见附录 D 中的 D.1;用时加蒸馏水配制成 1×TAE 缓冲液,配方见 D.2。

8.1.2.2 琼脂糖:国产或进口的低熔点琼脂糖。

8.1.2.3 电泳加样缓冲液:配方见 D.3。

8.1.2.4 DNA Marker(标准分子量):分子大小范围为 100 bp~2 000 bp。

8.2 样品准备

8.2.1 阳性对照

REV 参考毒株感染的鸡胚或鸡胚成纤维细胞。

8.2.2 阴性对照

未感染 REV 的鸡胚或鸡胚成纤维细胞。

8.3 试验程序

8.3.1 核酸提取

8.3.1.1 病毒 RNA 提取

见附录 E。

8.3.1.2 核酸提取等效方法

可采用等效 RNA 提取试剂和方法,如采用自动化核酸提取仪和配套核酸抽提试剂进行核酸提取。

8.3.2 核酸扩增

8.3.2.1 引物:将引物(POL-F/R)稀释到工作浓度 20 pmol/μL。

8.3.2.2 反应混合液的配制:按照 RT-PCR 试剂盒说明书配制反应体系,每个 PCR 管中加入各 0.5 μL 上下游引物(POL-F/R)。

8.3.2.3 RT-PCR 扩增:盖紧管盖,放入基因扩增仪中,首先于 42 ℃ 60 min 进行 RT 扩增,然后进入

PCR 扩增:95 ℃预变性,5 min;然后进行 32 个循环:95 ℃变性 50 s,54 ℃退火 40 s,72 ℃延伸 45 s;最后 72 ℃延伸 10 min;4 ℃保存备用。

8.3.3 扩增产物电泳检测

8.3.3.1 1.0%琼脂糖凝胶板的制备:见附录 F。

8.3.3.2 加样:取 8 μL～10 μL PCR 产物和 2 μL 加样缓冲液混匀后加入一个加样孔中。每次电泳同时设标准 DNA Marker、阴性对照和阳性对照。

8.3.3.3 电泳:电压 80 V～100 V,电泳 40 min～50 min。最后,在凝胶成像系统中观察并拍照记录。

8.4 试验成立条件

阳性对照品出现 1 232 bp 扩增条带,同时阴性对照品无扩增条带(见附录 G)。

8.5 结果判定

符合 8.4 的条件,待检样品扩增产物电泳出现 1 232 bp 目的条带,判为 RT-PCR 扩增阳性,表明样品中存在 REV 核酸;被检样品无扩增条带,判为 RT-PCR 扩增阴性,表明样品中无 REV 核酸。

9 血清抗体的检测

9.1 样品的采集和处理

经翅静脉采集待检鸡的全血,每只不少于 1 mL,放于 1.5 mL 已编号的 Ep 管中,在室温下放置 20 min,待血液自然凝固后,以 8 000 r/min 离心 5 min 或待其自然析出血清。无菌分离血清,置于另已编号的 Ep 管中,−20 ℃ 冰箱中保存备用。

9.2 抗体的检测

9.2.1 ELISA

可采用商品化 REV ELISA 抗体检测试剂盒,严格按厂家提供的说明书操作和判定结果。若 REV 抗体检测结果为阳性,则判定待检样品为阳性;否则,判定为阴性。

9.2.2 IFA

9.2.2.1 抗原为固定在盖玻片或细胞培养板上的 REV 参考株感染的 CEF 或 DF-1 细胞。抗原制备方法见附录 H。

9.2.2.2 操作步骤

在相应的盖玻片上或抗原孔中加入用 PBS 作 10 倍、20 倍等不同稀释度的鸡血清样品,以及阴、阳性对照血清,在 37 ℃下作用 40 min,用 PBS 漂洗 3 次,再加入工作浓度的商品化 FITC 标记的羊或兔抗鸡 IgG 抗体作为第二抗体,在 37 ℃作用 40 min,用 PBS 漂洗 3 次;加少量 50%甘油磷酸盐缓冲液,在荧光显微镜下观察。

9.2.2.3 结果判定

阳性对照中观察到阳性细胞(感染 REV 的 CEF 或 DF-1 细胞胞浆着色呈现亮绿色荧光),同时阴性对照中无阳性细胞时,则试验对照成立。若样品中观察到阳性细胞时,则判定待检样品为阳性;否则,判定为阴性。

10 综合判定

10.1 疑似

出现 6.2 中的临床症状、6.3 中的病理变化,抗体检测为阳性时,初步判定为禽网状内皮组织增殖症可疑病例。

10.2 确诊

疑似病例进一步经逆转录-聚合酶链反应和病毒分离鉴定呈阳性结果时,判定为禽网状内皮组织增殖症确诊病例。

附　录　A

（资料性）

SPF 源鸡胚成纤维细胞（CEF）的制备

A.1　选择 9 日龄～10 日龄发育良好的 SPF 鸡胚。分别用碘酊与酒精消毒蛋壳气室部位，无菌操作取出鸡胚，去除鸡胚头、四肢和内脏，放入灭菌的玻璃器皿内，用 PBS 洗涤胚体。

A.2　用灭菌的剪刀将胚体剪成 1 mm³ 大小的组织块，再用 PBS 洗 2 次～3 次。

A.3　加 0.1%胰蛋白酶溶液 1 mL，在 37.5 ℃～38.5 ℃ 水浴中消化 10 min（如果选择整胚消化，每个鸡胚每次加 10 mL 胰蛋白酶溶液，需分别消化 2 次～3 次，每次消化后的细胞液需及时用 5 mL～10 mL 含 5%小牛血清的 DMEM/F-12 培养基终止消化）。

A.4　1 000 r/min 离心 5 min，弃上清液，再加入 10 mL 含 5%血清的 DMEM/F-12 生长液。吸管吹打后，用 3 层无菌纱布或一次性细胞滤网过滤。

A.5　取少量过滤后的细胞悬液做细胞计数。根据计数结果分装于培养瓶（皿）中进行培养（一般每个 90 mm平皿中加入 2×10^6～5×10^6 的细胞悬液），形成单层后备用（一般在 24 h 左右应用）。

附　录　B
（资料性）
DF-1 细胞培养基的配制

B.1　细胞培养基配制

DF-1 细胞的生长液为含有 5%～10%胎牛血清的 DMEM/F-12(pH 7.2)，维持液为含有 1%胎牛血清的 DMEM/F-12(pH 7.2)，制霉菌素 5 μg/mL。

B.2　培养条件

37.5 ℃～38.5 ℃，5%CO_2。

附　录　C
（资料性）
REV 阳性血清的制备

选用 6 周龄以上 SPF 鸡，SPF 隔离器饲养。每只鸡皮下接种 REV 参考株 1 000TCID$_{50}$/0.1 mL。人工接种 3 周后采集鸡血清。血清中 IFA 抗体滴度应≥1∶100。

附 录 D
（资料性）
电泳溶液的配制（试剂要求分析纯）

D.1 50×TAE 储存液

三羟甲基氨基甲烷（Tris）	242.0 g
冰乙酸	57.1 mL
0.5 mol/L 乙二胺四乙酸（EDTA）（pH 8.0）	100.0 mL
加双蒸水至	1 000.0 mL

D.2 1×TAE 缓冲液

使用前，将 50×TAE 做 50 倍稀释即可。

D.3 电泳加样缓冲波

溴酚蓝	0.25 g
甘油	30.0 mL
双蒸水	70.0 mL

附　录　E
（资料性）
病毒 RNA 的提取

E.1　取出消毒后的研钵，切取 50 mg～100 mg 冰冻组织置于研钵内，倒入液氮，研碎；也可采用一次性组织研磨均质器研碎。

E.2　每 50 mg～100 mg 均浆组织标本中加入 1 mL 的 TRIZOL。

E.3　将以上匀浆标本转移到 1.5 mL 的 Ep 管中，在 15 ℃～30 ℃放置 5 min，以彻底分离核蛋白复合体。

E.4　加入 0.2 mL 的氯仿，加好盖后用手剧烈摇晃 15 s，在 15 ℃～30 ℃放置 2 min～3 min，然后 12 000 r/min 离心 15 min，2 ℃～8 ℃。

E.5　离心后将上层水相转移到另一干净的 Ep 管中，加入 0.5 mL 异丙醇，静置 10 min，15 ℃～30 ℃，然后 12 000 r/min 离心 10 min，2 ℃～8 ℃。

E.6　去除上清液，加入 1 mL 75％乙醇洗涤 RNA 沉淀，振荡器混匀，7 500 r/min 离心 5 min，2 ℃～8 ℃。

E.7　去除上清液，置于真空或空气中 5 min～10 min，干燥 RNA 沉淀。用无 RNase 水或 0.5％SDS 溶液重悬 RNA 沉淀，用枪头反复吹打几次后－20 ℃保存。

附 录 F

（资料性）

1.0%琼脂糖凝胶板的制备

F.1 称取 1 g 琼脂糖，加入 100 mL 1×TAE 缓冲液中。

F.2 加热融化后加 1 μL Gelred 核酸染料，混匀后倒入放置于水平台面上的凝胶盘中，胶板厚 5 mm 左右。

F.3 依据样品数选用适宜的梳子。待凝胶冷却凝固后拔出梳子（胶中形成加样孔），放入电泳槽中，加 1×TAE 缓冲液淹没胶面。

附　录　G
（资料性）
RT-PCR 电泳图示

RT-PCR 电泳图示见图 G.1。

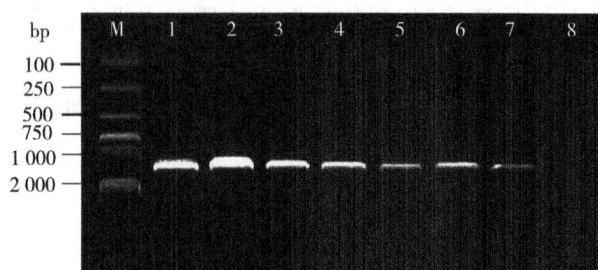

标引序号说明：

M——DNA Marker(标准分子量)为 DL 2 000;

1——阳性对照核酸;

2——10^7 TCID$_{50}$ REV 参考毒株提取核酸;

3——10^6 TCID$_{50}$ REV 参考毒株提取核酸;

4——10^5 TCID$_{50}$ REV 参考毒株提取核酸;

5——10^4 TCID$_{50}$ REV 参考毒株提取核酸;

6——10^3 TCID$_{50}$ REV 参考毒株提取核酸;

7——10^2 TCID$_{50}$ REV 参考毒株提取核酸;

8——阴性对照核酸。

图 G.1　RT-PCR 扩增结果电泳图

附　录　H

（资料性）

IFA 法检测血清抗体用抗原的制备

H.1　在已铺满 CEF 或 DF-1 单层的细胞瓶或培养皿中加入 REV 参考株 10^3 TCID$_{50}$，37 ℃、5%CO$_2$恒温培养箱中培养，24 h 后换含有 1%小牛血清的 DMEM/F-12 培养基继续培养。培养 48 h 后，将单层细胞用 0.1%胰蛋白酶溶液（见附录 A）消化分散成悬液，经离心后，重新悬浮于含 5%小牛血清的 DME/F-12 培养基中。将细胞浓度调至每毫升 5×10^5 个细胞。

H.2　在加入盖玻片的培养皿（直径 90 mm）中加入 10 mL 细胞悬液，或在 96 孔培养板上每孔加入 100 μL 细胞悬液。

H.3　在 37 ℃、5%CO$_2$培养箱中继续培养 3 d。

H.4　将盖玻片从培养皿中取出或将 96 孔细胞培养板弃去培养基，用 PBS 漂洗后，滴加－20 ℃预冷的丙酮：乙醇：H$_2$O（6：3：1）固定液，室温固定 5 min。自然干燥后，－20 ℃保存备用。

ICS 11.220
CCS B 41

NY

中华人民共和国农业行业标准

NY/T 4137—2022

猪细小病毒病诊断技术

Diagnostic techniques for porcine parvovirus infection

2022-07-11 发布

2022-10-01 实施

中华人民共和国农业农村部 发布

前　言

本文件按照 GB/T 1.1—2020《标准化工作导则　第 1 部分:标准化文件的结构和起草规则》的规定起草。

请注意本文件的某些内容可能涉及专利。本文件的发布机构不承担识别专利的责任。

本文件由农业农村部畜牧兽医局提出。

本文件由全国动物卫生标准化技术委员会(SAC/TC 181)归口。

本文件起草单位:青岛农业大学、中国动物卫生与流行病学中心、青岛市畜牧兽医研究所、青岛市动物疫病预防控制中心、内蒙古农业大学。

本文件主要起草人:杨瑞梅、单虎、张洪亮、李军伟、吴发兴、魏战勇、赵永刚、秦志华、张瑞华、张传美、温永俊、杨洋、刘丽蓉、杨培培、刘迎春、段笑笑。

引　言

猪细小病毒病(Porcine Parvovirus Infection)由猪细小病毒(Porcine Parvovirus，PPV)引起的母猪繁殖障碍性传染病,主要表现为受感染的母猪,特别是初产母猪及血清学阴性经产母猪发生流产,产死胎、畸形胎、木乃伊胎、弱仔及屡配不孕等,而母体通常无其他临床症状,其他年龄的猪感染后一般不表现明显的临床症状。

该病的传染源主要为病猪和带毒猪。感染猪可通过粪、尿、精液等途径排毒,通过消化道和呼吸道传播给易感猪,也可经交配感染。妊娠母猪可以经胎盘传播给胎儿,导致胎儿发病、死亡。

PPV在分类上属于细小病毒科(*Parvoviridae*)细小病毒属,仅有1种血清型。迄今已经发现7种不同的细小病毒群能够感染猪,包括经典的猪细小病毒1型即PPV1和猪的新型细小病毒PPV2～PPV7型。PPV1感染猪主要出现流产,产死胎、木乃伊胎以及不孕等临床症状。而PPV2～PPV7感染猪后是否致病尚不清楚,且在我国流行率低。PPV2～PPV7的临床意义和基本流行病学,包括传播途径、致病机制、临床症状和病理变化等尚未明确。因此,本文件中的诊断技术仅是针对PPV1型。

适于分离猪细小病毒的样品是妊娠70 d前流产的木乃伊胎儿和可疑感染的公猪精液。对组织样品进行病毒分离,可以作出阳性诊断。也可通过聚合酶链反应(PCR)进行病毒核酸检测。若未接种疫苗的动物体内检出特异性抗体,即可作出阳性诊断,这种方法对症状不典型病例和未采到妊娠70 d前流产胎儿的病例十分有用。

猪细小病毒病诊断技术

1 范围

本文件规定了猪细小病毒病的流行病学和临床诊断、病理变化、病毒分离、聚合酶链式反应、血凝-血凝抑制试验、间接 ELISA 抗体检测试验的技术要求。本文件是针对细小病毒科细小病毒属猪细小病毒 1 型，即为临床引起繁殖障碍的猪细小病毒病的诊断。

本文件适用于猪细小病毒病的诊断和流行病学调查等。

2 规范性引用文件

下列文件中的内容通过文中的规范性引用而构成本文件必不可少的条款。其中，注日期的引用文件，仅该日期对应的版本适用于本文件；不注日期的引用文件，其最新版本（包括所有的修改单）适用本文件。

GB/T 6682 分析实验室用水规格和实验方法

GB 19489 实验室 生物安全通用要求

NY/T 541 兽医诊断样品采集、保存与运输技术规范

3 术语和定义

本文件没有需要界定的术语和定义。

4 缩略语

下列缩略语适用于本文件：

ELISA：酶联免疫吸附试验（Enzyme-linked Immunosorbent Assay）

HA：血凝试验（Hemagglutination Test）

HAU：血凝单位（Hemagglutination Unit）

HI：血凝抑制试验（Hemagglutination Inhibition Test）

OD 值：光密度值（Optical Density）

PBS：磷酸盐缓冲溶液（Phosphate Buffer Saline）

PCR：聚合酶链式反应（Polymerase Chain Reaction）

PPV：猪细小病毒（Porcine Parvovirus）

pH：氢离子浓度（Hydrogenion Concentration）

5 流行病学和临床诊断

5.1 总则

根据该病的流行病学、临床症状和病理变化，可以作出初步诊断，但确诊需要通过实验室诊断。

5.2 流行病学

5.2.1 猪是唯一的已知宿主；病猪和带毒猪是主要的传染源。

5.2.2 PPV 可水平传播和垂直传播，经口鼻、交配、胎盘感染是最主要的传播途径；感染母猪所产的木乃伊胎、死胎和活仔猪中一般病毒含量很高。

5.2.3 该病呈现明显的胎次差异，主要见于初产母猪。

5.3 临床症状

5.3.1 临床症状表现为母猪的繁殖障碍，产死胎、弱胎、木乃伊胎（见附录 A），母猪除繁殖障碍外无其他明显的症状。

5.3.2 母猪还表现多次发情不受孕。公猪性欲和受精率无明显影响。

5.4 病理变化

5.4.1 母猪流产时,肉眼可见轻度子宫内膜炎和胎盘部分钙化,胎儿在子宫内有被溶解和吸收的现象。

5.4.2 大多数死胎、死仔或弱仔皮下充血或水肿,胸腹腔积有淡红色或淡黄色渗出液,有的肝、脾、肾肿大质脆或萎缩发暗。

5.5 流行病学和临床诊断结果判定

易感动物出现上述流行病学、临床症状和病理变化,可初步判定为疑似 PPV 感染病例。

6 样品采集及处理

6.1 仪器

6.1.1 高压蒸汽灭菌锅。

6.1.2 组织匀浆机或研磨皿。

6.1.3 −20 ℃冰箱。

6.1.4 高速冷冻离心机。

6.1.5 天平。

6.1.6 微量移液器(200 μL～1 000 μL)。

6.1.7 生物安全柜。

6.2 耗材

6.2.1 5 mL 灭菌离心管。

6.2.2 灭菌剪刀。

6.2.3 灭菌镊子。

6.2.4 棉拭子。

6.3 试剂

6.3.1 除特别说明以外,本文件所用试剂均为分析纯,试验用水符合 GB/T 6682 的规定。

6.3.2 磷酸盐缓冲液(0.01 mol/L,pH 7.2)(见附录B)。

6.4 样品采集处理

6.4.1 除特别说明以外,本文件样品采集符合 NY/T 541 的规定。

6.4.2 采集样品包括流产胎儿、木乃伊胎的实质器官(如心、肝、脾、肺、肾)或流产母猪的阴道分泌物。

6.4.3 用无菌镊子和剪刀取流产胎儿、木乃伊胎的实质器官(如心、肝、脾、肺、肾),去掉表面的筋膜,剪碎,用研钵研碎,加入磷酸盐缓冲液,制成1∶(5～10)的悬液,加入1‰青霉素、链霉素溶液(10 000 IU/mL),4 ℃过夜处理。冻融 3 次,3 000 r/min 离心 10 min,取上清液−80 ℃冰箱保存备用。

6.4.4 用无菌棉拭子轻轻旋转插入流产母猪阴道 2 cm～4 cm 刮取阴道内容物,阴道拭子放入离心管,用 2 mL 磷酸盐缓冲液浸润,反复挤压后,3 000 r/min 离心 10 min,取上清液−80 ℃冰箱保存备用。

6.4.5 采集后的样品处理均在生物安全柜中进行。

7 病毒分离

7.1 仪器

7.1.1 5% CO_2培养箱。

7.1.2 生物安全柜。

7.1.3 微量移液器(200 μL～1 000 μL、20 μL～200 μL)。

7.2 耗材

7.2.1 细胞培养瓶。

7.2.2 10 mL 吸管。

7.3 试剂

7.3.1 除特别说明以外,本文件所用试剂均为分析纯,试验用水符合 GB/T 6682 的规定。

7.3.2 胎牛血清。

7.3.3 PK-15 传代细胞或 ST 传代细胞。

7.3.4 DMEM 细胞培养液(见附录 C 中的 C.2)。

7.3.5 DMEM 细胞维持液(见 C.3)。

7.3.6 0.25% 胰蛋白酶溶液(见 C.4)。

7.3.7 青、链霉素双抗溶液(含青霉素、链霉素各 10 000 IU/mL)。

7.4 样品处理

无菌采集初产母猪 70 日龄以内流产胎儿、木乃伊胎按照 6.4.3 样品处理液经 0.22 μm 微孔滤膜过滤除菌备用。

注:以上操作在生物安全柜中进行。

7.5 病毒分离鉴定

7.5.1 将 PK-15 细胞或 ST 细胞用含 10% 胎牛血清的 DMEM 细胞培养液 37 ℃、5% CO_2 培养箱中培养 2 d～3 d 长满单层,经 0.25% 胰蛋白酶消化传代。

7.5.2 接毒按照 5%～10% 的细胞悬液体积比例将 7.4 中制备的滤液同步接种于含青霉素和链霉素终浓度为 100 IU/mL 的 PK-15 传代细胞或 ST 传代细胞悬液中(3×10^6 个/mL～4×10^6 个/mL),置于 37 ℃、5% CO_2 培养箱中培养。

7.5.3 接毒培养后 24 h,更换成含 2% 胎牛血清的 DMEM 维持液,于 37 ℃继续培养,并逐日观察细胞病变(CPE),主要的 CPE 为:细胞聚集,呈网状,细胞发生圆缩、溶解,出现弥漫性颗粒样变化,直至细胞破碎等。

7.5.4 如无 CPE,细胞培养 3 d～5 d 后长满单层为第一代毒,按常规细胞传代方法用胰酶消化并连续传代培养,至第 4 代仍无 CPE 判定为阴性。

7.5.5 若细胞聚集、萎缩、变窄,呈网状,待病变达到 80% 左右收获病毒液,冻融 3 次后,无菌分装到 1.5 mL 管中,置于-20 ℃冰箱冷冻保存。出现以上特异性 CPE 可初步判定为病毒分离阳性,但需要进一步用 PCR 或 HA-HI 试验鉴定是否为 PPV。

8 聚合酶链式反应(PCR)

8.1 试验材料及设备

8.1.1 试验仪器

PCR 热循环仪、电泳仪、紫外线凝胶成像仪、微量移液器(200 μL～1 000 μL、20 μL～200 μL、2 μL～20 μL、0.5 μL～10 μL)、高速冷冻离心机(转速≥12 000 r/min)。

8.1.2 主要试剂

1×TAE 电泳缓冲液、2% 琼脂糖凝胶、6×核酸电泳加样缓冲液(见附录 D 中的 D.2～D.4)。

8.1.3 结构蛋白 NS1 基因保守区引物

浓度为 25 μmol/L,见 D.1。

8.1.4 PCR 试剂

Ex *Taq* DNA 聚合酶、1.25 mmol/L 的 dNTP,10×PCR buffer(缓冲液)。商品化的 PCR 试剂盒可以用来进行 PCR 反应体系的制备。

8.2 操作方法

8.2.1 样品处理

8.2.1.1 阳性对照

经胰酶消化长成单层的 PK-15 细胞,同步接种 PPV,待细胞 70% 病变后终止培养,−20 ℃ 和 37 ℃ 反复冻融 3 次以上,收集病毒液备用。

8.2.1.2 阴性对照

同时设不接毒的 PK-15 细胞作为阴性对照,与阳性对照同时终止培养,−20 ℃ 和 37 ℃ 反复冻融 3 次以上,收集细胞液备用。

8.2.1.3 病料样品或细胞培养物

病料处理按 6.4.3 和 6.4.4 进行。

PK-15 细胞培养物,反复冻融 3 次,收集培养液备用。

8.2.1.4 公猪精液

采集 2 mL 公猪精液,反复冻融 3 次备用。

8.2.2 病毒 DNA 的提取和纯化

8.2.2.1 病毒 DNA 的提取和纯化按 8.2.2.2 或 8.2.2.3 进行。

8.2.2.2 试剂盒提取取经 8.2.1 前处理的可疑病料样品按照商品化病毒 DNA 提取试剂盒提取病毒 DNA。

8.2.2.3 酚-氯仿抽提法提取 DNA 如下:

a) 取经 8.2.1 前处理的样品各 400 μL 加入 1.5 mL 离心管中,加入 10 μL 的蛋白酶 K(20 mg/mL) 50 ℃ 消化 2 h,12 000 r/min 离心 10 min;

b) 将上清液转移到一新的离心管中,加入等体积的 Tris 饱和酚,充分振荡混匀,12 000 r/min 离心 5 min;

c) 取上层水相转移入一新的离心管中,加入等体积的酚:三氯甲烷:异戊醇(25:24:1)混匀后, 12 000 r/min 离心 5 min(重复此步骤一次);

d) 取上层水相转移入一新的离心管中,加入 2 倍体积预冷的无水乙醇,在 −20 ℃ 放置 2 h 或室温 放置 30 min 沉淀病毒 DNA;

e) 12 000 r/min 离心 10 min,弃去上清液,用 70% 乙醇洗涤沉淀,自然风干;

f) 用 20 μL 含 RNaseA 的 TE 溶解沉淀,−20 ℃ 保存备用。

8.2.3 PCR 检测

8.2.3.1 PCR 反应体系

在超净工作台中按表 1 剂量要求在 0.2 mL PCR 管中依次加入 PCR 反应试剂。同时设不加模板空白对照、已知阳性对照及正常猪组织或者 PK15(或 ST)正常细胞处理上清作为模板的阴性对照,每管总体积 25 μL 体系,样品充分混匀后,瞬时离心 10 s 备用。

表 1 PCR 反应体系

试剂	用量,μL
灭菌水	18
DNTPs(2.5 mmol/L)	2
10×Ex Taq DNA 聚合酶缓冲液	2.5
Ex Taq DNA 聚合酶(5 U/μL)	0.5
正向引物(25 μmol/L)	0.5
反向引物(25 μmol/L)	0.5
模板 DNA(10 ng/μL~20 ng/μL)	1
总量	25

8.2.3.2 扩增程序及反应条件

将 PCR 管置于 PCR 仪上按如下程序扩增:95 ℃ 预变性 3 min;94 ℃ 变性 30 s,58 ℃ 退火 30 s,72 ℃ 延伸 30 s,共 35 个循环;最后 72 ℃ 延伸 10 min。

8.2.3.3 PCR 产物琼脂糖凝胶电泳检测

将 5 μL 的 6×核酸电泳加样缓冲液加入 PCR 产物中,混匀后取 10 μL 加入使用 1×TAE 缓冲液配制的 2%琼脂糖凝胶中,电泳 30 min~40 min。电泳结束后,将琼脂糖凝胶置于凝胶成像仪中观察结果。

8.3 质控标准

阴性对照和空白对照未出现目的条带,阳性对照出现特异性的 329 bp 目的条带,满足以上两个条件,实验结果成立。

8.4 结果判定

8.4.1 待测样品电泳后在相应的 329 bp 位置上有条带者,可判为 PPV 阳性。必要时,可取 PCR 扩增产物进行测序验证,测序结果与已公开发表的 PPV 特异性片段序列(见附录 D)进行比对,序列同源性在 95%以上,可判定待测样品 PPV 核酸阳性。

8.4.2 待测样品电泳后无 329 bp 特异性条带的判为阴性。

8.4.3 若出现与扩增长度不同大小的条带为非特异性反应,需要重复实验,2 次实验均为非特异条带可判定为阴性。

9 血凝和血凝抑制试验(HA-HI)

9.1 仪器

9.1.1 冷冻离心机。

9.1.2 8 通道或 12 通道微量移液器(20 μL~200 μL)。

9.2 耗材

9.2.1 与多通道移液器配套的取样量程范围为 20 μL~200 μL 的吸头。

9.2.2 底部角度为 90°的 V 型 96 孔血凝板。

9.2.3 1.5 mL 离心管。

9.2.4 一次性液体加样槽。

9.2.5 恒温水浴锅。

9.3 试剂

9.3.1 除特别说明以外,本文件所用试剂均为分析纯,试验用水符合 GB/T 6682 的规定。

9.3.2 0.6%豚鼠红细胞悬液(见附录 E 中的 E.1)。

9.3.3 稀释液:用灭菌的 0.01 mol/L pH 7.2 磷酸盐缓冲液(PBS)。配方见附录 B。

9.3.4 25%白陶土(见 E.2)。

9.3.5 阳性对照:HA 效价≥1∶32 的病毒液。

9.3.6 阴性对照:正常猪组织样品处理上清。

9.3.7 病毒待检样品:6.4.3 或 6.4.4 中样品收集上清或 7.5.5 中病毒分离细胞培养液。

9.3.8 PPV 阳性血清:血凝抑制抗体效价≥1∶256。

9.4 HA 操作方法

9.4.1 磷酸盐缓冲液(0.01 mol/L,pH 7.2)1 L,即为 HA-HI 缓冲液。

9.4.2 在 96 孔 V 型血凝板上,从第 1 孔至第 11 孔,用移液器每孔加入磷酸盐缓冲液 25 μL。

9.4.3 用移液器吸取待检样品 25 μL,从第 1 排孔(纵列)起,依次做倍比稀释,至第 11 个倍数孔,弃去加液器内 25 μL 液体(稀释倍数依次为 2、4、8、16、32、…、2 048)。

9.4.4 1~11 孔每孔加入 25 μL 磷酸盐缓冲液;12 孔为红细胞对照,加入磷酸盐缓冲液 50 μL。

9.4.5 每孔加入 0.6%豚鼠红细胞悬液 50 μL,立即在微量板振荡器上轻微振荡摇匀 1 min,室温(18 ℃~28 ℃)放置 1 h 后判定结果。

9.4.6 每次测定应设已知血凝效价的猪细小病毒阳性对照和阴性对照,方法同上,对照及待检样品每个样品重复 3 次试验确定最终结果。

9.4.7 血凝试验(HA)示例见表 2。

表 2 PPV 微量血凝试验操作(HA)

单位为微升

孔号	1	2	3	4	5	6	7	8	9	10	11	12
稀释倍数($\log_2$)	1	2	3	4	5	6	7	8	9	10	11	红细胞对照
PBS	25	25	25	25	25	25	25	25	25	25	25	0
抗原(倍比稀释)	25	25	25	25	25	25	25	25	25	25	25 弃25	0
PBS	25	25	25	25	25	25	25	25	25	25	25	50
0.6%红细胞	50	50	50	50	50	50	50	50	50	50	50	50
作用时间及温度	室温 1 h											
判定举例	＋＋＋＋	＋＋＋＋	＋＋＋＋	＋＋＋＋	＋＋＋＋	＋＋＋＋	＋＋＋	＋＋	—	—	—	

9.4.8 结果判定

9.4.8.1 PPV 阳性对照血凝效价与已知效价相差小于 1 个滴度,阴性对照无凝集,试验方可成立。

9.4.8.2 红细胞凝集相的判定:

 a) 红细胞均匀地平铺于孔底者可判为"＋＋＋＋";

 b) 基本上与 a)相同,但边缘有下滑皱缩者判为"＋＋＋";

 c) 红细胞于孔底形成环状或小团、四周有小凝集块者为"＋＋";

 d) 红细胞于孔底形成团块但边缘不整齐或有少量小凝集者为"＋";

 e) 红细胞于孔底形成小团块、边缘整齐光滑、稀释液清亮者为"—"。

9.4.8.3 以"＋＋"凝集的最高稀释度作为 HA 效价。

9.5 HI 操作方法

9.5.1 4 个血凝单位病毒液配制。以病毒 HA 效价为 1∶256 为例,4 个血凝单位＝256/4＝64(即 1∶64)。取磷酸盐缓冲液 9 mL,加病毒液 1 mL,即成 1∶10 稀释度。将 1∶10 稀释液混匀后吸取 1 mL 加入磷酸盐缓冲液 5.4 mL 中,使最终浓度为 1∶64。

9.5.2 血清处理见 E.3。

9.5.3 在 96 孔 V 型微量血凝板上,用固定病毒稀释血清法,自第 1 孔至第 10 孔,用移液器每孔加入磷酸盐缓冲液 25 μL,第 11 和第 12 孔分别为 4 单位 PPV 病毒培养液(即抗原对照)与加 PBS 的红细胞对照。

9.5.4 第 1 排孔(纵列)加入 25 μL 9.5.2 中处理的血清,混合均匀,并依次进行倍比稀释,至第 10 排孔,最后第 10 排孔弃去 25 μL 液体;在第 1 孔至第 11 孔中,每孔加入 25 μL 4 个血凝单位的待测病毒液,第 12 孔加入 25 μL PBS,将反应板在微量板振荡器上振荡混匀,封板以防止液体蒸发,置于 4 ℃ 18 h 或 25 ℃ 3 h 或 37 ℃ 2 h。

9.5.5 每孔加入 0.6%豚鼠红细胞悬液 50 μL,将反应板在微量板振荡器上振荡混匀,置于室温(18 ℃～28 ℃)1 h,待 PPV 细胞病毒对照出现红细胞凝集时观察结果。

9.5.6 每次测定应设 PPV 抗原对照和红细胞对照,方法同 9.5.1～9.5.6,对照及待检样品每个样品重复至少 3 次后确定结果。

9.5.7 血凝抑制试验(HI)示例见表 3。

表 3 PPV 微量血凝抑制试验操作

单位为微升

孔号	1	2	3	4	5	6	7	8	9	10	11	12
血清稀释倍数(×10)	2	4	8	16	32	64	128	256	512	1024	抗原对照	红细胞对照

表 3（续）

孔号	1	2	3	4	5	6	7	8	9	10	11	12
PBS	25	25	25	25	25	25	25	25	25	25	25	25
被检血清倍比稀释	25	25	25	25	25	25	25	25	25	弃25 / 25	0	0
4 血凝单位抗原	25	25	25	25	25	25	25	25	25	25	25	PBS 25
作用时间及温度	置于 4 ℃ 18 h 或 25 ℃ 3 h 或 37 ℃ 2 h											
0.6%红细胞	50	50	50	50	50	50	50	50	50	50	50	50
作用时间及温度	置于室温 1 h											
判定举例	—	—	—	—	—	+++	++++	++++	++++	++++	++++	—

注：阳性血清及阴性血清对照稀释同被检血清。

9.6 质控标准

当抗原对照孔（第 11 孔）完全凝集，红细胞对照孔不凝集，PPV 阳性血清血凝抑制效价与已知效价相差小于 1 个滴度，试验方可成立。

9.7 结果判定

9.7.1 以完全抑制 4 HAU 抗原的最高血清稀释倍数判为该血清的 HI 抗体效价。

9.7.2 用于检测血清抗体时，被检血清的红细胞凝集抑制价在 1:40 以上者判为阳性。

9.7.3 用于检测抗原，抗原血凝活性可被 PPV 阳性血清特异性地抑制时，判为含有猪细小病毒。

10 间接 ELISA 检测

10.1 仪器

10.1.1 酶标检测仪。

10.1.2 洗板机。

10.1.3 振荡器。

10.1.4 冰箱。

10.1.5 恒温培养箱。

10.2 耗材

10.2.1 96 孔微量反应板。

10.2.2 8 道或 12 道移液器（50 μL～300 μL）、单道移液器（0.5 μL～10 μL、20 μL～200 μL、200 μL～1 000 μL）。

10.2.3 吸管、量筒等。

10.3 试剂

10.3.1 纯化的 PPV 抗原包被微孔板（或表达纯化的 PPV 结构蛋白 VP2 包被微孔板）。

10.3.2 辣根过氧化物酶（HRP）标记的二抗抗体。

10.3.3 阳性对照血清和阴性对照血清。

10.3.4 样品稀释液。

10.3.5 洗板液。

10.3.6 四甲基联苯胺（TMB）底物溶液。

10.3.7 终止液。

10.3.8 试剂盒应于 2 ℃～7 ℃保存。使用前，需将试剂恢复至室温（18 ℃～28 ℃），并混合均匀。

10.4 操作方法

10.4.1 被检血清

按常规方法采血并分离血清,置于 4 ℃冰箱中备用。如需长期保持,应置于—20 ℃冰箱中。

10.4.2 待检血清的稀释

被检血清按所选试剂盒要求稀释,在振荡器上充分混匀后备用。

10.4.3 对照的设置

将阳性对照血清和阴性对照血清按所选试剂盒要求稀释后,分别加至包被板的相应孔中,并做好记录。

10.4.4 加样

在包被板的其他相应孔中按所选试剂盒要求加入工作浓度的被检样品,并做好记录。

10.4.5 感作

将包被板在振荡器上充分混匀后,按所选试剂盒要求的温度和时间进行感作。

10.4.6 洗板

10.4.6.1 洗液的稀释

用蒸馏水将浓缩洗板液稀释成工作浓度,混匀备用。

10.4.6.2 洗板

弃掉包被板各孔的液体,每孔加入约 300 μL 工作浓度的洗板液,按所选试剂盒要求的次数清洗微孔。最后一次清洗后,将包被板在吸水纸上轻拍,以去掉孔内剩余的液体。

10.4.7 加酶标结合物

按所选试剂盒要求,每孔加入工作浓度的辣根过氧化物酶(HRP)标记的抗体。

10.4.8 感作

将包被板在振荡器上充分混匀后,按所选试剂盒要求的温度和时间进行感作。

10.4.9 洗板

重复 10.4.6 的操作。

10.4.10 加底物

按所选试剂盒要求,每孔加入 TMB 底物溶液。

加入底物后,应观察所有孔内颜色变化是否正常。不正常的颜色变化包括孔内出现点状或片状的沉淀物。如果出现这种情况,这个孔的样品检测为无效。

10.4.11 感作

从加完第 1 孔开始计时,将包被板置于符合温度要求的黑暗处,按所选试剂盒要求的时间进行感作。

10.4.12 加终止液

按照加入底物的顺序,每孔按所选试剂盒要求加入终止液,终止颜色反应。

10.4.13 测定 OD 值

酶标仪以空气作为空白对照,按所选试剂盒要求的波长,测量和记录样品和对照的吸光度值(OD值)。吸光度值的测定应在加完终止液后 2 min～20 min 内进行。

10.5 质控标准

按所选试剂盒要求进行试验阴阳性对照的检测。如果测定结果无效,应该检查操作后重新检测。

10.6 结果计算和判定

按所选试剂盒要求进行结果的计算和判定。

11 综合判断

11.1 经 5.5 判定为疑似 PPV 感染病例,经病毒分离(见第 7 章)分离出 PPV,或经 PCR 方法(见第 8 章)检测出 PPV 核酸,或 HA 和 HI(见第 9 章)检测出病毒阳性的,可判定为猪细小病毒感染。

11.2 无明显临床症状的非免疫动物经 HA 和 HI(见第 9 章)、ELISA(见第 10 章)任一项检测出猪细小病毒抗体的,可判定该动物曾经感染过 PPV。

附　录　A

（资料性）

猪细小病毒感染流产、死胎特征图

初产母猪妊娠 90 d 接种 27a 毒株（见图 A.1）和 NADL-2 毒株（见图 A.2）显示不同程度的流产病变。

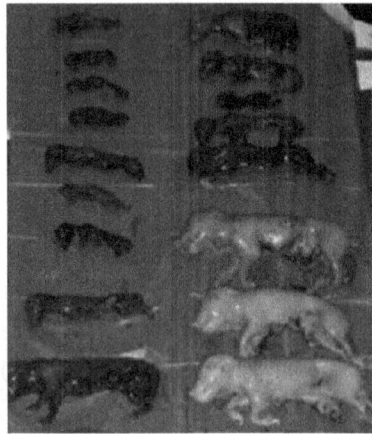

图 A.1　大小不一致的木乃伊胎和死胎

图 A.2　大小较均一的死胎

附　录　B

（资料性）

磷酸盐缓冲液配制

B.1　甲液:0.2 mol/L 磷酸氢二钠(Na_2HPO_4)溶液

B.1.1　配制一

2 水磷酸氢二钠($Na_2HPO_4 \cdot 2H_2O$)	35.61 g
去离子水	800 mL

充分搅拌溶解,加去离子水定容至 1 L,121 ℃高压灭菌 30 min,4 ℃保存备用。

B.1.2　配制二

12 水磷酸氢二钠($Na_2HPO_4 \cdot 12H_2O$)	71.64 g
去离子水	800 mL

充分搅拌溶解,加去离子水定容至 1 L,121 ℃高压灭菌 30 min,4 ℃保存备用。

B.2　乙液:0.2 mol/L 磷酸二氢钠(NaH_2PO_4)溶液

B.2.1　配制一

1 水磷酸二氢钠($NaH_2PO_4 \cdot H_2O$)	27.60 g
去离子水	800 mL

充分搅拌溶解,加去离子水定容至 1 L,121 ℃高压灭菌 30 min,4 ℃保存备用。

B.2.2　配制二

2 水磷酸二氢钠($NaH_2PO_4 \cdot 2H_2O$)	31.21 g
去离子水	800 mL

充分搅拌溶解,加去离子水定容至 1 L,121 ℃高压灭菌 30 min,4 ℃保存备用。

B.3　磷酸盐缓冲液(0.01 mol/L,pH 7.2)

甲液	36 mL
乙液	14 mL
去离子水	700 mL

加入 9 g 氯化钠(NaCl),再用去离子水定容至 1 L,121 ℃高压灭菌 30 min,4 ℃保存备用。

附　录　C
（资料性）
猪细小病毒分离鉴定

C.1　DMEM 培养液

DMEM 干粉	1 袋（终体积为 1 000 mL）
NaHCO₃	3.7 g
超纯水	1 000 mL

用 0.22 μm 一次性滤器过滤到灭菌的盐水瓶中，封口，4 ℃保存备用。

C.2　DMEM 细胞培养液（含 10%胎牛血清）

DMEM 培养液	450 mL
胎牛血清（56 ℃ 30 min 灭能后）	50 mL
10 000 IU/mL 青霉素、链霉素双抗溶液	5 mL

C.3　DMEM 细胞维持液（含 2%胎牛血清）

DMEM 培养基	490 mL
胎牛血清（56 ℃ 30 min 灭能）	10 mL
10 000 IU/mL 青霉素、链霉素双抗溶液	5mL

C.4　0.25%胰酶溶液（ATV）

氯化钠（NaCl）	8.00 g
氯化钾（KCl）	0.40 g
葡萄糖（C₆H₁₂O₆）	1.00 g
碳酸氢钠（NaHCO₃）	0.58 g
胰蛋白酶	2.50 g
乙二胺四乙酸二钠（EDTA）	0.20 g
双蒸水或去离子水	1 000 mL

溶解后 0.22 μm 过滤除菌，定量分装。

附　录　D
（资料性）
PCR 检测引物及溶液配制

D.1　PCR 扩增引物序列

正向引物 PPV329F（NS1 基因 1175-1199）：5′-ATACAATTCTATTTCATGGGCCAGC-3′；

反向引物 PPV329R（NS1 基因 1481-1504）：5′-TATGTTCTGGTCTTTCCTCGCATC-3′；

扩增基因片段长度：329 bp。

D.2　1×TAE 电泳缓冲液

D.2.1　50×TAE 储存液

三羟甲基氨基甲烷（Tris）	242 g
乙二胺四乙酸二钠（Na$_2$EDTA）H$_2$O	37.2 g
冰醋酸	57.1 mL
去离子水	800 mL

充分搅拌溶解，加去离子水定容至 1 L，室温保存。

D.2.2　1×TAE 使用液

50×TAE 储存液	10 mL
去离子水	490 mL

充分混匀即为琼脂糖凝胶电泳缓冲液。

D.3　2% 的琼脂糖凝胶

琼脂糖	2.0 g
1×TAE 溶液	100 mL

充分混匀后，置于微波炉中温加热至凝胶完全溶化成液体。

D.4　6×核酸电泳加样缓冲液

乙二胺四乙酸（EDTA-Na$_2$）	0.88 g
溴酚蓝	50 mg
二甲苯腈蓝 FF	50 mg
去离子水	40 mL
甘油（丙三醇）	36 mL

充分搅拌均匀，用 2 mol/L NaOH 调节 pH 至 7.0，用去离子水定容至 100 mL，室温保存。

D.5　扩增 329 bp 基因序列（PPV NADL-2 标准株，GenBank 登录号 NC_001718.1）

5′-ATACAATTCTATTTCATGGGCCAGCATCAACAGGAAAAGTATAATTGCTCAACACA
TTGCAAACTTAGTTGGTAATGTTGGTTGCTACAATGCAGCCAATGTGAACTTTCCATTTAAT
GACTGTACAAATAAAAACTTAATATGGATTGAAGAAGCAGGAAACTTCTCTAACCAAGTAA
ACCAATTCAAAGCCATATGTTCAGGTCAAACAATTAGAATTGACCAAAAAGGTAAAGGAAG
CAAACAAATTGAACCAACTCCTGTAATAATGACTACAAATGAAGACATAACTAAAGTTAGA
ATAGGATGCGAGGAAAGACCAGAACATA-3′

附　录　E
（资料性）
血凝与血凝抑制试验（HA-HI）

E.1　0.6%豚鼠红细胞液配制

E.1.1　阿氏液

柠檬酸钠	8.0 g
柠檬酸	0.55 g
葡萄糖	20.5 g
NaCl	4.2 g
去离子水	800 mL

充分混匀后加去离子水定容至1 L,并经0.22 μm微孔滤膜过滤除菌或高压115 ℃,30 min,置于4 ℃保存。

E.1.2　pH 7.2的磷酸盐缓冲液(0.01 mol/L,pH 7.2)配制方法见附录B。

E.1.3　0.6%豚鼠红细胞悬液

成年健康豚鼠心脏采血,将采集豚鼠红细胞置于10倍体积的阿氏液(E.1.1)中,1 000 r/min离心10 min,弃上清液。加入5倍体积的pH 7.2的磷酸盐缓冲液洗涤,充分混匀后1 000 r/min离心10 min,弃上清液。如此反复洗涤3遍~5遍。用pH 7.2磷酸盐缓冲液配制成0.6%的红细胞悬液,再加入3‰(V/V)经56 ℃灭活30 min胎牛血清,即为0.6%豚鼠红细胞悬液。4 ℃保存备用。

E.2　25%白陶土的制备

25%白陶土悬液(用于血凝抑制试验检测方法)取优质白陶土粉末25 g,加pH 7.2磷酸盐缓冲液至100 mL,105 kPa 20 min高压灭菌4 ℃保存,可用1个月。临用前摇匀。

E.3　血凝抑制试验被检血清的处理

血清先经56 ℃ 30 min灭活,吸取0.1 mL血清加25%的白陶土0.3 mL(相当于4倍稀释),充分摇匀,置于室温20 min,其间摇动2次~3次,2 000 r/min离心10 min,吸出上清置于另一1.5 mL管,向上清液加红细胞泥25 μL,充分摇匀,置于室温1 h,其间摇动数次,2 000 r/min离心10 min,上清液用作试验。处理的被检血清置于4 ℃条件下2 h~4 h内有效。

ICS 11.220
CCS B 41

NY

中华人民共和国农业行业标准

NY/T 4138—2022

蜜蜂孢子虫病诊断技术

Protocol of diagnosis for nosema disease in honeybees

2022-07-11 发布

2022-10-01 实施

中华人民共和国农业农村部 发布

前　言

本文件按照 GB/T 1.1—2020《标准化工作导则　第 1 部分:标准化文件的结构和起草规则》的规定起草。

请注意本文件的某些内容可能涉及专利。本文件的发布机构不承担识别专利的责任。

本文件由农业农村部畜牧兽医局提出。

本文件由全国动物卫生标准化技术委员会(SAC/TC 181)归口。

本文件起草单位:吉林省养蜂科学研究所。

本文件主要起草人:王志、牛庆生、李志勇、庄明亮、王琦、何金明、李剑飞、孙智禹。

蜜蜂孢子虫病诊断技术

1 范围

本文件规定了蜜蜂孢子虫病的临床诊断、采样及实验室诊断等内容。

本文件适用于蜜蜂孢子虫病的诊断。

2 规范性引用文件

下列文件中的内容通过文中的规范性引用而构成本文件必不可少的条款。其中，注日期的引用文件，仅该日期对应的版本适用于本文件；不注日期的引用文件，其最新版本（包括所有的修改单）适用于本文件。

GB/T 6682 分析实验室用水规格和试验方法

SN/T 1683 蜜蜂微孢子虫病诊断方法

SN/T 5283 熊蜂微孢子虫检疫技术规范

3 术语和定义

下列术语和定义适用于本文件。

3.1

蜜蜂孢子虫病 nosema disease in honeybees

由蜜蜂孢子虫引起的蜜蜂成虫肠道传染病，别名微粒子病。

3.2

蜂场 apiary

可作为单一流行病学单元进行管理和防治的一个或一组蜂箱组成的场地。

3.3

蜂群 colony

由蜜蜂组成的社会性群体，也是蜜蜂自然生存和蜂场饲养管理的基本单位。一个蜂群由一只蜂王、数千至数万只工蜂和若干只雄蜂组成。

4 设备和材料

4.1 研钵。

4.2 培养皿(90 mm×20 mm)。

4.3 玻片(76 mm×26 mm)。

4.4 光学显微镜(400×)。

4.5 电子天平(精度 0.000 1 g)。

4.6 PCR 扩增仪。

4.7 电泳仪。

4.8 凝胶成像系统。

4.9 冰箱(4 ℃、−20 ℃)。

5 试剂

5.1 水：符合 GB/T 6682 中一级水的规格。

5.2 乙醇溶液(75%以上)。

5.3 10×PCR 缓冲液。

5.4 dNTPs(含 dCTP、dGTP、dATP、dTTP)。

5.5 *Taq* DNA 聚合酶。

5.6 1×TAE 缓冲液(配制方法见附录 A 中的 A.1)。

5.7 1.5%琼脂糖凝胶(配制方法见 A.2)。

5.8 DNA 相对分子质量标准物 Marker。

5.9 PCR 引物(见附录 B 中的 B.1)。

6 临床诊断

6.1 蜂群症状

患病蜂群蜂箱外壁及周围地面上出现棕色长条状的粪便痕迹。

6.2 个体症状

6.2.1 工蜂症状

患病工蜂飞翔能力下降,螯刺反应丧失,腹部末端变黑,第1、第2腹节背板呈棕黄色,略透明,少数腹部膨大。中肠呈灰白色,无环纹,无弹性和光泽,易破裂。

6.2.2 蜂王症状

患病蜂王产卵力下降。

6.3 结果判定

临床诊断为蜜蜂孢子虫病时,出现 6.1、6.2 的典型症状,可判为疑似阳性。

7 采样

7.1 采样比例

蜂群及蜂王采样比例按 SN/T 1683 的规定执行。

7.2 采样方法

7.2.1 工蜂采样

从每个待检蜂群中随机采集 30 只工蜂,标记群号,立即镜检。若现场无法检测,将蜂样保存于 75%以上的乙醇溶液中,备镜检。

7.2.2 蜂王粪便采样

将待检蜂王放入培养皿内,标记群号,收集蜂王粪便放入冰箱,4 ℃冷藏备用,采样后将蜂王送回原群。

8 显微镜诊断

8.1 样品制备

取活体工蜂中肠,放入研钵,按照 1∶10 加入蒸馏水,充分研磨,备用。

取蜂王粪便放入离心管中,按照 1∶10 加入蒸馏水混匀,备用。

8.2 镜检

从 8.1 制备的样品中取 20 μL 滴于载玻片,盖上盖玻片,在 400×光学显微镜下观察。先看中间,调节微调旋钮,慢慢移向四周,保证每个标本观察不少于 20 个视野。

8.3 典型特征

镜检时,蜜蜂孢子虫为特征性的鉴定对象。蜜蜂孢子虫类似谷粒状的椭圆形粒子,并有微弱的蓝色折光,粒子长 4 μm~6 μm,宽 2 μm~3 μm。

8.4 结果判定

镜检观察到 8.3 的典型特征,可判为阳性(见 B.2)。

9 PCR 诊断

9.1 设立对照

每次反应设置空白对照、阴性对照和阳性对照。空白对照可用水代替样品；阴性对照为未感染蜜蜂孢子虫的健康蜜蜂腹部组织；阳性对照为感染蜜蜂孢子虫的蜜蜂腹部组织。

9.2 提取

按照 SN/T 5283 的规定执行。

9.3 PCR 扩增

按照表 1 配制 50 μL 的 PCR 反应体系，设置 PCR 反应程序如下：94 ℃预变性 2.5 min；94 ℃变性 15 s，61.8 ℃退火 30 s，72 ℃延伸 45 s，共 36 个循环；72 ℃补充延伸 7 min，4 ℃保温。同时设阳性、阴性和空白对照，得到 PCR 扩增产物。PCR 扩增也可以采用等效的商品化 DNA 扩增试剂盒。

表 1　PCR 反应体系

试剂	加样量，μL
10×PCR 缓冲液	5
10 mmol/L dNTPs	1
Taq DNA 聚合酶	1
DNA 模板	1
上游引物 Ceranae F(10 μmol/L)	1
下游引物 Ceranae R(10 μmol/L)	1
ddH$_2$O	40
总体积	50

9.4 电泳检测

制备 1.5%琼脂糖凝胶，取 5 μL PCR 扩增产物进行电泳，恒压 5 V/cm～8 V/cm 电泳约 0.5 h，凝胶成像系统下观察结果。

9.5 结果判定

经 PCR 扩增并电泳后阳性对照出现一条大小约 218 bp 的特异性 DNA 条带，而阴性对照和空白对照无条带时，成立。待检样品出现大小约 218 bp 的 DNA 条带并经测序验证，测序结果同参考序列同源性达到 98%以上，可判为阳性。

10 综合判定

凡具有第 6 章的临床症状，并符合第 8 章或第 9 章的阳性结果，可判为蜜蜂孢子虫病。

附 录 A

（资料性）

主要溶液配制

A.1 1×TAE 缓冲液

蒸馏水	990 mL
50×TAE 浓缩液	10 mL

取 10 mL 50×TAE 浓缩液，加入蒸馏水定容至 1 000 mL。

A.2 1.5%琼脂糖凝胶

琼脂糖	0.75 g
1×TAE 缓冲液	50 mL
核酸染料	3 μL

将 0.75 g 琼脂糖加入 50 mL 1×TAE 缓冲液中，加热溶解，冷却至 50 ℃左右，加入 3 μL 核酸染料，倒入胶槽内，待自然凝固。

附　录　B
（资料性）
蜜蜂孢子虫病

B.1 引物序列

见表 B.1。

表 B.1　蜜蜂孢子虫 PCR 引物序列

引物序列	产物大小,bp
上游引物 Ceranae F：5′-CGGCGACGATGTGATATGAAAATATTAA-3′	218
下游引物 Ceranae R：5′-CCCGGTCATTCTCAAACAAAAAACCG-3′	

B.2 蜜蜂孢子虫镜检图例

见图 B.1。

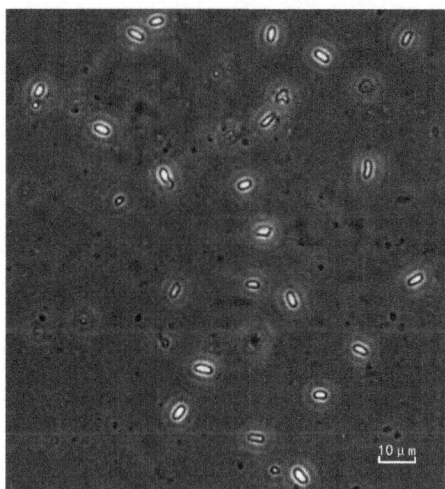

图 B.1　蜜蜂孢子虫阳性镜检图（400×）

ICS 11.220
CCS B 41

NY

NY/T 4139—2022

中华人民共和国农业行业标准

兽医流行病学调查与监测抽样技术

The sampling technique for veterinary epidemiological
survey and surveillance

2022-07-11 发布

2022-10-01 实施

中华人民共和国农业农村部 发布

前　言

本文件按照 GB/T 1.1—2020《标准化工作导则　第 1 部分:标准化文件的结构和起草规则》的规定起草。

请注意本文件的某些内容可能涉及专利。本文件的发布机构不承担识别专利的责任。

本文件由农业农村部畜牧兽医局提出。

本文件由全国动物卫生标准化技术委员会(SAC/TC 181)归口。

本文件起草单位:中国动物卫生与流行病学中心、青岛市疾病预防控制中心、陕西省动物疫病预防控制中心、内蒙古动物疫病预防控制中心、安徽省动物疫病预防与控制中心。

本文件主要起草人:沈朝建、弋英、杨宏琳、刘瀚泽、朱琳、刘雨萌、徐全刚、谢印乾、贾皓、刘华、王幼明、黄保续。

兽医流行病学调查与监测抽样技术

1 范围

本文件规定了兽医流行病学调查与监测中抽样方案设计步骤与内容、不同条件下的抽样方法、随机抽取抽样单元的方法,以及满足不同目的的抽样样本量计算、抽样结果分析方法。

本文件适用于掌握群体中疫病流行率、证明无疫或发现疫病与比较比例的流行病学调查与监测。

2 规范性引用文件

本文件没有规范性引用文件。

3 术语和定义

下列术语和定义适用于本文件。

3.1

个体 unit

流行病学调查与监测中的观察单位,是流行病学研究中的流行病学单元,可以是单个动物,也可以是一个群体。

3.2

总体 population

根据研究目的而确定的同质观察单位的全体。

3.3

抽样单元 sampling unit

构成总体的个体要素,是构成抽样框的基本要素。

3.4

样本 sample

按照一定程序从总体中抽取的抽样单元,是总体的一部分。

3.5

抽样框 sampling frame

在抽样前,用来确定总体的抽样范围和结构,记录或表明总体内所有个体的框架,以个体的名册或排序编号等形式表现。

3.6

总体参数 population parameter

用来描述总体特征的概括性数字度量。

3.7

样本估计值 sample estimation

用来描述样本特征的概括性数字度量,通过样本获得、用以估计总体参数的值。

3.8

误差 error

样本统计量与总体参数的差异。根据其产生原因、性质和特点的不同,分为系统误差和随机误差。

3.9

系统误差 systemic error

又称偏倚,指在调查方法有缺陷、测量工具不准确等情况下,多次调查同一属性或特征时出现的误差,具有方向性,其与真实值之差的符号恒定。分为选择性误差和测量误差。选择性误差通过随机抽取抽样单元的方式避免,测量误差通过改变测量方法、校准测量工具和优化测量环境条件等方式克服。

3.10

随机误差　**random error**

由随机因素引起的、不恒定的、随机变化的误差。在大量重复抽样过程中,其值时大时小、时正时负。随机误差不可避免,可通过抽样数量的多少来控制。

3.11

置信水平　**confidence level,CL**

又称置信度、可信度,是总体参数值落在样本统计量某一区间内的把握。

3.12

置信区间　**confidence interval,CI**

在某一置信水平下,样本统计值与总体参数值间的误差范围。确切含义:从固定样本含量的已知总体中进行重复随机抽样试验,根据每个样本可算得一个置信区间,则平均有 CL 的可信区间包含了总体参数。

3.13

无放回抽样　**sampling without replacement**

又称不重复抽样,是指从抽样单元数为 N 的总体中随机抽选第一个样本单元,将其标志记录下来后不放回总体,再从 $N-1$ 个单元中抽选第二个样本单元,将其标志记录下来后不放回总体,重复这个步骤,直到抽满 n 个样本单元为止。

3.14

放回抽样　**sampling with replacement**

从抽样单元数为 N 的总体中随机抽选第一个样本单元,将它的标志记录下来后放回总体再次参加抽选,重复这个步骤,直到抽满 n 个样本单元为止。

3.15

试验敏感性　**sensitivity,Se**

在感染或患病动物中检测阳性动物所占比例。

3.16

试验特异性　**specificity,Sp**

在未感染或未发病动物中检测阴性动物所占比例。

3.17

流行率　**prevalence**

描述疫病存在情况的指标,指群体中患有某病的病例或具有某种属性的个体所占比例。

3.18

表观流行率　**apparent prevalence,AP**

根据试验结果直接计算获得的流行率,是试验阳性个体数在检测个体总数中所占比例。

3.19

真实流行率　**true prevalence,TP**

群体中真实的病例或具有某种属性个体所占比例,根据试验敏感性、特异性和表观流行率换算获得。

3.20

预期流行率　**expected prevalence**

掌握总体中的流行率、抗体合格率等有关比例特征时的样本量计算指标,是对总体有关比例特征的预估。

3.21

可接受误差　**accept error**

抽样所想达到的精确度。

3.22

预设流行率　design prevalence

证明无疫或发现疫病时的阈值,是确定样本量的指标,不是动物群中的实际流行率,根据疫病流行病学特征、专家观点、经验以及可接受的动物卫生保护水平等确定。

3.23

群敏感性　herd sensitivity,HSe

对感染或未发病群内动物进行检测时产生阳性检测结果的概率。

3.24

群特异性　herd specificity,HSp

未感染或未发病群内动物进行检测时产生阴性检测结果的概率。

3.25

阴性预测值　negative predictive value,NPV

试验检测为阴性的动物中真阴性动物所占的比例,即检测阴性条件下动物未感染的概率。

3.26

群阴性预测值　herd negative predictive value,HNPV

试验检测为阴性的群体中真阴性群体所占的比例,即检测阴性条件下群体未感染的概率。

3.27

高风险群　high risk population

发病可能性或发病后产生阳性检测结果的可能性高于平均水平的群体。

3.28

低风险群　low risk population

发病可能性或发病后产生阳性检测结果的可能性低于平均水平的群体。

3.29

风险比　risk ratio

高风险群与低风险群之间的发病风险或流行率之比。

3.30

检验效度　power of test

当两总体确有差异,按规定检验水准 α 所能发现该差异的能力,即不出现 II 型错误的把握度。

4　抽样方案设计

4.1　明确调查对象和范围

根据调查目的界定调查对象及其范围。

4.2　编制抽样框

根据调查对象的名录或其他唯一性标识给予连续性的唯一编号,以此构成抽样框。

4.3　确定抽样方法并计算样本量

根据调查对象的特征和分布特点等,确定抽样方法。结合所能提供的经费、时间限制和人力资源等条件,确定所能达到的精确性,计算样本量。

4.4　抽取样本

按照确定的抽样方法、样本量取得所要调查的样本,调查获取所要的数据。抽样时,通过随机方式保证每个抽样单元被抽中的概率相等或已知。

4.5　数据整理与分析

调查实施完成后,对原始数据进行整理、校对。根据确定的分析方法获得所要求的指标和内容,说明所要解决的问题。

5 抽样方法

5.1 简单随机抽样

按照等概率原则直接从总体中随机抽取一定数量的个体组成样本,总体中每一个个体被抽到的概率相等或已知。

5.2 系统抽样

首先确定总体中个体数量和个体顺序;通过总体中个体数量除以抽样数量计算获得抽样间隔;按照确定的个体顺序,在第一批研究对象(第一批研究对象个数等于抽样间隔数)中随机选取首个样本点;然后按照确定的抽样间隔依次抽取个体,构成样本。

5.3 分层抽样

将总体中个体按照特定特征或标志,划分为若干不同的层或亚群;当样本量确定以后,可按比例、平均等方式确定各层抽样单元数;然后,在各层中分别进行简单随机或系统抽样等方法抽取抽样单元,最后将各子样本合并在一起构成样本。

5.4 整群抽样

把总体中个体按照一定形式分成若干个子群,然后随机抽取若干个子群,由所抽取子群内的所有个体构成样本。

5.5 多阶段抽样

通过 2 个或 2 个以上的阶段分步完成样本抽取,即先从总体中抽取范围较大的一级抽样单元,再从每个抽得的一级单元中抽取范围较小的二级单元,依此类推,最后抽取其中范围更小的单元作为调查单位。

5.6 以风险为基础的抽样

有意抽取发病风险更高或发病后更容易产生阳性结果的个体,用于证明无疫或发现疫病。

6 随机抽取抽样单元方法

6.1 通过抽签法抽取抽样单元

    a)   对总体中的抽样单元进行连续编号;
    b)   把号码写在号签上,将号签放在一个容器中搅拌均匀;
    c)   每次从中抽取一个号签,连续不放回抽取 n 次;
    d)   将取出的 n 个号签上所对应的 n 个抽样单元取出,得到容量为 n 的样本。

6.2 利用随机数字表抽取抽样单元

利用随机数字表选择抽样单元,按以下步骤进行:

    a)   对总体中的抽样单元进行连续编号;
    b)   根据最大编号的数字位数决定使用几位随机数和多少个随机数字,随机数字的位数应大于等于编号的位数;
    c)   在随机数字表中,通过任意选择起始位置的方式确定随机起点;
    d)   按一定的方向选取随机数字。方向可以自上而下或自下而上,也可以从左向右或从右向左,逐行或逐列连续选取随机数字,且随机数字及随机数字的顺序一经确定就不能改变。若所取数字位于样本编码范围内,则保留;若不在样本编码范围内或者与之前所取数字重复,则舍去,直到取够所需样本量。

随机数字表见附录 A。

7 估计流行率的抽样

7.1 样本量计算

7.1.1 计算样本量的参数与确定原则

估计流行率样本量计算涉及预期流行率、置信水平、可接受误差和总体大小 4 个参数。置信水平一般定为 95%；预期流行率根据历史数据等确定；可接受误差，根据人力、物力和财力等条件确定，且必须小于设定的预期流行率；总体较大时，随着个体数的增多，抽样数量趋于恒定。

7.1.2 无限群抽样数量计算

总体内个体数量大，对抽样量影响可忽略时，估计流行率所需抽样量按公式（1）计算。

$$n = \frac{p(1-p) \times z^2}{e^2} \quad\cdots\cdots\cdots\cdots\cdots\cdots\cdots\cdots\cdots\cdots\cdots\cdots\cdots\cdots\cdots\cdots \quad (1)$$

式中：

p——预期流行率；

z——来自标准正态分布 $(1-\alpha/2)$ 百分位点，置信水平为 95% 时，其对应 z 值为 1.96；

e——可接受的绝对误差。

7.1.3 有限群抽样数量的校正

当抽样数量占总体数量比例大于等于 5% 时，在计算出相同条件下无限群抽样量的基础上，需根据总体内个体数量对所需抽样数量进行校正，校正按公式（2）计算。

$$n_a = \frac{n}{1 + \dfrac{n}{N}} \quad\cdots\cdots\cdots\cdots\cdots\cdots\cdots\cdots\cdots\cdots\cdots\cdots\cdots\cdots\cdots \quad (2)$$

式中：

n——无限群抽样数量；

N——总体内个体数。

总体较大时，95% 置信水平条件下，不同预期流行率、不同可接受误差的抽样数量可在附录 B 中查找。

7.2 估计流行率的结果分析
7.2.1 表观流行率与误差估算
7.2.1.1 精确计算

样本量较少或阳性检出数较少或为 0 时，表观流行率及其置信区间可利用 Beta 分布模拟得出：

$$AP = Beta(\partial_1, \partial_2)$$

其中：

$\partial_1 = a + 1$；

$\partial_2 = n - a + 1$；

a 为阳性数；n 为样本大小。

其概率密度函数按公式（3）计算。

$$f(x \mid \partial_1, \partial_2) = \frac{x^{\partial_1-1}(1-x)^{\partial_2-1}}{\int_0^1 x^{\partial_1-1}(1-x)^{\partial_2-1}\mathrm{d}x} \quad\cdots\cdots\cdots\cdots\cdots\cdots\cdots \quad (3)$$

可利用相关软件输入参数直接获得结果。

7.2.1.2 近似计算

样本量大且阳性检出数较多时，表观流行率按公式（4）计算。

$$AP = \frac{a}{n} \quad\cdots\cdots\cdots\cdots\cdots\cdots\cdots\cdots\cdots\cdots\cdots\cdots\cdots\cdots\cdots\cdots \quad (4)$$

式中：

AP——通过样本计算获得的表观流行率；

a——样本中检测阳性数量。

置信区间使用公式（5）计算。

$$CI = AP \pm Z_{1-\alpha/2} \times \sqrt{\frac{AP \times (1-AP)}{n}} \quad\cdots\cdots\cdots\cdots\cdots\cdots \quad (5)$$

式中：

AP ——通过样本计算获得的表观流行率；

$Z_{1-\alpha/2}$ ——标准正态分布（$1-\alpha/2$）百分位点；

n ——样本量。

7.2.2 真实流行率换算

通过样本获得的流行率，结合试验敏感性、特异性，真实流行率（TP）按公式（6）进行推算。

$$TP = \frac{AP + Sp - 1}{Se + Sp - 1} \quad\cdots\cdots\cdots\cdots\cdots\cdots\cdots\cdots\cdots\cdots\cdots\cdots\cdots\cdots\cdots\cdots\cdots\cdots\cdots\cdots \quad (6)$$

式中：

AP ——通过样本计算获得的流行率；

Se ——试验敏感性；

Sp ——试验特异性。

8 证明无疫与发现疫病的抽样

8.1 样本量计算

8.1.1 计算样本量的参数与确定原则

计算发现疫病或证明无疫的样本量涉及总体大小、置信水平、预设流行率和所用检测方法的敏感性 4 个参数。置信水平一般定为 95%；预设流行率根据疫病特征，易感动物生产、调运、屠宰加工与消费特点，经验、历史数据、专家观点和当地的动物卫生保护水平等因素确定；总体较大时，随着个体数的增多，抽样数量趋于恒定。

8.1.2 总体较小或不考虑总体大小时的样本量计算

群体中个体数量较少时，发现疫病或证明无疫的样本量按公式（7）计算。

$$n = \left[1 - (1-CL)^{\frac{1}{D}}\right]\left(N - \frac{D-1}{2}\right) \quad\cdots\cdots\cdots\cdots\cdots\cdots\cdots\cdots\cdots\cdots\cdots\cdots\cdots \quad (7)$$

为检测到真正患病动物，考虑检测方法敏感性时按公式（8）计算。

$$n = \frac{\left[1 - (1-CL)^{\frac{1}{D}}\right]\left(N - \frac{D \times Se - 1}{2}\right)}{Se} \quad\cdots\cdots\cdots\cdots\cdots\cdots\cdots\cdots\cdots\cdots \quad (8)$$

式中：

Se ——检测方法的敏感性；

n ——抽样个数；

CL ——置信水平；

D ——群中的阳性动物数，等于群内个体数与预设流行率的乘积，即 $D = N \times p$；

N ——群内个体数。

8.1.3 群体大时的样本量计算

当调查群体中个体数量大时，证明无疫或发现疫病的抽样数量按公式（9）计算。

$$n = \frac{\ln(\alpha)}{\ln(1-p)} \quad\cdots\cdots\cdots\cdots\cdots\cdots\cdots\cdots\cdots\cdots\cdots\cdots\cdots\cdots\cdots\cdots\cdots\cdots \quad (9)$$

考虑检测方法敏感性时，抽样数量按公式（10）计算。

$$n = \frac{\ln(\alpha)}{\ln(1-p \times Se)} \quad\cdots\cdots\cdots\cdots\cdots\cdots\cdots\cdots\cdots\cdots\cdots\cdots\cdots\cdots\cdots \quad (10)$$

式中：

α ——可接受误差，等于 $1-CL$；

p ——预设流行率；

Se ——检测方法的敏感性。

95％置信水平、检测方法敏感性100％情况下,不同预设流行率、不同总体大小的抽样数量可查阅附录C获得。

8.2 结果分析

8.2.1 群敏感性计算

8.2.1.1 对于阈值为1,即只要有1只动物感染即认为该群感染,群敏感性按公式(11)计算。

$$HSe = 1 - (1 - p)^n \quad\cdots\cdots\cdots\cdots\cdots\cdots\cdots\cdots\cdots\cdots (11)$$

考虑检测方法的准确性,以检测结果阳性为感染或发病的条件下,群敏感性按公式(12)计算。

$$HSe = 1 - (1 - AP)^n \quad\cdots\cdots\cdots\cdots\cdots\cdots\cdots\cdots\cdots\cdots (12)$$

式中:

n ——群内检测数量;

p ——群内流行率;

AP——表观流行率。

8.2.1.2 对于阈值不为1,即试验准确性较差,需要2只或2只以上动物检测阳性方可认为该群感染时,群敏感性按公式(13)计算。

$$HSe = 1 - \sum_{0}^{k-1} C_{k-1}^n (AP)^{k-1} (1 - AP)^{n-(k-1)} \quad\cdots\cdots\cdots\cdots\cdots\cdots (13)$$

式中:

k ——判断群为感染群所需要检出的阳性动物数;

n ——检测数量;

AP——表观流行率。

8.2.2 证明无疫或发现疫病的把握计算

对预设流行率为 p 的群体内个体进行检测,检测为阴性时是真阴性的可能性(无疫的把握)按公式(14)计算。

$$NPV = \frac{(1 - p) \times Sp}{p \times (1 - Se) + (1 - p) \times Sp} \quad\cdots\cdots\cdots\cdots\cdots\cdots\cdots (14)$$

式中:

p ——预设流行率;

Sp ——所用检测方法的特异性;

Se ——所用检测方法的敏感性。

对以场群为单元、预设群流行率为 HP 的群体进行检测,检测为阴性的单元是真阴性的可能性按公式(15)计算。

$$HNPV = \frac{(1 - HP) \times HSp}{HP \times (1 - HSe) + (1 - HP) \times HSp} \quad\cdots\cdots\cdots\cdots\cdots (15)$$

式中:

HP ——预设群流行率;

HSp ——由所采用检测方法的准确性、每个单元抽检数量决定的群特异性;

HSe ——由所采用检测方法的准确性、每个单元抽检数量决定的群敏感性。

9 以风险为基础的抽样

9.1 样本量计算

9.1.1 计算样本量的参数与确定原则

遵守7.1的规定。另外,以风险为基础的样本量计算,应在掌握总体中高风险亚群、低风险亚群在群体中占比的基础上,首先计算出高风险亚群和低风险亚群各自修正的预设流行率,然后根据样本中高风险单元和低风险单元各自所占比例计算出样本预设流行率。

9.1.2 校正不同亚群的相对疫病风险

各亚群相对疫病风险值按公式(16)校正。

$$AR_i = RR_i / \sum (RR_i \times PPr_i) \quad\text{……………………………}(16)$$

式中：

AR_i ——各个亚群校正的风险值；

RR_i ——各亚群的相对风险比；

PPr_i ——各亚群在总体中所占比例。

9.1.3 计算各亚群预设流行率

各亚群预设流行率按公式(17)计算。

$$P_i^* = AR_i \times P^* \quad\text{…………………………………}(17)$$

式中：

AR_i ——亚群 i 校正的风险值；

P^* ——发现疫病或证明总体中无疫所设定的预设流行率。

9.1.4 根据样本中各亚群所占比例计算样本群预设流行率

样本中各亚群根据所占比例加权,样本预设流行率 P_a^* 按公式(18)计算。

$$P_a^* = Pr_H \times P_H^* + Pr_L \times P_L^* \quad\text{……………………}(18)$$

其中：

Pr_H——样本中高风险单元所占比例；

P_H^* ——修正后高风险亚群的预设流行率；

Pr_L——样本中低风险单元所占比例；

P_L^* ——修正后低风险亚群的预设流行率。

9.1.5 计算样本量

以样本群预设流行率作为参数,按照7.1要求计算样本量,根据样本中所确立的各亚群占比分别计算出高风险单元和低风险单元抽取数量。

9.2 结果分析

遵守7.2的规定,以各风险群修订后的预设流行率和所抽取的抽样单元数为参数,分别计算出各风险群的群敏感性和发现疫病或证明无疫的把握。

然后,根据公式(19)计算整个抽样过程的群敏感性；

$$HSe_{总} = 1 - (1 - HSe_{高})(1 - HSe_{低}) \quad\text{………………}(19)$$

根据公式(20)计算证明无疫或发现疫病的把握。

$$NPV_{总} = 1 - (1 - NPV_{高})(1 - NPV_{低}) \quad\text{………………}(20)$$

10 比较比例的抽样

10.1 样本量计算

10.1.1 计算样本量的参数与确定原则

计算比较比例的样本量参数包括4个：一是允许犯Ⅰ型错误的可接受水平 α , α 一般设定为0.05；二是检验效度 $1-\beta$,确保不发生Ⅱ型错误的把握,一般设为80%；三是能够发现的差异程度,具体根据实际情况确定；四是假设检验的方式,单尾检验或双尾检验。

10.1.2 样本量计算

比较比例是否有差异所需样本量的按公式(21)计算。

$$n = \frac{\left[z_\alpha \sqrt{2pq} + z_\beta \sqrt{p_1 q_1 + p_2 q_2}\right]^2}{(p_1 - p_2)^2} \quad\text{……………………}(21)$$

式中：

n ——每个群所需要的抽样数量；

z_α ——标准正态分布的$(1-\dfrac{\alpha}{2})$百分位值，是置信水平为$1-\alpha$时所对应的标准正态分布的临界值，$z_{0.05}=1.96$；

z_β ——与检验效度$1-\beta$有关的标准正态分布的$(1-\beta)$百分位值；

p_1、p_2 ——群体1、群体2的预期比例；

p ——群体1和群体2两个预期比例的平均值：$(p_1+p_2)/2$；

$q=1-p$

$q_1=1-p_1$

$q_2=1-p_2$

不同置信水平、不同效度、不同比例之差的样本量见附表D。

10.2 结果分析

10.2.1 两样本比例的u检验

10.2.1.1 建立假设检验

检验假设为：

H_0：两总体比例相等；

H_1：两总体比例不等；

$\alpha=0.05$。

10.2.1.2 计算u值

用正态分布近似检验，检验统计量u按公式（22）计算。

$$u=\frac{|p_1-p_2|}{\sqrt{p_c(1-p_c)(\dfrac{1}{n_1}+\dfrac{1}{n_2})}} \quad\cdots\cdots (22)$$

式中：

p_1、p_2 ——两样本比例；

n_1、n_2 ——两样本样本量；

p_c ——合计比例，等于两样本阳性数之和比上两样本量之和。

10.2.1.3 检验结果判定

如果计算得出的$u<1.96$，得出$P>0.05$，按$\alpha=0.05$，不拒绝H_0，差别无统计学意义。反之，拒绝H_0，差别有统计学意义。

10.2.2 两样本比例的χ^2检验

10.2.2.1 建立四格表

项目	阳性数	阴性数	合计	阳性占比
样本1	a	b	$a+b$	$a/(a+b)$
样本2	c	d	$c+d$	$c/(c+d)$
合计	$a+c$	$b+d$	$a+b+c+d$	$(a+c)/(a+b+c+d)$

10.2.2.2 建立假设检验

检验假设为：

H_0：两总体比例相等；

H_1：两总体比例不等；

$\alpha=0.05$。

10.2.2.3 计算χ^2值

χ^2值按公式（23）计算。

$$\chi^2=\frac{(ad-bc)^2 n}{(a+b)(c+d)(a+c)(b+d)} \quad\cdots\cdots (23)$$

10.2.2.4 检验结果判定

如果计算得出的 $\chi^2 < 3.84(\chi^2_{0.05,1}=3.84)$，查自由度为 1 的 χ^2 界值表，得出 $P > 0.05$，按 $\alpha=0.05$，不拒绝 H_0，差别无统计学意义；反之，拒绝 H_0，差别有统计学意义。

附 录 A

（资料性）

随机数字表

随机数字表见表 A.1。

表 A.1　随机数字表

编号	1	2	3	4	5	6	7	8	9	10	11	12	13	14	15	16	17	18	19	20
1	43	80	39	29	89	53	19	88	01	09	22	51	02	71	51	17	64	62	72	17
2	05	35	45	84	98	40	60	74	89	78	17	80	18	78	86	20	54	53	30	90
3	11	02	47	33	88	82	17	91	43	99	80	35	45	41	54	19	76	25	05	09
4	77	83	78	26	61	38	82	78	39	88	79	83	32	51	23	99	71	14	80	25
5	75	36	49	08	94	93	63	34	66	64	38	66	37	86	92	93	89	49	21	90
6	52	88	65	29	15	69	84	26	80	51	76	18	58	50	94	66	63	27	18	58
7	95	07	68	05	41	28	82	04	33	52	50	37	72	98	61	61	02	13	49	21
8	08	98	51	44	64	03	51	14	77	86	43	46	63	30	52	11	16	99	63	63
9	92	99	79	44	10	35	86	96	72	71	07	62	90	07	09	60	81	29	16	09
10	41	57	22	27	41	09	05	45	28	39	05	69	79	62	17	12	37	99	70	30
11	34	90	93	24	82	01	36	22	48	78	01	02	21	89	63	48	90	19	14	75
12	78	94	02	63	29	33	81	80	83	56	05	15	90	81	21	06	33	93	10	90
13	28	36	72	54	15	38	31	53	84	96	09	95	48	13	31	61	76	20	65	99
14	98	66	65	58	16	87	23	51	38	06	15	54	34	93	26	55	14	36	10	76
15	80	03	41	51	51	67	58	04	30	11	12	85	10	60	42	57	14	11	08	41
16	75	06	47	94	54	62	72	70	59	74	03	79	33	61	56	40	87	23	34	10
17	19	35	25	87	61	46	71	36	62	54	50	57	69	28	13	84	01	80	74	71
18	71	30	16	82	42	99	05	11	59	18	27	32	14	58	80	77	97	30	50	86
19	89	61	79	73	17	24	62	04	99	12	57	43	99	22	32	07	27	10	69	66
20	47	85	48	00	90	91	26	08	96	33	26	18	92	05	24	94	44	61	96	77
21	13	33	65	64	30	31	42	91	27	76	68	39	29	58	47	55	49	21	29	79
22	22	38	76	61	11	69	25	70	30	99	83	67	10	59	26	19	48	60	05	86
23	65	23	29	14	96	12	98	16	58	76	03	13	22	81	11	35	71	17	47	57
24	84	41	22	36	41	80	04	82	56	54	54	78	81	89	68	88	86	01	88	71
25	17	80	91	74	94	70	39	73	20	10	62	53	82	87	65	60	08	49	30	70
26	05	32	57	53	03	26	23	48	00	47	44	97	37	79	11	53	20	05	79	56
27	65	75	46	79	45	86	88	81	55	49	96	61	91	38	11	29	23	90	86	82
28	60	14	53	89	84	97	86	64	75	61	81	08	93	94	56	51	45	39	97	17
29	95	41	89	10	76	89	71	65	98	81	59	93	80	47	53	90	46	65	10	28
30	35	08	73	83	62	48	72	97	31	74	13	86	03	83	79	66	69	59	60	17
31	30	15	03	12	70	86	34	46	52	22	42	22	90	69	54	34	10	26	54	50
32	41	59	07	41	92	17	62	43	41	32	61	27	36	56	67	55	67	06	65	36
33	36	98	98	91	38	19	16	06	28	12	85	00	45	51	34	66	30	60	77	45
34	75	77	98	27	20	77	53	99	13	73	77	24	78	80	06	15	84	77	01	96
35	65	91	53	79	44	05	51	38	15	59	83	68	09	17	33	77	97	74	57	29
36	68	82	86	15	72	88	54	86	45	40	14	34	21	30	58	34	53	45	60	56
37	22	81	71	18	41	82	81	26	77	70	16	64	31	99	26	60	29	91	98	75
38	32	05	94	32	44	41	45	15	56	89	81	70	56	02	03	59	38	36	37	21
39	08	90	47	58	58	43	54	58	71	56	23	48	24	82	40	35	05	55	63	40
40	67	70	77	45	49	64	62	88	48	96	42	38	80	47	82	54	96	44	99	88
41	22	01	20	75	40	83	81	63	92	20	55	31	67	49	96	59	39	88	92	11

表 A.1（续）

编号	1	2	3	4	5	6	7	8	9	10	11	12	13	14	15	16	17	18	19	20
42	30	20	16	19	37	62	43	52	12	06	54	38	31	89	93	90	44	43	83	97
43	23	04	10	04	64	56	59	19	61	63	18	85	38	92	39	54	38	34	27	37
44	99	60	81	14	45	80	50	48	09	25	41	56	38	17	88	20	01	66	07	62
45	83	68	42	90	53	98	70	76	81	38	01	94	07	68	78	50	46	11	73	32
46	88	38	88	12	14	34	58	21	54	95	81	52	63	70	84	26	56	16	45	58
47	59	64	90	43	92	41	72	79	83	45	09	54	01	62	86	35	65	13	33	73
48	85	57	14	91	96	40	46	79	19	38	57	71	90	01	84	39	71	29	82	33
49	91	47	06	75	58	69	87	68	62	20	36	34	75	98	40	22	43	16	25	33
50	24	11	75	26	82	76	76	35	99	46	79	53	92	49	40	77	98	46	95	64
51	52	16	20	67	95	21	03	70	67	26	97	82	24	58	61	39	32	75	67	87
52	76	92	60	38	29	63	90	17	44	81	06	68	74	38	55	38	93	13	69	62
53	43	37	64	83	69	28	02	20	86	81	12	36	87	91	84	22	88	69	72	39
54	32	92	37	54	60	27	74	36	65	35	92	83	53	92	42	59	63	49	26	02
55	56	48	85	15	30	34	96	90	59	56	50	67	92	11	07	99	23	70	70	52
56	14	07	06	57	89	36	14	30	06	22	06	24	62	92	19	78	21	94	20	87
57	83	90	85	70	41	62	65	22	42	35	16	23	03	00	93	41	32	37	28	42
58	03	45	33	47	80	91	06	36	27	89	83	18	72	30	65	97	57	13	01	06
59	33	70	37	47	75	89	51	16	27	51	85	13	34	54	21	88	51	72	82	22
60	02	36	18	25	58	80	87	33	46	43	40	32	27	78	14	44	02	75	42	49
61	30	51	89	21	38	41	70	64	53	69	89	18	49	86	97	49	08	36	01	07
62	49	00	06	01	88	95	42	74	62	09	86	18	38	73	68	12	40	56	35	01
63	45	11	55	74	12	67	91	64	57	17	17	69	57	97	61	78	26	66	42	37
64	44	67	19	89	23	47	60	71	97	90	23	30	55	39	90	75	23	41	99	62
65	80	56	80	50	46	14	06	21	36	69	18	01	77	01	95	02	61	69	26	99
66	41	08	00	66	91	48	05	43	60	07	83	93	37	82	35	04	12	04	46	70
67	92	47	95	63	14	59	55	46	27	79	71	49	24	84	04	10	34	40	09	17
68	27	08	44	06	64	75	14	38	78	79	03	30	71	15	77	53	66	28	89	89
69	36	64	22	20	89	93	42	63	11	18	70	08	54	39	54	97	24	21	83	80
70	99	98	54	28	65	72	13	39	92	92	92	11	24	87	90	34	65	33	21	47
71	99	18	48	01	88	74	53	51	47	77	12	97	00	39	65	76	33	32	96	44
72	69	09	78	12	66	12	54	24	31	24	02	93	74	66	62	68	29	82	33	97
73	44	77	53	71	49	60	15	24	63	58	26	29	59	29	52	90	99	76	17	37
74	42	66	48	36	02	71	65	90	13	75	52	58	71	71	71	95	62	28	96	45
75	38	24	58	21	61	62	92	98	06	21	33	15	97	21	16	77	06	79	90	99
76	52	02	74	10	54	83	35	69	43	06	25	54	24	13	95	63	99	97	43	93
77	27	28	93	21	10	01	91	45	57	31	65	74	17	71	52	60	03	16	51	56
78	54	57	36	51	16	60	26	19	11	56	82	22	90	93	01	99	24	08	99	33
79	12	09	88	55	10	19	21	66	35	29	87	88	85	33	10	59	17	40	30	68
80	18	77	31	78	28	75	38	08	84	76	97	37	71	76	14	51	26	31	61	55
81	27	49	48	12	98	10	96	44	78	41	18	98	66	93	56	05	28	89	22	53
82	57	86	41	04	64	60	83	91	03	66	70	40	02	08	46	77	37	04	67	71
83	02	29	46	94	03	01	44	33	09	60	03	70	82	79	35	58	92	05	27	70
84	68	43	33	72	56	22	98	87	10	81	93	22	29	90	31	52	47	65	60	16
85	29	43	99	92	75	80	50	72	36	25	94	95	10	32	32	67	91	51	95	83
86	78	44	19	90	40	15	25	82	42	92	67	97	28	16	66	57	42	66	55	16
87	27	85	33	67	33	20	07	35	00	83	64	95	23	99	78	28	85	89	09	53
88	91	63	62	14	06	92	23	31	61	35	72	38	20	14	45	69	27	84	04	16
89	17	93	35	74	39	68	42	68	32	77	17	88	92	54	39	75	81	79	64	09
90	44	18	99	24	30	85	66	40	63	91	99	72	84	78	17	60	55	46	55	73
91	57	33	92	91	06	41	66	94	96	30	94	18	06	68	48	37	73	52	93	36
92	44	37	20	40	89	80	57	36	28	65	89	06	93	82	19	96	71	28	98	46

表 A.1（续）

编号	1	2	3	4	5	6	7	8	9	10	11	12	13	14	15	16	17	18	19	20
93	90	65	29	36	12	45	63	63	19	66	92	67	44	37	59	35	35	29	77	52
94	65	77	34	13	65	85	81	77	73	91	34	96	55	04	10	65	15	80	65	80
95	33	96	26	78	34	46	24	17	61	61	53	18	86	69	72	89	37	09	37	18
96	12	28	52	49	59	80	31	63	89	48	79	41	56	40	64	03	91	17	91	45
97	29	85	24	68	39	07	77	99	31	12	47	68	94	74	05	29	95	49	14	31
98	40	56	00	60	93	70	64	29	75	09	43	75	38	80	83	96	27	81	01	19
99	39	86	70	31	34	12	14	42	40	94	02	55	07	31	86	15	87	19	59	78
100	09	29	91	59	42	98	32	23	85	75	31	76	40	37	43	66	67	66	78	49

附　录　B

（资料性）

估计流行率的抽样数量表

置信水平为 95%、总体较大时（抽样数量占总体数量比例小于 5%）抽样数量（头/只/个）见表 B.1。

表 B.1　估计流行率的抽样数量表

预期流行率	可接受误差									
	0.1	0.09	0.08	0.07	0.06	0.05	0.04	0.03	0.02	0.01
0.01										381
0.02									189	753
0.03								125	280	1 117
0.04							93	164	369	1 474
0.05						73	114	203	456	1 825
0.06					61	87	136	241	542	2 162
0.07				52	70	101	157	278	625	2 495
0.08			45	58	79	114	177	315	707	2 820
0.09		39	50	65	88	126	197	350	786	3 137
0.10	35	43	54	71	96	138	216	384	864	3 457
0.15	49	60	77	100	136	196	306	544	1 225	4 898
0.20	61	76	96	125	171	246	384	683	1 537	6 147
0.25	72	89	113	147	200	288	450	800	1 801	7 203
0.30	81	100	126	165	224	323	504	896	2 017	8 067
0.35	87	108	137	178	243	350	546	971	2 185	8 740
0.40	92	114	144	188	256	369	576	1 024	2 305	9 220
0.45	95	117	149	194	264	380	594	1 056	2 377	9 508
0.50	96	119	150	196	267	384	600	1 067	2 401	9 604
0.55	95	117	149	194	264	380	594	1 056	2 377	9 508
0.60	92	114	144	188	256	369	576	1 024	2 305	9 220
0.65	87	108	137	178	243	350	546	971	2 185	8 740
0.70	81	100	126	165	224	323	504	896	2 017	8 067
0.75	72	89	113	147	200	288	450	800	1 801	7 203
0.80	61	76	96	125	171	246	384	683	1 537	6 147
0.85	49	60	77	100	136	196	306	544	1 225	4 898
0.90	35	43	54	71	96	138	216	384	864	3 457
0.95						73	114	203	456	1 825

附　录　C

（资料性）

发现疫病或证明无疫的抽样数量表

95％置信水平、检测方法发现疫病或证明无疫的抽样数量表敏感性100％情况下，不同预设流行率、不同总体的抽样数量（头/只/个）见表C.1。

表 C.1 发现疫病或证明无疫的抽样数量表

预设流行率,%

群大小	0.1	0.5	1	2	3	4	5	6	7	8	9	10	11	12	13	14	15	16	17	18	19	20	22	24	25	30	40	50	60	70	80	90
30	30	30	30	30	29	27	26	24	22	21	20	18	17	16	15	14	14	13	12	12	11	11	10	9	9	7	5	4	3	3	2	2
35	35	35	35	35	33	31	28	26	24	22	21	19	18	17	16	15	14	14	13	12	12	11	10	9	9	8	5	4	3	3	2	2
40	40	40	40	39	37	34	31	28	26	24	22	20	19	18	17	16	15	14	13	13	12	11	10	10	9	8	6	4	3	3	2	2
45	45	45	45	43	40	36	33	30	27	25	23	21	20	18	17	16	15	14	14	13	12	12	11	10	9	8	6	4	3	3	2	2
50	50	50	50	48	43	38	34	31	28	26	23	22	20	19	17	16	15	15	14	13	12	12	11	10	9	8	6	4	3	3	2	2
55	55	55	55	51	46	40	36	32	29	26	24	22	20	19	18	17	16	15	14	13	13	12	11	10	10	8	6	4	3	3	2	2
60	60	60	60	55	48	42	37	33	30	27	25	23	21	19	18	17	16	15	14	13	13	12	11	10	10	8	6	4	3	3	2	2
65	65	65	65	58	51	44	38	34	30	28	25	23	21	20	18	17	16	15	14	14	13	12	11	10	10	8	6	4	3	3	2	2
70	70	70	69	62	53	45	40	35	31	28	25	24	22	20	18	17	16	15	14	14	13	12	11	10	10	8	6	4	3	3	2	2
75	75	75	74	65	55	47	41	36	32	28	26	24	22	20	19	17	16	15	15	14	13	12	11	10	10	8	6	4	3	3	2	2
80	80	80	78	67	57	48	41	36	32	29	26	24	22	20	19	18	16	15	15	14	13	12	11	10	10	8	6	4	3	3	2	2
85	85	85	83	70	58	49	42	37	33	29	26	24	22	21	19	18	17	16	15	14	13	12	11	10	10	8	6	4	3	3	2	2
90	90	90	87	73	60	50	43	37	33	30	27	24	22	21	19	18	17	16	15	14	13	13	12	11	10	8	6	4	3	3	2	2
95	95	95	91	75	61	51	44	38	33	30	27	25	23	21	19	18	17	16	15	14	13	13	12	11	10	8	6	4	3	3	2	2
100	100	100	95	77	63	52	44	38	34	30	27	25	23	21	19	18	17	16	15	14	13	13	12	11	10	8	6	4	3	3	2	2
120	120	119	110	85	67	55	46	40	35	31	28	26	23	22	20	18	17	16	15	14	13	13	12	11	10	8	6	4	3	3	2	2
140	140	138	123	91	71	57	48	41	36	32	28	26	24	22	20	19	17	16	15	14	14	13	12	11	10	8	6	4	3	3	2	2
160	160	156	135	97	73	59	49	42	36	32	29	26	24	22	20	19	17	16	15	15	14	13	12	11	10	8	6	4	3	3	2	2
180	180	174	146	101	76	60	50	42	37	33	29	27	24	22	20	19	18	16	15	15	14	13	12	11	10	8	6	4	3	3	2	2
200	200	190	155	105	78	61	51	43	37	33	29	27	24	22	21	19	18	17	16	15	14	13	13	12	10	8	6	4	3	3	2	2
240	240	220	171	111	81	63	52	44	38	33	30	27	25	22	21	19	18	17	16	15	14	13	13	12	10	8	6	4	3	3	2	2
280	280	247	183	115	83	65	53	44	38	34	30	28	25	23	21	19	18	17	16	15	14	13	13	12	10	8	6	4	3	3	2	2
300	300	259	189	117	84	65	53	45	39	34	30	28	25	23	21	19	18	17	16	15	15	14	13	12	10	8	6	4	3	3	2	2
340	340	281	198	120	85	66	54	45	39	34	30	28	26	23	21	19	18	17	16	15	15	14	13	12	11	8	6	4	3	3	2	2
380	380	301	206	123	87	67	54	46	39	34	31	28	26	23	21	19	18	17	16	15	15	14	13	12	11	8	6	4	3	3	2	2
400	400	310	210	124	87	67	54	46	39	34	31	28	26	23	21	19	18	17	16	15	15	14	13	12	11	8	6	4	3	3	2	2
440	440	327	216	126	88	68	55	46	40	35	31	28	26	23	21	20	18	17	16	15	15	14	13	12	11	8	6	4	3	3	2	2
480	479	342	222	128	89	68	55	46	40	35	31	28	26	23	21	20	18	17	16	15	15	14	13	12	11	8	6	4	3	3	2	2
500	499	349	224	128	89	68	55	46	40	35	31	28	26	23	21	20	18	17	16	15	15	14	13	12	11	8	6	4	3	3	2	2
540	538	361	229	130	90	69	56	46	40	35	31	28	27	23	21	20	18	17	16	15	15	14	13	12	11	8	6	4	3	3	2	2
580	577	373	233	131	90	69	56	47	40	35	31	28	27	23	21	20	18	17	16	15	15	14	13	12	11	8	6	4	3	3	2	2
600	596	378	235	131	91	69	56	47	40	35	31	28	27	23	21	20	18	17	16	15	15	14	13	12	11	8	6	4	3	3	2	2
640	634	388	238	132	91	69	56	47	40	35	31	28	27	23	21	20	18	17	16	15	15	14	13	12	11	8	6	4	3	3	2	2

表 C.1（续）

预设流行率,%

群大小	0.1	0.5	1	2	3	4	5	6	7	8	9	10	11	12	13	14	15	16	17	18	19	20	22	24	25	30	40	50	60	70	80	90
680	672	398	241	133	92	70	56	47	40	35	31	28	25	23	21	20	18	17	16	15	14	13	12	11	10	8	6	4	3	3	2	2
700	690	402	243	134	92	70	56	47	40	35	31	28	25	23	21	20	18	17	16	15	14	13	12	11	10	8	6	4	3	3	2	2
740	727	410	245	134	92	70	56	47	40	35	31	28	25	23	21	20	18	17	16	15	14	13	12	11	10	8	6	4	3	3	2	2
780	763	417	248	135	92	70	56	47	40	35	31	28	25	23	21	20	18	17	16	15	14	13	12	11	10	8	6	4	3	3	2	2
800	781	421	249	135	93	70	56	47	40	35	31	28	25	23	21	20	18	17	16	15	14	13	12	11	10	8	6	4	3	3	2	2
840	816	428	251	136	93	70	56	47	40	35	31	28	25	23	21	20	18	17	16	15	14	13	12	11	10	8	6	4	3	3	2	2
880	851	434	253	136	93	70	56	47	40	35	31	28	25	23	21	20	18	17	16	15	14	13	12	11	10	8	6	4	3	3	2	2
900	868	437	254	137	93	70	57	47	40	35	31	28	25	23	21	20	18	17	16	15	14	13	12	11	10	8	6	4	3	3	2	2
940	901	442	255	137	93	71	57	47	40	35	31	28	25	23	21	20	18	17	16	15	14	13	12	11	10	8	6	4	3	3	2	2
980	934	447	257	138	94	71	57	47	40	35	31	28	25	23	21	20	18	17	16	15	14	13	12	11	10	8	6	4	3	3	2	2
1 000	950	450	258	138	94	71	57	47	40	35	31	28	25	23	21	20	18	17	16	15	14	13	12	11	10	8	6	4	3	3	2	2
1 200	1 101	471	264	139	94	71	57	47	40	35	31	28	25	23	21	20	18	17	16	15	14	13	12	11	10	8	6	4	3	3	2	2
1 400	1 235	486	268	141	94	71	57	47	41	35	31	28	25	23	21	20	18	17	16	15	14	13	12	11	10	8	6	4	3	3	2	2
1 600	1 354	499	272	142	95	72	57	48	41	36	31	28	26	23	21	20	18	17	16	15	14	13	12	11	10	8	6	4	3	3	2	2
1 800	1 459	508	275	142	96	72	57	48	41	36	32	28	26	23	21	20	18	17	16	15	14	13	12	11	10	8	6	4	3	3	2	2
2 000	1 552	517	277	143	96	72	58	48	41	36	32	28	26	23	21	20	18	17	16	15	14	13	12	11	10	8	6	4	3	3	2	2
2 200	1 636	523	279	143	96	72	58	48	41	36	32	28	26	23	21	20	18	17	16	15	14	13	12	11	10	8	6	4	3	3	2	2
2 400	1 711	529	279	144	96	72	58	48	41	36	32	28	26	23	21	20	18	17	16	15	14	13	12	11	10	8	6	4	3	3	2	2
2 600	1 778	534	280	144	97	72	58	48	41	36	32	28	26	23	21	20	18	17	16	15	14	13	12	11	10	8	6	4	3	3	2	2
2 800	1 839	538	282	144	97	72	58	48	41	36	32	28	26	23	21	20	18	17	16	15	14	13	12	11	10	8	6	4	3	3	2	2
3 000	1 894	542	283	145	97	72	58	48	41	36	32	28	26	23	21	20	18	17	16	15	14	13	12	11	10	8	6	4	3	3	2	2
3 200	1 945	545	284	145	97	73	58	48	41	36	32	28	26	23	21	20	18	17	16	15	14	13	12	11	10	8	6	4	3	3	2	2
3 400	1 991	548	285	145	97	73	58	48	41	36	32	28	26	23	21	20	18	17	16	15	14	13	12	11	10	8	6	4	3	3	2	2
3 600	2 033	551	285	145	97	73	58	48	41	36	32	28	26	23	21	20	18	17	16	15	14	13	12	11	10	8	6	4	3	3	2	2
3 800	2 072	553	286	145	97	73	58	48	41	36	32	28	26	23	21	20	18	17	16	15	14	13	12	11	10	8	6	4	3	3	2	2
4 000	2 108	555	287	146	97	73	58	48	41	36	32	28	26	23	21	20	18	17	16	15	14	13	12	11	10	8	6	4	3	3	2	2
4 200	2 141	557	287	146	97	73	58	48	41	36	32	28	26	23	21	20	18	17	16	15	14	13	12	11	10	8	6	4	3	3	2	2
4 400	2 172	559	288	146	97	73	58	48	41	36	32	28	26	23	21	20	18	17	16	15	14	13	12	11	10	8	6	4	3	3	2	2
4 600	2 201	560	288	146	97	73	58	48	41	36	32	28	26	23	21	20	18	17	16	15	14	13	12	11	10	8	6	4	3	3	2	2
4 800	2 228	562	289	146	97	73	58	48	41	36	32	28	26	23	21	20	18	17	16	15	14	13	12	11	10	8	6	4	3	3	2	2
5 000	2 253	563	289	146	97	73	58	48	41	36	32	28	26	23	21	20	18	17	16	15	14	13	12	11	10	8	6	4	3	3	2	2
5 500	2 309	566	290	146	97	73	58	48	41	36	32	28	26	23	22	20	18	17	16	15	14	13	12	11	10	8	6	4	3	3	2	2

表 C.1（续）

预设流行率，%

群大小	0.1	0.5	1	2	3	4	5	6	7	8	9	10	11	12	13	14	15	16	17	18	19	20	22	24	25	30	40	50	60	70	80	90
6 000	2 357	569	291	146	98	73	58	48	41	36	32	28	26	23	22	20	18	17	16	15	14	13	12	11	10	8	6	4	3	3	2	2
6 500	2 399	571	291	147	98	73	58	48	41	36	32	28	26	23	22	20	18	17	16	15	14	13	12	11	10	8	6	4	3	3	2	2
7 000	2 436	573	292	147	98	73	58	48	41	36	32	28	26	23	22	20	18	17	16	15	14	13	12	11	10	8	6	4	3	3	2	2
7 500	2 469	574	292	147	98	73	58	48	41	36	32	28	26	23	22	20	18	17	16	15	14	13	12	11	10	8	6	4	3	3	2	2
8 000	2 498	576	293	147	98	73	58	48	41	36	32	28	26	23	22	20	18	17	16	15	14	13	12	11	10	8	6	4	3	3	2	2
8 500	2 524	577	293	147	98	73	58	48	41	36	32	28	26	23	22	20	18	17	16	15	14	13	12	11	10	8	6	4	3	3	2	2
9 000	2 547	578	293	147	98	73	58	48	41	36	32	28	26	23	22	20	18	17	16	15	14	13	12	11	10	8	6	4	3	3	2	2
9 500	2 568	579	293	147	98	73	58	48	41	36	32	28	26	23	22	20	18	17	16	15	14	13	12	11	10	8	6	4	3	3	2	2
10 000	2 587	580	294	147	98	73	58	48	41	36	32	28	26	23	22	20	18	17	16	15	14	13	12	11	10	8	6	4	3	3	2	2
12 500	2 663	584	295	147	98	73	58	48	41	36	32	28	26	23	22	20	18	17	16	15	14	13	12	11	10	8	6	4	3	3	2	2
15 000	2 714	586	295	148	98	73	58	48	41	36	32	28	26	23	22	20	18	17	16	15	14	13	12	11	10	8	6	4	3	3	2	2
17 500	2 752	588	296	148	98	73	58	48	41	36	32	28	26	23	22	20	18	17	16	15	14	13	12	11	10	8	6	4	3	3	2	2
20 000	2 781	589	296	148	98	73	58	48	41	36	32	28	26	23	22	20	18	17	16	15	14	13	12	11	10	8	6	4	3	3	2	2
22 500	2 804	590	296	148	98	73	58	48	41	36	32	28	26	23	22	20	18	17	16	15	14	13	12	11	10	8	6	4	3	3	2	2
25 000	2 822	591	296	148	98	73	58	48	41	36	32	28	26	23	22	20	18	17	16	15	14	13	12	11	10	8	6	4	3	3	2	2
27 500	2 837	591	296	148	98	73	58	48	41	36	32	28	26	23	22	20	18	17	16	15	14	13	12	11	10	8	6	4	3	3	2	2
30 000	2 850	592	297	148	98	73	58	48	41	36	32	28	26	23	22	20	18	17	16	15	14	13	12	11	10	8	6	4	3	3	2	2
35 000	2 870	593	297	148	98	73	58	48	41	36	32	28	26	23	22	20	18	17	16	15	14	13	12	11	10	8	6	4	3	3	2	2
40 000	2 885	593	297	148	98	73	58	48	41	36	32	28	26	23	22	20	18	17	16	15	14	13	12	11	10	8	6	4	3	3	2	2
45 000	2 897	594	297	148	98	73	58	48	41	36	32	28	26	23	22	20	18	17	16	15	14	13	12	11	10	8	6	4	3	3	2	2
50 000	2 906	594	297	148	98	73	58	48	41	36	32	28	26	23	22	20	18	17	16	15	14	13	12	11	10	8	6	4	3	3	2	2
55 000	2 914	594	297	148	98	73	58	48	41	36	32	28	26	23	22	20	18	17	16	15	14	13	12	11	10	8	6	4	3	3	2	2
60 000	2 921	595	297	148	98	73	58	48	41	36	32	28	26	23	22	20	18	17	16	15	14	13	12	11	10	8	6	4	3	3	2	2
65 000	2 926	595	297	148	98	73	58	48	41	36	32	28	26	23	22	20	18	17	16	15	14	13	12	11	10	8	6	4	3	3	2	2
70 000	2 931	595	297	148	98	73	58	48	41	36	32	28	26	23	22	20	18	17	16	15	14	13	12	11	10	8	6	4	3	3	2	2
75 000	2 935	595	297	148	98	73	58	48	41	36	32	28	26	23	22	20	18	17	16	15	14	13	12	11	10	8	6	4	3	3	2	2
80 000	2 939	595	298	148	98	73	58	48	41	36	32	28	26	23	22	20	18	17	16	15	14	13	12	11	10	8	6	4	3	3	2	2
85 000	2 942	596	298	148	98	73	58	48	41	36	32	28	26	23	22	20	18	17	16	15	14	13	12	11	10	8	6	4	3	3	2	2
90 000	2 945	596	298	148	98	73	58	48	41	36	32	28	26	23	22	20	18	17	16	15	14	13	12	11	10	8	6	4	3	3	2	2
95 000	2 948	596	298	148	98	73	58	48	41	36	32	28	26	23	22	20	18	17	16	15	14	13	12	11	10	8	6	4	3	3	2	2
100 000	2 950	596	298	148	98	73	58	48	41	36	32	28	26	23	22	20	18	17	16	15	14	13	12	11	10	8	6	4	3	3	2	2

附　录　D
（资料性）
比较两样本比例所需样本量表

D.1 比较两样本比例所需样本量（单侧）见表 D.1。上行：$\alpha=0.05$，$1-\beta=0.80$；中行：$\alpha=0.05$，$1-\beta=0.90$ 下行：$\alpha=0.01$，$1-\beta=0.95$。

表 D.1　比较两样本比例所需样本量（单侧）

较小率,%	$\delta=$两组比例之差,%													
	5	10	15	20	25	30	35	40	45	50	55	60	65	70
5	330	105	55	35	25	20	16	13	11	9	8	7	6	6
	460	145	76	48	34	26	21	17	15	13	11	9	8	7
	850	270	140	89	63	47	37	30	25	21	19	17	14	13
10	540	155	76	47	32	23	19	15	13	11	9	8	7	6
	740	210	105	64	44	33	25	21	17	14	12	11	9	8
	1 370	390	195	120	81	60	46	37	30	25	21	19	16	14
15	710	200	94	56	38	27	21	17	14	12	10	8	7	6
	990	270	130	77	52	38	29	22	19	16	13	10	10	8
	1 820	500	240	145	96	69	52	41	33	27	22	20	17	14
20	860	230	110	63	42	30	22	18	15	12	10	8	7	6
	1 190	320	150	88	58	41	31	24	20	16	14	11	10	8
	2 190	590	280	160	105	76	57	44	35	28	23	20	17	14
25	980	260	120	69	45	32	24	19	15	12	10	8	7	—
	1 360	360	165	96	63	44	33	25	21	16	14	11	9	—
	2 510	660	300	175	115	81	60	46	36	29	23	20	16	—
30	1 080	280	130	73	47	33	24	19	15	12	10	8	—	—
	1 500	390	175	100	65	46	33	25	21	16	13	11	—	—
	2 760	720	330	185	120	84	61	47	36	28	22	19	—	—
35	1 160	300	135	75	48	33	24	19	15	12	9	—	—	—
	1 600	410	185	105	67	46	33	25	20	16	12	—	—	—
	2 960	750	340	190	125	85	61	46	35	27	21	—	—	—
40	1 210	310	135	76	48	33	24	18	14	11	—	—	—	—
	1 670	420	190	105	67	46	33	24	19	14	—	—	—	—
	3 080	780	350	195	125	84	60	44	33	25	—	—	—	—
45	1 230	310	135	75	47	32	22	17	13	—	—	—	—	—
	1 710	430	190	105	65	44	31	22	17	—	—	—	—	—
	3 140	790	350	190	120	81	57	41	30	—	—	—	—	—
50	1 230	310	135	73	45	30	21	15	—	—	—	—	—	—
	1 710	420	185	100	63	41	29	21	—	—	—	—	—	—
	3 140	780	340	185	115	76	52	37	—	—	—	—	—	—

D.2 比较两样本比例所需样本量（双侧）见表 D.2。上行：$\alpha=0.05$，$1-\beta=0.80$；中行：$\alpha=0.05$，$1-\beta=0.90$；下行：$\alpha=0.01$，$1-\beta=0.95$。

表 D.2　比较两样本比例所需样本量(双侧)

较小率,%	δ=两组比例之差,%													
	5	10	15	20	25	30	35	40	45	50	55	60	65	70
5	420	130	69	44	31	24	20	16	14	12	10	9	9	7
	570	175	93	59	42	32	25	21	18	15	13	11	10	9
	960	300	155	10	71	54	42	34	28	24	21	19	16	14
10	680	195	96	59	41	30	23	19	16	13	11	10	9	7
	910	260	130	79	54	40	31	24	21	18	15	13	11	10
	1 550	440	220	135	92	68	52	41	34	28	23	21	18	15
15	910	250	120	71	48	34	26	21	17	14	12	10	9	8
	1 220	330	160	95	64	46	35	27	22	19	16	13	11	10
	2 060	560	270	160	110	78	59	47	37	31	25	21	19	16
20	1 090	290	135	80	53	38	28	22	18	15	13	10	9	7
	1 460	390	185	105	71	51	38	29	23	20	16	14	11	10
	2 470	660	310	180	120	86	64	50	40	32	26	21	19	15
25	1 250	330	150	88	57	40	30	23	19	15	13	10	9	—
	1 680	440	200	115	77	54	40	31	24	20	16	13	11	—
	2 840	740	340	200	130	92	68	52	41	32	26	21	18	—
30	1 380	360	160	93	60	42	31	23	19	15	12	10	—	—
	1 840	480	220	125	80	56	41	31	24	20	16	13	—	—
	3 120	810	370	210	135	95	69	53	41	32	25	21	—	—
35	1 470	380	170	96	61	42	31	23	18	14	11	—	—	—
	1 970	500	225	130	82	57	41	31	23	19	15	—	—	—
	3 340	850	380	215	140	96	69	52	40	31	23	—	—	—
40	1 530	390	175	97	61	42	30	22	17	13	—	—	—	—
	2 050	520	230	130	82	56	40	29	22	18	—	—	—	—
	3 480	880	390	220	140	95	68	50	37	28	—	—	—	—
45	1 560	390	175	96	60	40	28	21	16	—	—	—	—	—
	2 100	520	230	130	80	54	38	27	21	—	—	—	—	—
	3 550	890	390	215	135	92	64	47	34	—	—	—	—	—
50	1 560	390	170	93	57	38	26	19	—	—	—	—	—	—
	2 100	520	225	125	77	51	35	24	—	—	—	—	—	—
	3 550	880	380	210	130	86	59	41	—	—	—	—	—	—

ICS 11.220
CCS B 41

NY

中华人民共和国农业行业标准

NY/T 4140—2022

口蹄疫紧急流行病学调查技术

The technical specification for outbreak investigation of foot
and mouth disease

2022-07-11 发布
2022-10-01 实施

中华人民共和国农业农村部 发布

前　言

本文件按照 GB/T 1.1—2020《标准化工作导则　第 1 部分：标准化文件的结构和起草规则》的规定起草。

请注意本文件的某些内容可能涉及专利。本文件的发布机构不承担识别专利的责任。

本文件由农业农村部畜牧兽医局提出。

本文件由全国动物卫生标准化技术委员会（SAC/TC 181）归口。

本文件起草单位：中国动物卫生与流行病学中心、青岛市疾病预防控制中心、安徽省动物疫病预防与控制中心、辽宁省农业发展服务中心、湖南省动物疫病预防控制中心。

本文件主要起草人：沈朝建、弋英、杨宏琳、刘瀚泽、朱琳、刘雨萌、徐全刚、刘华、兰德松、朱春霞、王幼明、黄保续。

口蹄疫紧急流行病学调查技术

1 范围

本文件规定了发生口蹄疫时开展流行病学调查的启动条件、步骤、内容、数据分析、抽样及调查报告撰写等技术要求。

本文件适用于发生口蹄疫疫情时的流行病学调查。

2 规范性引用文件

下列文件中的内容通过文中的规范性引用而构成本文件必不可少的条款。其中,注日期的引用文件,仅该日期对应的版本适用于本文件;不注日期的引用文件,其最新版本(包括所有的修改单)适用本文件。

GB/T 18935 口蹄疫诊断技术

NY/T 541 兽医诊断样品采集、保存与运输技术规范

3 术语和定义

下列术语和定义适用于本文件。

3.1

紧急流行病学调查 outbreak investigation

当地农业农村主管部门或动物疫病预防控制机构接到疫情报告及疫情确诊后,对疫病发生情况、可能来源、传播范围、紧急措施实施效果等所开展的一系列调查活动,包括现场调查、追溯调查、追踪调查、数据分析、提出病因假设并推断及提出防控措施建议等。

3.2

流行病学单元 epidemiological unit

单个动物或具有明确的流行病学关联且暴露于某一病原的可能性大体相同的一群动物。

3.3

病例定义 case definition

流行病学调查与监测中,用于确定流行病学单元是否患病或具有某种特征的一套标准。判断是否患病时,涉及临床症状、病理变化、分布特征、实验室检测 4 个方面,根据不同判断标准所确定结果的确定性程度,可将病例分为可疑病例、疑似病例和确诊病例 3 种。

3.4

追溯调查 tracing forward investigation

对第一个病例发生前一个最长潜伏期内,所有与发病畜群接触的事件进行调查。

3.5

追踪调查 tracing back investigation

对第一个病例发生前一个最长潜伏期至封锁之日这一时期内,所有可能将疫病传出的事件进行调查。

3.6

时间分布 temporal distribution

畜群中疫病发生随时间变化而变化的情况。

3.7

空间分布 spatial distribution

疫病在不同区域畜群中的发生情况。

3.8

群间分布　species distribution

疫病在根据年龄、种类、品种、用途等特定属性所划分的畜群中的发生情况。

3.9

暴露　exposure

研究对象接触过某种待研究的物质、具备某种待研究的特征或行为。

3.10

发病风险　incidence risk

特定时段内,风险动物群中新发病例数所占比例。

3.11

发病率　incidence rate

单位动物-时内的新发病例数。

3.12

比值比　odds ratio

暴露群内 odds 值与非暴露群内 odds 值之比。

3.13

发病风险比　risk ratio

暴露群内发病风险与非暴露群内发病风险之比。

4　调查启动

确定为符合 GB/T 18935 所描述的口蹄疫病例且经过确认为疫情时,启动口蹄疫紧急流行病学调查。

5　调查步骤与内容

5.1　组织准备

5.1.1　人员准备

组建由流行病学人员、临床兽医、实验室人员、行政管理人员、农业执法人员等组成的调查组。

5.1.2　物资准备

准备交通工具、通信工具、药品试剂、防护用品、消毒设备、采样设备、取证设备、调查表格等。

5.1.3　实验室准备

明确需检测的项目、样品类型、样品数量等信息,安排实验室做好准备工作。

5.1.4　人员生物安全防护

做好调查人员及相关辅助人员的生物安全防护工作。

5.2　核实诊断

通过调查走访养殖场/户,听取养殖场负责人/户主、兽医、村级防疫员等对发病情况的描述和初步结论,依据 GB/T 18935 描述的流行病学特征、临床症状、病理变化,确定疑似病例存在。根据省级动物疫病预防控制机构实验室检测结果,对所发生的病例进行确诊。

5.3　建立病例定义

5.3.1　疑似病例

在现场、追溯、追踪调查期间,唇部、舌面、齿龈、鼻镜、蹄踵、蹄叉、乳房等部位出现水疱,水疱破溃、结痂或蹄壳脱落的个体,或至少出现一例疑似病例的流行病学单元。

5.3.2　确诊病例

疑似病例按 GB/T 18935 规定的确诊方法检测为阳性的个体,或至少检出一个阳性个体的流行病学单元。

5.3.3 免疫合格个体

抗体水平符合以下条件的个体：

a) 液相阻断 ELISA：牛、羊抗体效价 $\geqslant 2^7$，猪抗体效价 $\geqslant 2^6$；

b) 固相竞争 ELISA 试验：牛、羊、猪抗体效价 $\geqslant 2^6$；

c) VP1 结构蛋白抗体 ELISA：牛、羊、猪抗体效价 $\geqslant 2^5$。

测量免疫抗体时，可采用液相阻断 ELISA 试验或固相竞争 ELISA 试验，O 型口蹄疫合成肽疫苗采用 VP1 结构蛋白 ELISA 试验进行检测。

5.3.4 免疫合格群体

免疫合格个体数量占群体总数 70% 及以上的群体。

口蹄疫病原学和抗体检测按照 GB/T 18935 的规定执行。

5.4 开展调查

5.4.1 调查目的

根据病例定义，尽可能发现所有可能的病例，并收集与疫病有关的信息，以此描述、分析疫病发生情况、可能病因、疫病可能来源与扩散范围、预测疫病发展趋势、评价紧急控制措施效果。

5.4.2 调查对象

疫点、疫区、受威胁区、流行病学关联区域内的病例及与病例有关联的易感动物、产品及人员。

5.4.3 调查方式与内容

5.4.3.1 现场调查

对疫点的场区状况、发病动物种类、存栏量、品种、日龄、免疫情况，发病时间、发病地点、病例数、死亡数等情况进行调查。对疫区和受威胁区内易感动物种类、分布、饲养方式、密度，河流、山地、植被等地理环境、气象状况与变化、相关疫病的发病史等情况进行调查。

5.4.3.2 追溯调查

对首个病例发生前 21 d 内所有调入疫点的家畜及其产品，营销人员、兽医及其他相关人员进入本场情况，饮水，外来车辆进入或本场车辆外出等所有与外界可能的接触途径进行调查，以便确定疫情可能来源。

5.4.3.3 追踪调查

对首个病例发生前 21 d 至封锁之日内所有疫点家畜、相关产品及污染物品调出情况，包括兽医巡诊、人员外出及疫区、受威胁区是否发病等进行调查，以便确定疫病可能扩散范围。

调查时，可根据发病场点类型，按所推荐的紧急流行病学调查表（见附录 A 和附录 B）收集数据，或根据调查需要自行设计相应的调查表收集数据。

5.4.3.4 样品采集与检测

如需采集样品进行检测，按 NY/T 541 的规定进行现场样品的采集、保存，送实验室进行检测。

5.4.3.5 其他调查

当出现复杂的暴发现场时，可以根据当地牲畜存栏、产地检疫、保险理赔、无害化处理等数据，对更大区域内的牲畜异常死亡情况进行调查。

6 数据分析与建议

6.1 描述病例的分布

6.1.1 时间分布

用直方图或折线图显示不同时段内新病例的发生情况，其中横坐标表示时间，纵坐标表示新发病例数。绘制时间分布的时间间隔应相等，一般为 1/8～1/3 平均潜伏期。横坐标上首例和末例前后各保留 1 个～2 个平均潜伏期，如果疫情未结束，末例后不留空白时间段。在图上标记与疫情有关的重要事件或信息，包括调查开始时间、开始采取措施时间、引种、人员入场、天气骤变等。

6.1.2 空间分布

利用地图或其他图形显示病例在不同区域的发生情况,确定口蹄疫病例发生范围。计算不同区域的发病风险或发病率,判断是否有差异。同时,可在地图或所选用的图形上显示不同风险因素的区域分布情况。

6.1.3 群间分布

根据所收集的数据,描述病例的年龄、种类、品种、用途、免疫、饲养方式、饮水等与疫病有关因素的特征。

6.2 建立并验证假设

通过描述疫病群间、时间、空间分布及其相关因素,从中寻找危险因素来源、引起发病的特殊暴露因素、传播的方式和载体、高风险畜群等,形成假设。根据所选择的流行病学分析方法,计算比值比或发病风险比,判断是否关联及关联强度,并对计算结果进行统计学检验。

6.3 措施建议

根据疫病的传染源、传播途径、易感动物及发病特征,结合数据分析结果,提出措施建议。同时,通过评价控制措施效果,不断提出修正调整预防控制措施的建议。

7 调查中的抽样

7.1 评价免疫效果的抽样

7.1.1 掌握确切抗体合格水平的样本量计算

采用以估计比例为目的抽样,按公式(1)计算。

$$n = \frac{p(1-p) \times z^2}{e^2} \quad\cdots\cdots (1)$$

式中:

p——预期流行率;

z——来自标准正态分布$(1-\alpha/2)$百分位点;

e——可接受的绝对误差。

如果总体内个体数量较少、抽样比大于等于5%时,根据总体内个体数量按公式(2)对所需抽样数量进行校正。

$$n_a = \frac{n}{1+\frac{n}{N}} \quad\cdots\cdots (2)$$

式中:

n——无限群抽样数量;

N——总体内个体数。

在置信水平95%的条件下,预期抗体合格率按80%,可接受误差不超过10%,结合养殖数量计算抽样数量。估算不同规模养殖场/户口蹄疫抗体合格率的抽样数量见附录C。

7.1.2 确定抗体水平超过特定比例的样本量计算

采用以发现疫病为目的的抽样,按公式(3)计算。

$$n = \frac{[1-(1-CL)^{\frac{1}{D}}]\left(N-\frac{D \times Se-1}{2}\right)}{Se} \quad\cdots\cdots (3)$$

式中:

Se——检测方法的敏感性;

n——抽样个数;

CL——置信水平;

D——群中的阳性动物数$=N \times p$;

N——群内个体数。

在置信水平95%的条件下,预设抗体合格率不得低于70%(抗体不合格个体占比低于30%),存栏50头以上养殖场/户,每场/户随机抽取9头动物血清进行抗体检测,全部合格可判定该场/户动物群体口蹄疫抗体水平达到标准。

7.2 确定病原是否扩散的抽样

7.2.1 按照规定,处理完患病动物和风险动物后,为确定疫区、受威胁区及流行病学关联区域内是否存在病原,采用以发现疫病为目的的抽样。

7.2.2 在置信水平95%的条件下,预设流行率可在1%~10%选择一个数值,结合养殖数量计算抽样数量。不同规模养殖场/户发现口蹄疫病原的抽样数量见附录D。

8 调查报告

调查报告应该包括题目、前言、基本情况、流行病学调查情况、数据分析、初步结论和措施建议等,具体结构和内容要求见附录E。

附 录 A

（资料性）

养殖场/户口蹄疫紧急流行病学调查表

说明:1. 本表由所在地农业农村主管部门或者动物疫病预防控制机构在接到疫情报告后,开展流行
病学调查时填写。

2. 本表适用于猪、牛、羊等多种偶蹄动物。

序号:　　　　　　　　　　　　　　　　　填表日期:　　年　　月　　日

一、基础信息

1. 疫点所在场/养殖小区/村概况

名　　称		地理坐标	经度:		纬度:
地　　址	省(自治区、直辖市)	县(市、区、旗)	乡(镇、街道、苏木)		村(场)
联系人及电话			启用时间		
易感动物种类	养殖单元(户/舍)数		存栏数,头或只		

2. 调查简要信息

调查原因			
调查人员姓名		单位	
发现首个病例日期		接到报告日期	调查日期

二、现况调查

1. 发病单元(户/舍)概况

单位为头或只

户名或畜舍编号	动物种类①	存栏数②	最后一次该病疫苗免疫情况							病死情况	
			应免数量	实免数量	免疫时间	疫苗种类	生产厂家	批号	来源	发病数③	死亡数

　①动物种类:同一单元存在多种动物的,分行填写。

　②存栏数:发病前的存栏数。

　③发病数:出现该病临床症状或实验室检测为阳性的动物数。

2. 疫点发病过程

单位为头或只

自发现之日起	新发病数	新病死数
第1日		
第2日		
第3日		
第4日		
第5日		
第6日		
第7日		
第8日		
第9日		
第10日		

3. 诊断情况

初步诊断	临床症状： 病理变化： 初步诊断结果：　　　　　　　　诊断人员： 诊断日期：						
实验室诊断	样品类型	数量	采样时间	送样单位	检测单位	检测方法	检测结果
诊断结果	疑似诊断				确诊结果		

4. 疫情传播情况

单位为头或只

村/场名	最初发病时间	存栏数	发病数	死亡数	传播途径

5. 疫点所在地及周边地理特征

请在县级行政区域图上标出疫点所在地位置；注明周边地理环境特点，如靠近山脉、河流和公路等。

6. 疫点所在县易感动物生产信息（为判断暴露风险及做好应急准备等提供信息支持）

易感动物种类	疫区		受威胁区		全县	
	养殖场/户数 户/个	存栏量 万头/万只	养殖场/户数 户/个	存栏量 万头/万只	养殖场/户数 户/个	存栏量 万头/万只

三、追溯调查

对疫点第一例病例发现前 21 d 内的可能传染来源途径进行调查。

可能来源途径	详细信息
家畜引进情况(种类、年龄、数量、用途和相关时间、地点等)	
易感动物产品购进情况	
饲料调入情况	
餐厨剩余物使用情况	
水源	
本场/户人员到过其他养殖场/户或活畜交易市场情况	
配种情况	
放牧情况	
公共生鲜乳收购情况	
营销人员、兽医及其他相关人员到过本场/户情况	
外来车辆进入或本场车辆外出情况	
泔水使用情况	
与野生动物接触过情况	
其他	
初步结论	

四、追踪调查

疫点发现第一例病例前 21 d 至封锁之日内,对以下事件进行调查。

可能事件	详细信息
家畜调出情况(数量、用途及相关时间、地点等)	
配种	
参展情况	
公共牧场放牧情况	
公共奶站挤奶情况	
与野生动物接触过情况	
兽医巡诊情况	
相关人员外出与易感动物接触情况	
其他	
初步结论	

填表人姓名：　　　　　　　　　　联系电话：
填表单位(签章)　　　　　　　　　动物疫病预防控制机构复核(签章)

附 录 B

（资料性）

屠宰厂(场)/点口蹄疫紧急流行病学调查表

说明：

1. 本表由所在地农业农村主管部门或者动物疫病预防控制机构在接到疫情报告后,开展流行病学调查时填写。

2. 本表适用于猪、牛、羊等多种偶蹄动物。

序号：　　　　　　　　　　　　　　　　　　　填表日期：　年　月　日

一、基础信息

1. 屠宰厂(场)/点概况

名称		地理坐标	经度：	纬度：
地　址	省(自治区、直辖市)	县(市、区、旗)	乡(镇、街道、苏木)	村(场)
联系人及电话		启用时间		
屠宰动物种类		日均屠宰量,头或只		

2. 调查简要信息

调查原因				
调查人员姓名		单　位		
发现首个病例日期		接到报告日期		调查日期

二、现况调查

1. 动物发病死亡情况

单位为头或只

动物种类	同群数*	发病数**	死亡数

* 同群数是指与发病动物直接或间接接触的易感动物数。
** 发病数是指出现该病临床症状的动物数。

2. 疫点及周边地理特征

请提供当地行政区划图,并在地图上标出疫点位置;注明疫点所在地的地理环境特点,如山脉、河流、公路等分布情况。

3. 疫点所在县畜牧业生产信息（为判断暴露风险及做好应急准备等提供信息支持）

易感动物种类	疫区		受威胁区		全县	
	养殖场/户数 户/个	存栏量 万头/万只	养殖场/户数 户/个	存栏量 万头/万只	养殖场/户数 户/个	存栏量 万头/万只

4. 其他信息

三、追溯调查

发病动物种类	运输车辆牌照号	检疫证号	来源地	途经地

四、追踪调查

可能事件	详细信息
发病动物运载车辆去向	
发病及同群动物处置情况	
发病及同群动物产品流出情况	
无害化处理情况（数量、方式、时间等）	
其他（如污水排放等其他环节）	
初步结论	

填表人姓名：　　　　　　　　　　　　　　联系电话：
填表单位（签章）　　　　　　　　　　　　动物疫病预防控制机构复核（签章）

附 录 C

（资料性）

不同规模、不同可接受误差条件下掌握具体抗体合格水平抽样量推荐表

（预期抗体合格率为 80%）

不同规模、不同可接受误差条件下掌握具体抗体合格水平抽样量推荐表见表 C.1。

表 C.1 不同规模、不同可接受误差条件下掌握具体抗体合格水平抽样量推荐表

单位为头或只

规模	可接受误差						
	3.0%	4.0%	5.0%	6.0%	7.0%	8.0%	9.0%
50	47	45	42	39	36	19	16
100	88	80	72	64	56	23	19
150	123	108	94	80	69	24	20
200	155	132	111	93	78	25	21
250	184	152	124	102	84	26	21
300	209	169	136	109	89	27	21
350	232	184	145	115	93	27	22
400	253	196	153	120	96	27	22
450	272	208	159	124	99	27	22
500	289	218	165	128	101	27	22
550	305	227	170	131	103	28	22
600	320	235	175	133	104	28	22
650	334	242	179	136	106	28	22
700	346	249	182	138	107	28	22
800	369	260	189	141	109	28	22
900	389	270	194	144	111	28	22
1 000	406	278	198	146	112	28	23
1 400	460	302	210	153	116	28	23
1 600	479	310	214	155	117	29	23
1 800	496	317	217	156	118	29	23
2 200	522	328	222	159	119	29	23
3 100	560	342	228	162	121	29	23
3 300	566	345	229	163	121	29	23
3 500	572	347	230	163	122	29	23
3 700	577	349	231	164	122	29	23
3 900	582	350	232	164	122	29	23
4 100	586	352	232	164	122	29	23
4 600	595	355	234	165	123	29	23
4 900	600	357	235	165	123	29	23
5 700	610	360	236	166	123	29	23
7 000	623	365	238	167	124	29	23
8 000	630	367	239	168	124	29	23
9 000	635	369	240	168	124	29	23
10 000	640	370	240	168	124	29	23
20 000	661	377	243	170	125	29	23
35 000	670	380	245	170	125	29	23
1 000 000	683	385	246	171	126	29	23

附　录　D

（资料性）

不同规模、不同预设流行率条件下发现疫病抽样量推荐表

（不考虑诊断试验敏感性）

不同规模、不同预设流行率条件下发现疫病抽样量推荐表见表 D.1。

表 D.1　不同规模、不同预设流行率条件下发现疫病抽样量推荐表

单位为头或只

规模	预设流行率									
	1%	2%	3%	4%	5%	6%	7%	8%	9%	10%
50	50	48	43	39	35	31	29	26	24	22
70	70	62	53	46	40	35	32	29	26	24
90	87	73	60	51	43	38	34	30	27	25
100	95	78	63	52	45	39	34	31	28	25
140	124	92	71	58	48	41	36	32	29	26
180	146	101	76	61	50	43	37	33	30	27
200	155	105	78	62	51	43	38	33	30	27
240	171	111	81	64	52	44	38	34	30	27
280	184	116	83	65	53	45	39	34	31	28
300	189	117	84	66	54	45	39	34	31	28
400	211	124	88	68	55	46	40	35	31	28
500	225	129	90	69	56	47	40	35	31	28
600	235	132	91	70	56	47	40	35	31	28
700	243	134	92	70	57	47	41	36	32	28
800	249	136	93	71	57	47	41	36	32	28
900	254	137	94	71	57	48	41	36	32	29
1 000	258	138	94	71	57	48	41	36	32	29
1 500	271	142	96	72	58	48	41	36	32	29
2 000	277	143	96	73	58	48	41	36	32	29
2 500	281	144	97	73	58	48	41	36	32	29
3 000	284	145	97	73	58	49	42	36	32	29
4 000	288	146	98	73	58	49	42	36	32	29
5 000	290	147	98	73	59	49	42	36	32	29
7 000	292	147	98	74	59	49	42	36	32	29
10 000	294	148	98	74	59	49	42	36	32	29
50 000	298	149	99	74	59	49	42	36	32	29
1 000 000	299	149	99	74	59	49	42	36	32	29

附　录　E
（资料性）
紧急流行病学调查报告的撰写提纲及具体要求

标题

指明调查的时间、地点及主要内容，一般情况下，时间可省略。基本格式为"关于××地（猪、牛、羊）口蹄疫疫情病（事件）的紧急流行病学调查报告"。

前言

说明调查的目的、任务来源、调查时间、人员、地点、调查方法和工作经过等。

一、基本情况

（一）养殖情况

说明发病场/户养殖状况，疫点、疫区等区域内易感动物饲养状况、地理环境等。

（二）发病情况

说明开始发病的时间、疫病持续期、发病数量、病死情况等。

（三）核实诊断情况

说明疫病诊断依据，包括流行病学特征、临床症状、病理变化或实验室检测结果，并依此说明疑似病例和确诊病例的定义。

二、调查结果

（一）现况调查

尽可能利用柱状图、地图等形式说明疫病的时间、空间和群间分布。

（二）追溯调查

（三）追踪调查

（四）当地风险因素存在情况

三、流行病学分析与初步结论

根据调查结果，分析疫病的可能来源和扩散范围；如果必要，可根据疫病三间分布和相关暴露因素建立假设，选择流行病学分析方法，探寻病因，并验证假设；综合各类信息，预判疫情形势。

四、存在的问题

五、采取的预防控制措施建议

六、落款和时间

―――――――――――

ICS 67.120.10
CCS X 22

NY

中华人民共和国农业行业标准

NY/T 4141—2022

动物源细菌耐药性监测样品采集技术规程

Technical code of practice on sample collection for antimicrobial resistance surveillance of bacteria from animals

2022-07-11 发布

2022-10-01 实施

中华人民共和国农业农村部 发布

前　言

本文件按照 GB/T 1.1—2020《标准化工作导则　第 1 部分:标准化文件的结构和起草规则》的规定起草。

请注意本文件的某些内容可能涉及专利。本文件的发布机构不承担识别专利的责任。

本文件由农业农村部畜牧兽医局提出。

本文件由全国兽药残留与耐药性控制专家委员会归口。

本文件起草单位:华南农业大学、中国兽医药品监察所。

本文件主要起草人:刘健华、蔡钟鹏、张纯萍、黄颖、徐士新、宋立、曾振灵、吕鲁超。

动物源细菌耐药性监测样品采集
技术规程

1 范围

本文件规定了动物源细菌耐药性监测样品的采集、保存和运输的原则、要求和操作方法。

本文件适用于动物直肠/泄殖腔拭子、咽/喉拭子、鼻拭子、粪便、肠道内容物、生鲜乳、其他病料等样品的采集、保存和运输。

2 规范性引用文件

下列文件中的内容通过文中的规范性引用而构成本文件必不可少的条款。其中,注日期的引用文件,仅该日期对应的版本适用于本文件;不注日期的引用文件,其最新版本(包括所有的修改单)适用于本文件。

GB/T 6682　分析实验室用水规格和试验方法

GB 19489　实验室　生物安全通用要求

NY/T 541　兽医诊断样品采集、保存与运输技术规范

3 术语和定义

本文件没有需要界定的术语和定义。

4 试剂或材料

4.1 要求

除另有规定外,所有试剂均为分析纯,水为符合 GB/T 6682 规定的三级水,培养基或缓冲液按附录 A 配制或用商品化产品。

4.2 试剂

4.2.1 双氧水。

4.2.2 甘油。

4.2.3 乙醇。

4.2.4 碘伏。

4.3 溶液配制

4.3.1 75%乙醇:取 95%的乙醇 75 mL,加水至 95 mL,或用商品化酒精。

4.3.2 PBS 缓冲液(pH 7.4):按照附录 A 中 A.1 的规定执行。

4.3.3 30%甘油磷酸盐缓冲液(pH 7.6):按照 A.2 的规定执行。

4.4 培养基制备

4.4.1 营养肉汤(pH 7.2～7.4):按照 A.3 的规定执行。

4.4.2 Cary-Blair 氏运送培养基:按照 A.4 的规定执行。

4.4.3 Amies 运送培养基:按照 A.5 的规定执行。

4.5 材料

4.5.1 微需氧产气包。

4.5.2 厌氧产气包。

4.5.3 无菌离心管、带螺帽离心管。

4.5.4 采样棉拭子管。

4.5.5 一次性无菌注射器：20 mL。

4.5.6 无菌棉球。

4.5.7 密封袋。

4.5.8 镊子。

4.5.9 手术刀/手术剪。

5 仪器设备

5.1 冰箱：2 ℃～8 ℃、−20 ℃。

5.2 分析天平：感量 0.1 g。

5.3 高压灭菌器。

6 采样通用原则和要求

6.1 通用原则

采样应遵循随机原则，保证样品具有代表性，采样所用溶液、培养基和保存样品的材料在样品采集前均应高压灭菌处理，采样过程应遵循生物安全相关要求。如采集病死动物，动物死亡时间不宜超过 12 h。

6.2 样品来源

主要包括鸡场、鸭场、猪场、羊场、奶牛场、肉牛场或屠宰场等。基于各地区动物养殖情况（养殖模式、养殖规模、地域分布等），选择不同养殖模式和养殖规模的养殖场随机采样。同一集团公司下属养殖场不超过 3 个。屠宰场应采集来自不同养殖场的样品。

6.3 样品数量

基于不同细菌流行/携带情况和分离率，确定每个养殖场/屠宰场的样品数量，见附录 B 的表 B.1。必要时，应根据养殖场用药情况、动物日龄或屠宰场动物来源及特殊监测需要等，调整采样数量。

6.4 样品类型

根据分离的菌种特性，采集不同类型的样品，健康动物主要采集直肠/泄殖腔拭子、咽/喉拭子、鼻拭子、肠道内容物、粪便、生鲜乳等；患病动物采集动物组织、脓汁、痂皮等病料，具体可见附录 C 中的表 C.1。

7 采样

7.1 直肠/泄殖腔拭子

取灭菌棉签，插入直肠 3 cm～4 cm（泄殖腔 1.5 cm～2 cm），旋转数次，取出，置于无菌离心管或密封袋内，或置于盛有 PBS 缓冲液、营养肉汤、运送培养基的离心管中。分离弯曲杆菌，应置于装有 Cary-Blair 氏运送培养基的带螺帽离心管中。

7.2 咽/喉拭子

取灭菌棉签，插入喉头口及上颚裂处，擦拭数次，取出，置于无菌离心管或密封袋内，或置于盛有 PBS 缓冲液、营养肉汤或运送培养基的无菌离心管中。

7.3 鼻拭子

取灭菌棉签，插入鼻腔 2 cm～3 cm，旋转数次，取出，置于无菌离心管或密封袋内，或置于盛有 PBS 缓冲液、营养肉汤/运送培养基的无菌离心管中。如分离副猪嗜血杆菌时，则取灭菌棉签，插入猪鼻腔 5 cm～8 cm，旋转数次，取出，置于装有 Amies 运送培养基的无菌离心管中。

7.4 粪便

7.4.1 粪便样品

取新鲜粪便适量，置于无菌离心管或密封袋内，或置于盛有 PBS 缓冲液、营养肉汤或运送培养基的无菌离心管中。分离弯曲杆菌，应置于装有 Cary-Blair 氏运送培养基的带螺帽离心管中，密封。

7.4.2 粪便拭子

取灭菌棉签,蘸取适量新鲜粪便,置于无菌离心管或密封袋内,或置于盛有 PBS 缓冲液、营养肉汤或运送培养基的无菌离心管中(分离弯曲杆菌,应置于装有 Cary-Blair 氏运送培养基的带螺帽离心管中)。

7.5 肠道内容物

7.5.1 肠道内容物拭子

无菌剪开肠道,取灭菌棉签插入肠腔,蘸取肠道内容物,置于无菌离心管、密封袋内,或置于盛有 PBS 缓冲液、灭菌肉汤的无菌离心管中(用于分离弯曲杆菌,应置于装有 Cary-Blair 氏运送培养基的带螺帽离心管中),密封。

7.5.2 肠道内容物

取肠道内容物,置于无菌离心管、密封袋内。如用于分离弯曲杆菌,应置于装有 Cary-Blair 氏运送培养基的带螺帽离心管中。

7.5.3 盲肠段

取家禽盲肠段,置于密封袋或无菌离心管中。

7.6 生鲜乳

7.6.1 混合样品

灼烧储奶罐出料口,打开出料阀,弃去前段生鲜乳,接取约 10 mL 于无菌离心管中。

7.6.2 个体样品

先用碘伏擦拭消毒动物乳头及周边,弃前 3 把乳汁,挤取 10 mL 乳汁于无菌离心管中。

7.7 脓肿

取脓肿,碘伏消毒,用无菌注射器沿脓肿上缘刺入深部,抽取内容物;如脓肿质地硬实,用无菌手术刀在下缘切开 1 cm～2 cm,挤出内容物,置于无菌离心管中。用双氧水沿创口冲洗,再用碘伏消毒。

7.8 病死猪肺脏

取病死猪,解剖,无菌取长 5 cm～8 cm 的方形肺脏,置于密封袋中(分离副猪嗜血杆菌,置于装有 A-mies 运送培养基的无菌离心管中)。

7.9 心包液、胸腔积液、腹腔积液、关节液或脑脊液

取病死猪,解剖,无菌吸取病死猪的心包液、胸腔积液、腹腔积液、关节液或脑脊液,置于无菌离心管中(分离副猪嗜血杆菌,置于装有 Amies 运送培养基的无菌离心管中),密封。

7.10 其他

按照 NY/T 541 的规定执行。

8 记录

见附录 D 中的表 D.1。

9 保存与运输

不同样品应分开包装、密封,避免样品泄漏和交叉污染。用于分离弯曲杆菌、产气荚膜梭菌的样品,应排除包装袋中的空气,放置相应产气包,保持微需氧/厌氧环境。2 ℃～8 ℃保存、运输,时间不宜超过 72 h。用于分离弯曲杆菌、产气荚膜梭菌和副猪嗜血杆菌的样品,不宜超过 24 h。

10 生物安全要求

10.1 采样过程

遵循"先养殖场,后屠宰场;先规模养殖场,后个体养殖场"的基本要求,采样所用交通工具应避免进入养殖场或屠宰场内,避免造成交叉污染。

10.2 个人防护

采样人员应加强个人消毒和防护,严格遵守生物安全操作的相关规定,以及采样养殖场/屠宰场生物安全方面的特殊要求,严防人兽共患病感染,并避免带入污染。

10.3 采样物资、器具的处理

采样时应使用一次性灭菌防护用品,采样器具按 NY/T 541 的规定进行消毒,采样废弃物按 GB 19489 的规定进行无害化处理。

附 录 A
（规范性）
培养基与试剂

A.1 PBS 缓冲液(pH 7.4)

A.1.1 成分
磷酸二氢钾   0.27 g
磷酸氢二钠   1.42 g
氯化钠   8.0 g
氯化钾   0.2 g
水   至 1 000 mL

A.1.2 制法
取 A.1.1 中各成分,按比例溶于水中,调节 pH 至 7.4,121 ℃ 高压灭菌 15 min,备用。

A.2 30%甘油磷酸盐缓冲液(pH 7.6)

A.2.1 成分
甘油   300 mL
氯化钠   4.2 g
磷酸二氢钾   12.4 g
磷酸氢二钾   4.0 g
水   至 1 000 mL

A.2.2 制法
取 A.2.1 中各成分,按比例溶于水中,调节 pH 至 7.6,121 ℃ 高压灭菌 15 min,备用。

A.3 营养肉汤(pH 7.2~7.4)

A.3.1 成分
牛肉膏   3.5 g
蛋白胨   10.0 g
氯化钠   5.0 g
水   至 1 000 mL

A.3.2 制法
将 A.3.1 中各成分,充分混匀,加热溶解,调节 pH 至 7.2~7.4,121 ℃ 高压灭菌 15 min,备用。

A.4 Cary-Blair 氏运送培养基

A.4.1 1%氯化钙溶液
制法:取氯化钙 1.0 g,加入 100 mL 蒸馏水中,加热溶解,备用。

A.4.2 完全培养基
硫代乙醇酸钠   1.5 g
氯化钠   5.0 g
磷酸氢二钠   1.1 g

琼脂	5.0 g
1‰氯化钙溶液	9 mL
水	至 1 000 mL

A.4.3 制法

取完全培养基中固体成分,加水 800 mL,充分混匀,加热溶解,加 1‰ 氯化钙溶液 9 mL,调节 pH 至 8.4,121 ℃ 高压灭菌 15 min,分装(5 mL/管),备用。

A.5 Amies 运送培养基

A.5.1 成分

氯化钠	3.0 g
磷酸二氢钾	0.2 g
磷酸氢二钾	1.1 g
氯化钾	0.2 g
氯化镁	0.1 g
硫代乙醇酸钠	1.0 g
氯化钙	0.1 g
琼脂	7.5 g
水	至 1 000 mL

A.5.2 制法

取 A.5.1 中固体成分,加水 1 000 mL,充分混匀,调节 pH 至 7.2～7.4,121 ℃ 灭菌 15 min,分装 (5 mL/管),2 ℃～8 ℃条件下保存备用,有效期一个月。

附 录 B

（资料性）

样品采样数量

样品采样数量见表 B.1。

表 B.1 样品采样数量

类别	细菌	养殖场同圈舍采样量 份	屠宰场同来源采样量 份
指示菌	肠球菌	8～10	10～20
	大肠埃希氏菌	8～10	10～20
病原菌	沙门氏菌	10～15	20～30
	弯曲杆菌	10～15	15～25
	金黄色葡萄球菌	10～20	10～30
	产气荚膜梭菌	5～10	10～30
	副猪嗜血杆菌	10～20	10～30
	伪结核棒状杆菌	10～20	10～30

附　录　C
（资料性）
常见样品类型

常见样品类型见表 C.1。

表 C.1　常见样品类型

细菌名称	样品类型	
	养殖场	屠宰场
大肠埃希氏菌、沙门氏菌、肠球菌	直肠/泄殖腔拭子 新鲜粪便/粪便拭子	畜禽直肠/泄殖腔拭子 新鲜粪便/粪便拭子 肠道内容物
弯曲杆菌	新鲜粪便或直肠/泄殖腔拭子	新鲜粪便 肠道内容物
产气荚膜梭菌	新鲜粪便 疑似病料:肝、脾、肠内容物等	新鲜粪便 肠道内容物
金黄色葡萄球菌	鼻拭子/咽拭子 牛奶	鼻拭子/咽拭子
副猪嗜血杆菌	鼻拭子 疑似病料:关节液、肺、心、肝、脾、肾、脑等	心血（抗凝） 肺、淋巴结
伪结核棒状杆菌	羊鼻腔拭子或咽喉拭子 疑似病料(羊):脓汁、肺等	羊鼻腔拭子或咽喉拭子 肺
注:若采集猪鼻拭子用于分离副猪嗜血杆菌,应选取 30 日龄~75 日龄的保育猪。		

附　录　D
（资料性）
采样记录表

采样记录的信息见表 D.1。

表 D.1　采样记录表

采样地：＿＿＿＿＿＿＿＿＿＿＿　　　　　养殖场/屠宰场名称：＿＿＿＿＿＿＿＿＿＿
采样时间：＿＿＿＿＿＿＿＿＿＿　　　　　联系人姓名、电话：＿＿＿＿＿＿＿＿＿＿

样品来源：			样品数量：		
□猪＿＿＿＿＿＿品系＿＿＿＿＿日龄＿＿＿＿＿ □鸡＿＿＿＿＿＿品系＿＿＿＿＿日龄＿＿＿＿＿ □牛＿＿＿＿＿＿品系＿＿＿＿＿日龄＿＿＿＿＿ 其他＿＿＿＿＿品系＿＿＿＿＿日龄＿＿＿＿＿			□直肠/泄殖腔拭子□粪便□肠道内容物 □生鲜乳□咽/喉拭子 其他＿＿＿＿＿		
采样动物健康状况：□ 健康　□发病　　养殖量／屠宰量：					
发病情况：□ 无 首发病例出现日期：＿＿＿＿＿＿＿＿＿＿＿＿＿＿＿继发病例出现日期：＿＿＿＿＿＿＿＿＿＿＿ 发病动物数：＿＿＿＿＿＿日龄：＿＿＿＿＿＿　　　死亡动物数：＿＿＿＿＿＿日龄：＿＿＿＿＿＿ 发病动物的临床症状：＿＿＿＿＿＿＿＿＿＿＿＿＿＿＿＿＿＿＿＿＿＿＿＿＿＿＿＿＿＿＿＿＿＿＿＿＿＿ ＿＿ 　　持续时间：＿＿＿＿＿＿＿＿＿＿					
预防用抗菌药种类与使用方式			治疗用抗菌药种类与使用方式		
药物名称			药物名称		
使用方式			使用方式		
剂量	单个动物剂量			剂量	单个动物剂量		
	饮水添加剂量				饮水添加剂量		
	饲料添加剂量				饲料添加剂量		
用药天数			用药天数		

采样人(签名)：　　　　　　　　　　　　　　　　　　时间：＿＿＿＿年＿＿＿＿月＿＿＿＿日

ICS 67.120.10
CCS X 22

NY

中华人民共和国农业行业标准

NY/T 4142—2022

动物源细菌抗菌药物敏感性测试技术
规程　微量肉汤稀释法

Technical code of practice of antimicrobial susceptibility tests for bacteria isolated
from animals—Broth microdilution method

2022-07-11 发布

2022-10-01 实施

中华人民共和国农业农村部 发布

前　言

本文件按照 GB/T 1.1—2020《标准化工作导则　第 1 部分：标准化文件的结构和起草规则》的规定起草。

请注意本文件的某些内容可能涉及专利。本文件的发布机构不承担识别专利的责任。

本文件由农业农村部畜牧兽医局提出。

本文件由全国兽药残留与耐药性控制专家委员会归口。

本文件起草单位：中国兽医药品监察所、上海市动物疫病预防控制中心。

本文件主要起草人：张纯萍、姜芹、赵琪、张文刚、宋立、孙冰清、崔明全、商军、徐士新、顾欣、王鹤佳。

动物源细菌抗菌药物敏感性测试技术规程
微量肉汤稀释法

1 范围

本文件规定了动物源细菌对抗菌药物敏感性测试微量肉汤稀释法的操作步骤、结果判读、质量控制、记录及生物安全等技术要求。

本文件适用于采用微量肉汤稀释法测定抗菌药物对动物源细菌的最小抑菌浓度(MIC)。

2 规范性引用文件

下列文件中的内容通过文中的规范性引用而构成本文件必不可少的条款。其中,注日期的引用文件,仅该日期对应的版本适用于本文件;不注日期的引用文件,其最新版本(包括所有的修改单)适用于本文件。

GB/T 6682 分析实验室用水规格和试验方法

GB 19489 实验室 生物安全通用要求

3 术语和定义

下列术语和定义适用于本文件。

3.1

最小抑菌浓度 minimum inhibitory concentration,MIC

能抑制肉眼可见的细菌生长的最低抗菌药物浓度。

3.2

菌落形成单位 colony forming unit,CFU

在琼脂平板上经过一定温度和时间培养后形成的每一个菌落。

4 试剂或材料

4.1 要求

除另有规定外,所有试剂均为分析纯,水为符合 GB/T 6682 规定的三级水,培养基或缓冲液按附录 A 配制或用商品化产品。

4.2 试剂

4.2.1 氯化钠。

4.2.2 氯化钙。

4.2.3 氯化镁。

4.2.4 抗菌药物:应选择标准品或对照品,具体种类见附录 B 的表 B.1 和表 B.2。

4.3 溶液制备

4.3.1 无菌生理盐水:取氯化钠 8.5 g,加水适量使溶解并稀释至 1 000 mL,121 ℃灭菌 15 min。

4.3.2 抗菌药物非水溶剂和稀释剂:按照附录 C 中表 C.1 的规定执行。

4.4 培养基制备

4.4.1 阳离子调节 Mueller-Hinton 肉汤(CAMHB):按照 A.1 的规定执行。

4.4.2 营养琼脂:按照 A.2 的规定执行。

4.4.3 哥伦比亚血琼脂:按照 A.3 的规定执行。

4.4.4 MH 琼脂:按照 A.4 的规定执行。

4.5 质控菌株

4.5.1 大肠埃希菌 ATCC 25922:用作肠杆菌科的质控。

4.5.2 粪肠球菌 ATCC 29212:用作肠球菌属的质控。

4.5.3 铜绿假单胞菌 ATCC 27853:用作铜绿假单胞菌的质控。

4.5.4 金黄色葡萄球菌 ATCC 29213:用作葡萄球菌属的质控。

4.5.5 空肠弯曲杆菌 ATCC 33560:用作弯曲杆菌属的质控。

4.5.6 肺炎链球菌 ATCC 49619:用作链球菌属和巴氏杆菌属的质控。

4.6 材料

0.5 麦氏单位(McFarland)标准比浊液。

5 仪器设备

5.1 pH 计:测量范围 pH 0~14,精度 0.02 pH 单位。

5.2 恒温培养箱。

5.3 微需氧培养箱或微需氧产气袋。

5.4 二级生物安全柜。

5.5 超低温冰箱:-70 ℃(或以下)。

5.6 微量移液器:10 μL,100 μL,1 000 μL。

5.7 比浊仪:精确度±0.10 麦氏浊度单位(MCF)。

5.8 分析天平:感量 0.01 mg 和 0.01 g。

5.9 全自动药敏判读系统。

6 操作步骤

6.1 抗菌药物溶液制备
6.1.1 储备液

取抗菌药物适量,精密称定,加水或其他适宜溶剂溶解并稀释(按照表 C.1 的规定执行)至浓度至少为 1 000 μg/mL(如 1 280 μg/mL),或为最高测试浓度的 10 倍以上。-70 ℃(或以下)保存,有效期 6 个月。临用前从冰箱取出,静置至室温。避免反复冻融。

6.1.2 工作液

取储备液用 CAMHB 稀释至一定浓度后,倍比稀释至测试系列浓度。工作液浓度宜覆盖敏感性折点值、质控菌质控范围。

6.2 药敏板的制备

取无菌 96 孔板,设阳性对照和阴性对照各 1 孔,分别加入无菌 CAMHB 50 μL,其余孔中加入系列抗菌药物工作液各 50 μL,备用。药敏板应当天使用,或立即置-70 ℃(或以下)保存备用,临用前从冰箱中取出,静置至室温。避免反复冻融。

使用商品化药敏检测试剂盒时,按照其使用说明进行操作。

6.3 菌悬液的制备
6.3.1 初始菌悬液

a)、b)两种方法任选其一。

   a) 直接菌悬液法:取质控菌、测试菌单菌落,分别置于无菌生理盐水或无菌 CAMHB 中,用比浊仪或 0.5 麦氏单位标准比浊液调菌液浓度至 0.5 麦氏单位(相当于 $1.0×10^8$ CFU/mL~$2.0×10^8$ CFU/mL);

   b) 生长法:取质控菌、测试菌单菌落,分别置于加有 4 mL~5 mL 无菌 CAMHB 的试管中,(35±2) ℃培养 3 h~5 h。将培养好的菌液用无菌生理盐水或无菌 CAMHB 调菌液浓度至 0.5 麦氏单位(相当于 1.0×10⁸ CFU/mL~2.0×10⁸ CFU/mL)。适用于菌落不易直接乳化而不能获得浓度均一菌悬液的细菌。

6.3.2 工作菌悬液

初始菌悬液用无菌 CAMHB 进行 1:100 稀释,即为工作菌悬液。制备 15 min 内完成接种。

6.4 接种

取药敏板,阴性对照孔加入无菌 CAMHB 50 μL,其余孔中加入工作菌悬液各 50 μL(最终菌浓度约为 5×10⁵ CFU/mL),混匀。

6.5 培养

接种后的药敏板置于(35±2) ℃培养(18±2) h。

常见苛养菌的培养基、培养液及培养条件按照附录 D 的规定执行。

7 结果判读

7.1 阴性对照和阳性对照

取培养后的药敏板,在黑色背景下观察(或选用全自动药敏判读系统)。阴性对照应无菌生长,孔内液体未见浑浊;阳性对照有菌生长,孔内液体浑浊或形成菌团/菌斑。否则,本次试验结果无效。

7.2 质控菌株 MIC

在间接无反射光的黑色背景下观察,根据抗菌药物的浓度范围,以无菌生长的最低浓度为该抗菌药物的 MIC。质控菌株的 MIC 值应位于质控范围内(见表 B.1 和表 B.2)。否则,本次试验结果无效。

7.3 测试菌株 MIC

在符合 7.1 和 7.2 要求的前提下,与 7.2 同法判读 MIC。

7.4 注意事项

结果判读注意事项如下:

a) 如存在一个跳孔,应读取高浓度为 MIC;如存在多孔跳孔现象,需重新测定;

b) 对甲氧苄啶和磺胺类药物,应以生长减少 80% 以上(与阳性对照比较)的最小药物浓度为 MIC;

c) 氯霉素、克林霉素、红霉素、利奈唑胺和四环素对革兰阳性球菌的 MIC,应为拖尾现象开始第一个孔的浓度,忽略微小菌膜。

8 质量控制

8.1 质控菌株

质控菌株可从 ATCC 或参考实验室以及商业机构获得。保存其来源和传代等记录,以保证质控菌株性能满足要求。传代不宜超过 5 次。

8.2 测试菌株

冻存菌株至少复壮 2 次,24 h 内使用。

8.3 质控频率

8.3.1 日质控

日质控(15-重复方案)应对质控菌株每天重复测定 3 次,每次单独制备接种物,连续测定 5 d,记录药物的 MIC 值,并将 MIC 值与质控菌株要求范围进行比较(见表 B.1 和表 B.2),根据检测结果是否在控,决定是否转周质控。日质控(15-重复方案)中可接受标准和推荐措施见表 1。

表 1 日质控(15-重复方案)中可接受标准和推荐措施

初始实验超出范围次数 (基于 15 个重复)	初始实验结论 (基于 15 个重复)	重复实验后超出范围次数 (基于 30 个重复)	重复实验后结论
0~1	方案成功,执行周质控	—	—

表 1（续）

初始实验超出范围次数 （基于 15 个重复）	初始实验结论 （基于 15 个重复）	重复实验后超出范围次数 （基于 30 个重复）	重复实验后结论
2～3	再进行另一个 15-重复（3×5 d）方案	2～3	方案成功,执行周质控
≥4	方案失败,调查并采取适当纠正措施,继续日质控	≥4	方案失败,调查采取适当纠正措施,继续日质控

8.3.2 周质控

实验室在日质控情况符合要求的条件下执行周质控,即每周检测 1 次。如周质控失控,应调查并采取适当纠正措施。对于某些不稳定易降解的抗菌药物,质控频率可增加。

8.4 质控结果失控原因分析和纠正措施

8.4.1 失控原因

失控原因可分为随机误差、可确认的误差和系统误差。随机误差和可确认的误差可通过简单重复进行质控予以纠正;而系统误差不可通过简单重复进行质控予以纠正。当失控原因为可确认的误差（即误差原因易发现和易纠正）,在失控当天进行重复检测相同质控菌株/抗菌药物组合,其结果在控,则可不必进一步纠错。当失控原因为不可确认的误差,则应执行以下纠正措施:

a) 若为日质控,则失控当天采用相同的质控菌株/抗菌药物组合重复进行检测。若在控,继续执行日质控;若不在控,执行纠正措施,按 8.4.2 的规定执行。

b) 若为周质控,则失控当天重复检测相同的质控菌株/抗菌药物组合。若重复检测的结果在控,且已找到失控的原因,连续 5 d 重复使用同一批号的试剂检测所有抗菌药物/质控菌株组合的质控结果。若 5 次检测结果均可控,可继续执行周质控;若 3 次检测结果在控,继续执行连续 2 d 重复检测直至 5 次结果在控。

8.4.2 纠正措施

纠正措施包括:

a) 若重复检测仍不在控,执行纠正措施;

b) 继续执行日质控直至找到失控原因;

c) 选用新的质控菌株或新的试剂批号或新的品牌;

d) 在寻找失控原因过程中,可采用替代性检测试验。

9 记录

记录应至少包括以下内容:

a) 菌株信息,包括质控菌和测试菌的名称、来源和编号等;

b) 药物信息,包括通用名称、测试浓度范围等;

c) MIC 结果。

10 生物安全

实验室设施设备、人员防护及实验的安全操作、实验废弃物和菌株的处理应符合 GB 19489 的要求。

附 录 A

（规范性）

培 养 基

A.1 阳离子调节 Mueller-Hinton 肉汤（CAMHB）

A.1.1 MH 肉汤

A.1.1.1 成分

牛肉粉	2.0 g
可溶性淀粉	1.5 g
酸水解酪蛋白	17.5 g
水	1 000 mL

A.1.1.2 制备

按 A.1.1.1 取各固体成分，加水 1 000 mL，搅拌使溶解，调 pH 使灭菌后在 25 ℃ pH 为 7.0±0.2，121 ℃高压灭菌 15 min。

A.1.2 氯化钙溶液

A.1.2.1 成分

氯化钙（$CaCl_2 \cdot 2H_2O$）	3.68 g
水	100 mL

A.1.2.2 制备

将氯化钙加入水中，搅拌使溶解，过 0.22 μm 滤膜，冷藏。

A.1.3 氯化镁溶液

A.1.3.1 成分

氯化镁（$MgCl_2 \cdot 6H_2O$）	8.36 g
水	100 mL

A.1.3.2 制备

将氯化镁加入水中，搅拌使溶解，过 0.22 μm 滤膜，冷藏。

A.1.4 完全肉汤

A.1.4.1 成分

氯化钙溶液	0.1 mL
氯化镁溶液	0.1 mL
MH 肉汤	1 000 mL

A.1.4.2 制备

在无菌条件下将 A.1.4.1 中各成分混匀，冷藏备用。

注：测试弯曲杆菌属或链球菌属细菌时，CAMHB 应加 2.5%～5%裂解马血。

A.2 营养琼脂

A.2.1 成分

胨	10.0 g
牛肉浸出粉	3.0 g
氯化钠	5.0 g

| 琼脂 | 15.0 g |
| 水 | 1 000 mL |

A.2.2　制备

除琼脂外,取 A.2.1 中各成分,混合,微温溶解,调节 pH 使灭菌后在 25 ℃的 pH 为 7.3 ± 0.2;加入琼脂,加热溶化,分装,在 115 ℃高压灭菌 30 min。

A.3　哥伦比亚血琼脂

A.3.1　成分

哥伦比亚血琼脂基础培养基	42.5 g
无菌脱纤维羊血	50.0 mL~100.0 mL
水	1 000 mL

A.3.2　制备

除无菌脱纤维羊血外中,取 A.3.1 中各成分,混合,微热溶解,调 pH 使灭菌后在 25 ℃的 pH 为 7.3±0.2,分装,在 121 ℃灭菌 15 min,冷却至 45 ℃~50 ℃。加无菌脱纤羊血(5 mL~10 mL)/100 mL,混匀,倾注平板,凝固。抽样置于(35±2)℃中培养 18 h~24 h。如无菌生长,0 ℃~4 ℃保存备用。

A.4　MH 琼脂

A.4.1　成分

牛肉浸膏粉	5.0 g
干酪素水解物	17.5 g
水解性淀粉	1.5 g
琼脂	15.0 g
水	1 000 mL

A.4.2　制备

除琼脂外,取 A.4.1 中各成分混合,微温溶解,调 pH 使灭菌后在 25 ℃的 pH 为 7.3±0.2,加入琼脂,微热溶解,分装,121 ℃灭菌 15 min。

注:如需配制含 5％羊血 MH 琼脂,则在灭菌后冷至 50 ℃~55 ℃时无菌操作按比例加入 5％无菌脱纤维羊血,混匀后倾注平板。

附　录　B

（资料性）

抗菌药物对质控菌株 MIC 的控制范围

B.1　抗菌药物对部分质控菌株的 MIC 质控范围

见表 B.1。

表 B.1　抗菌药物对部分质控菌株的 MIC 质控范围

单位为微克每毫升

抗菌药物	质控菌株 MIC 范围				
	金黄色葡萄球菌 ATCC 29213	粪肠球菌 ATCC 29212	大肠埃希菌 ATCC 25922	铜绿假单胞菌 ATCC 27853	肺炎链球菌 ATCC 49619
阿米卡星	1～4	64～256	0.5～4	1～4	—
阿莫西林/克拉维酸	0.12/0.06～0.5/0.25	0.25/0.12～1.0/0.5	2/1～8/4	—	0.03/0.015～0.12/0.06
氨苄西林	0.5～2	0.5～2	2～8	—	0.06～0.25
安普霉素	2～8	—	2～16	2～16	—
头孢唑林	0.25～1	—	1～4	—	—
头孢西丁	1～4	—	2～8	—	—
头孢泊肟	1～8	—	0.25～1	—	0.03～0.12
头孢喹肟	0.25～2	—	0.03～0.12	—	0.015～0.06
头孢噻呋	0.25～1	—	0.25～1	16～64	—
头孢噻吩	0.12～0.5	—	4～16	—	0.5～2
头孢他啶	4～16	—	0.06～0.5	1～4	—
氯霉素	2～8	4～16	2～8	—	2～8
克林霉素	0.06～0.25	4～16	—	—	0.03～0.12
氧氟沙星	0.12～1	1～4	0.016～0.12	1～8	1～4
达氟沙星	0.06～0.25	0.25～1	0.008～0.06	0.5～2	—
二氟沙星	0.06～0.5	1～4	0.015～0.12	1～8	—
恩诺沙星	0.03～0.12	0.12～1	0.008～0.03	1～4	—
利奈唑胺	1～4	1～4	—	—	0.25～2
黏菌素	—	—	0.25～2	0.5～4	—
红霉素	0.25～1	1～4	—	—	0.03～0.12
氟苯尼考	2～8	2～8	2～8	—	1～4
庆大霉素	0.12～1	4～16	0.25～1	0.5～2	—
亚胺培南	0.015～0.06	0.5～2	0.06～0.5	1～4	0.03～0.12
卡那霉素	1～4	16～64	1～4	—	—
马波沙星	0.12～0.5	0.5～2	0.008～0.03	0.5～2	—
苯唑西林	0.12～0.5	8～32	—	—	—
青霉素	0.25～2	1～4	—	—	0.25～1
利福平	0.004～0.016	0.5～4	4～16	16～64	0.016～0.06
大观霉素	64～256	64～256	8～64	≥256	—
磺胺异噁唑	32～128	32～128	8～32	—	—
四环素	0.12～1	8～32	0.5～2	8～32	0.12～0.5
泰妙菌素	0.5～2	—	—	—	0.5～4
替卡西林	2～8	16～64	4～16	8～32	—
替卡西林/克拉维酸	0.5/2～2/2	16/2～64/2	4/2～16/2	8/2～32/2	—
替米考星	1～4	8～32	—	—	—

表 B.1（续）

抗菌药物	质控菌株 MIC 范围				
	金黄色葡萄球菌 ATCC 29213	粪肠球菌 ATCC 29212	大肠埃希菌 ATCC 25922	铜绿假单胞菌 ATCC 27853	肺炎链球菌 ATCC 49619
泰乐菌素	0.5～4	0.5～4	—	—	—
甲氧苄啶/磺胺甲噁唑	≤0.5/9.5	≤0.5/9.5	≤0.5/9.5	8/152～32/608	0.12/2.4～1/19
万古霉素	0.5～2	1～4	—	—	0.12～0.5
美罗培南	0.03～0.12	2～8	0.008～0.06	0.12～1	0.03～0.25
注："—"表示无相应的质控范围。					

B.2 抗菌药物对空肠弯曲杆菌(ATCC 33560)的 MIC 质控范围

见表 B.2。

表 B.2 抗菌药物对空肠弯曲杆菌(ATCC 33560)的 MIC 质控范围

单位为微克每毫升

抗菌药物	MIC 质控范围	
	(36 ℃～37 ℃)/48 h	42 ℃/24 h
阿奇霉素	0.03～0.25	0.03～0.12
氯霉素	1～8	1～4
环丙沙星	0.06～0.25	0.03～0.12
克拉霉素	0.5～2	0.5～2
克林霉素	0.12～1	0.12～0.5
多西环素	0.12～0.5	0.12～0.5
红霉素	0.5～2	0.25～2
氟苯尼考	1～4	0.5～2
庆大霉素	0.5～2	0.25～2
左氧氟沙星	0.06～0.25	0.03～0.25
美罗培南	0.008～0.03	0.008～0.03
萘啶酸	4～16	4～16
四环素	0.25～2	0.25～1

附 录 C

（规范性）

非水溶剂和稀释剂

制备抗菌药物储备液所用溶剂和稀释剂见表 C.1。

表 C.1 抗菌药物储备液所用溶剂和稀释剂

抗菌药物	溶剂	稀释剂
阿莫西林、克拉维酸、替卡西林	0.1 mol/L 磷酸盐缓冲液(pH 6.0)	0.1 mol/L 磷酸盐缓冲液(pH 6.0)
氨苄西林	0.1 mol/L 磷酸盐缓冲液(pH 8.0)	0.1 mol/L 磷酸盐缓冲液(pH 6.0)
头孢泊肟	0.10%(11.9 mmol/L)碳酸氢钠水溶液	水
头孢噻吩	0.1 mol/L 磷酸盐缓冲液(pH 6.0)	水
呋喃妥因	0.1 mol/L 磷酸盐缓冲液(pH 8.0)	0.01 mol/L 磷酸盐缓冲液(pH 8.0)
亚胺培南	0.01 mol/L 磷酸盐缓冲液(pH 7.2)	0.01 mol/L 磷酸盐缓冲液(pH 7.2)
恩诺沙星、二氟沙星	1/2 体积的水,然后逐滴加入 1 mol/L 的 NaOH 溶液直至溶解	水
磺胺类药物	1/2 体积的热水,然后加入至少 2.5 mol/L 的 NaOH 溶液直至溶解	水
甲氧苄啶	0.05 mol/L 的乳酸或者盐酸,至终体积的 10%	水(可加热)
利福平	甲醇	水(振摇)
氯霉素、红霉素、氟苯尼考、泰乐菌素、替米考星	95%乙醇	水
莫能菌素	甲醇	甲醇
应确保溶剂和稀释剂的有效性。		

附 录 D

（规范性）

常见苛养菌 MIC 测定所需培养基/液及培养条件

常见苛养菌 MIC 测定所需培养基/液及培养条件见表 D.1。

表 D.1　常见苛养菌 MIC 测定所需培养基/液及培养条件

苛养菌种类	培养基	培养液	培养条件
链球菌属	哥伦比亚血琼脂	CAMHB+(2.5%～5%)裂解马血	(35±2)℃,20 h～24 h
弯曲杆菌属	哥伦比亚血琼脂	CAMHB+(2.5%～5%)裂解马血	(35±1)℃,48 h;或 42 ℃,24 h; 10%CO_2,5%O_2,85%N_2
多杀性巴氏杆菌	含 5%羊血的 MH 琼脂	CAMHB	(35±2)℃,18 h～24 h
其他苛养菌 MIC 测定所需培养基及培养条件应根据相关标准的规定执行。			

ICS 67.120.10
CCS X 22

NY

中华人民共和国农业行业标准

NY/T 4143—2022

动物源细菌抗菌药物敏感性测试技术
规程　琼脂稀释法

Technical code of practice of antimicrobial susceptibility tests for bacteria isolated
from animals—Agar dilution method

2022-07-11发布

2022-10-01实施

中华人民共和国农业农村部 发布

前　言

本文件按照 GB/T 1.1—2020《标准化工作导则　第 1 部分:标准化文件的结构和起草规则》的规定起草。

请注意本文件的某些内容可能涉及专利。本文件的发布机构不承担识别专利的责任。

本文件由农业农村部畜牧兽医局提出。

本文件由全国兽药残留与耐药性控制专家委员会归口。

本文件起草单位:中国兽医药品监察所、中国动物卫生与流行病学中心。

本文件主要起草人:张纯萍、王娟、赵琪、曲志娜、刘俊辉、黄秀梅、宋立、李月华、崔明全、张青青、徐士新、王鹤佳、刘娜、王君玮。

动物源细菌抗菌药物敏感性测试技术规程
琼脂稀释法

1 范围

本文件规定了动物源细菌对抗菌药物敏感性测试琼脂稀释法的操作步骤、结果判读、质量控制、记录及生物安全的要求。

本文件适用于采用琼脂稀释法测定抗菌药物对动物源细菌的最小抑菌浓度(MIC)。

2 规范性引用文件

下列文件中的内容通过文中的规范性引用而构成本文件必不可少的条款。其中,注日期的引用文件,仅该日期对应的版本适用于本文件;不注日期的引用文件,其最新版本(包括所有的修改单)适用于本文件。

GB/T 6682 分析实验室用水规格和实验方法

GB 19489 实验室 生物安全通用要求

3 术语和定义

下列术语和定义适用于本文件。

3.1

最小抑菌浓度 minimum inhibitory concentration,MIC

能抑制肉眼可见的细菌生长的最低抗菌药物浓度。

3.2

菌落形成单位 colony forming unit,CFU

在琼脂平板上经过一定温度和时间培养后形成的每一个菌落。

4 试剂或材料

4.1 要求

除另有规定外,所有试剂均为分析纯,水为符合 GB/T 6682 规定的三级水,培养基或按附录 A 配制或用商品化产品。

4.2 试剂

4.2.1 氯化钠。

4.2.2 抗菌药物:应选择标准品或对照品,具体种类见附录 B 中的表 B.1 和表 B.2。

4.3 溶液配制

4.3.1 无菌生理盐水:取氯化钠 8.5 g,加水适量使溶解并稀释至 1 000 mL,121 ℃高压灭菌 15 min。

4.3.2 抗菌药物非水溶剂/稀释剂:按照附录 C 中 C.1 的规定执行。

4.4 培养基制备

4.4.1 阳离子调节 Mueller-Hinton 肉汤(CAMHB):按照 A.1 的规定执行。

4.4.2 营养琼脂(NA):按照 A.2 的规定执行。

4.4.3 MH 琼脂:按照 A.3 的规定执行;

4.4.4 哥伦比亚血琼脂:按照 A.4 的规定执行。

4.5 质控菌株

4.5.1 大肠埃希菌 ATCC 25922:用作肠杆菌科的质控菌。

4.5.2 粪肠球菌 ATCC 29212:用作肠球菌属的质控菌。

4.5.3 铜绿假单胞菌 ATCC 27853:用作铜绿假单胞菌的质控菌。

4.5.4 金黄色葡萄球菌 ATCC 29213:用作葡萄球菌属的质控菌。

4.5.5 空肠弯曲杆菌 ATCC 33560:用作弯曲杆菌的质控菌。

4.5.6 肺炎链球菌 ATCC 49619:用作链球菌、巴氏杆菌的质控菌。

4.6 材料

0.5 麦氏单位(McFarland)标准比浊液。

5 仪器设备

5.1 pH 计:测量范围 pH 0~14,精度 0.02 pH 单位。

5.2 恒温培养箱:(35±2)℃,(42±2)℃。

5.3 CO_2 培养箱:(35±2)℃,(42±2)℃。

5.4 二级生物安全柜。

5.5 超低温冰箱:-70 ℃或以下。

5.6 点接种仪。

5.7 比浊仪:精确度±0.10 麦氏单位(MCF)。

5.8 接种针。

5.9 分析天平:感量 0.01 mg 和 0.01 g。

6 操作步骤

6.1 抗菌药物溶液制备

6.1.1 储备液

取抗菌药物适量,精密称定,加水或其他适宜溶剂溶解并稀释(按照表 C.1 的规定执行)至浓度至少为 1 000 μg/mL(如 1 280 μg/mL),或为最高测试浓度的 10 倍以上。-70 ℃或以下保存,有效期半年。

6.1.2 工作液

取储备液,用 CAMHB 稀释至一定浓度,再倍比稀释至测试系列浓度。工作液浓度宜覆盖敏感性折点值、质控菌质控范围等。

6.2 含药琼脂板的制备

MH 琼脂(苛氧菌的培养基见附录 D)高压灭菌,冷却至 45 ℃~50 ℃,加抗菌药物系列工作液适量,混匀,倾注平板(厚度约 4 mm),室温凝固,即形成系列稀释浓度的含药琼脂板。当天使用;或密封后冷藏,放置时间不超过 5 d。

6.3 工作菌悬液的制备

a)、b)两种方法任选其一:

a) 直接菌悬液法:取质控菌、测试菌单菌落,分别置于无菌生理盐水或无菌 CAMHB 中,用比浊仪或 0.5 麦氏单位标准比浊液调节菌液浓度至 0.5 麦氏单位(相当于 $1.0×10^8$ CFU/mL~$2.0×10^8$ CFU/mL);

b) 生长法:取质控菌、测试菌单菌落,分别置于加有 4 mL~5 mL 无菌 CAMHB 的试管中,(35±2)℃培养 3 h~5 h。取菌液适量,用无菌生理盐水或无菌 CAMHB 调节菌液浓度至 0.5 麦氏单位(相当于 $1.0×10^8$ CFU/mL~$2.0×10^8$ CFU/mL)。适用于菌落不易直接乳化而不能获得浓度均一菌悬液的细菌。

注:工作菌悬液应在制备后 15 min 内完成接种。

6.4 接种

取工作菌悬液,加入点接种仪小管中,根据点接种仪针孔大小选择 a)或 b)针孔,接种于 MH 琼脂平板。同时以 CAMHB 为阴性对照,相应的工作菌悬液为阳性对照。

a) 针孔大小为 1 mm 时,直接接种 0.1 μL 工作菌悬液;

b) 针孔大小为 3 mm 时,先将工作菌悬液用 CAMHB 稀释 10 倍,再接种 2 μL 于琼脂平板。

6.5 培养

(35±2)℃培养(18±2) h;苛养菌的培养条件按附录 D 的规定执行。

7 结果判读

7.1 阴性对照和阳性对照

阴性对照应无菌生长,阳性对照在接种部位形成菌团或菌斑;否则,实验结果无效。

7.2 质控菌株 MIC 范围

根据抗菌药物的浓度及排布,以无菌生长的最低浓度为该药物的 MIC。质控菌株的 MIC 值应位于质控菌株的质控范围(见表 B.1 和表 B.2)内,否则,实验结果无效。

7.3 测试菌株

在符合 7.1 和 7.2 要求的前提下,与 7.2 同法判读 MIC。

8 质量控制

8.1 质控菌株

质控菌株可从 ATCC 或参考实验室以及商业机构获得。保存其来源和传代等记录,以保证质控菌株性能满足要求。传代不宜超过 5 次。

8.2 测试菌株

冻存菌株至少复壮 2 次,24 h 内使用。

8.3 质控频率
8.3.1 日质控

日质控(15-重复方案)应对质控菌株每天重复测定 3 次,每次单独制备接种物,连续测定 5 d,记录药物的 MIC 值,并将 MIC 值与质控菌株要求范围进行比较(见表 B.1 和表 B.2),根据检测结果是否在控决定是否转周质控。日质控(15-重复方案)中可接受标准和推荐措施见表 1。

表 1 日质控(15-重复方案)中可接受标准和推荐措施

初始实验超出范围次数 (基于 15 个重复)	初始实验结论 (基于 15 个重复)	重复实验后超出范围次数 (基于 30 个重复)	重复实验后结论
0~1	方案成功,执行周质控	—	—
2~3	再进行另一个 15-重复(3×5 d)方案	2~3	方案成功,执行周质控
≥4	方案失败,调查并采取适当纠正措施,继续日质控	≥4	方案失败,调查采取适当纠正措施,继续日质控

8.3.2 周质控

实验室在日质控情况符合要求的条件下或在实验体系未有任何改变时执行周质控,即每周检测 1 次。如周质控失控,应调查并采取适当纠正措施。对于某些不稳定易降解的抗菌药物,质控频率可增加。

8.4 质控结果失控原因分析和纠正措施
8.4.1 失控原因

失控原因可分为随机误差、可确认的误差和系统误差。随机误差和可确认的误差可通过简单重复进行质控予以纠正;而系统误差不可通过简单重复进行质控予以纠正。当失控原因为可确认的误差(即误差原因易发现和易纠正），在失控当天进行重复检测相同质控菌株/抗菌药物组合，其结果在控，则可不必进一步纠错。当失控原因为不可确认的误差，则应执行以下纠正措施：

 a) 若为日质控，则失控当天采用相同的质控菌株/抗菌药物组合重复进行检测。若在控，继续执行日质控；若不在控，执行纠正措施，按8.4.2的规定执行。

 b) 若为周质控，则失控当天重复检测相同的质控菌株/抗菌药物组合。若重复检测的结果在控，且已找到失控的原因，连续5 d重复使用同一批号的试剂检测所有抗菌药物/质控菌株组合的质控结果。若5次检测结果均可控，可继续执行周质控；若3次检测结果在控，继续执行连续2 d重复检测直至5次结果在控。

8.4.2 纠正措施

纠正措施包括：

 a) 若重复检测仍不在控，执行纠正措施；

 b) 继续执行日质控，直至找到失控原因；

 c) 选用新的质控菌株或新的试剂批号或新的品牌；

 d) 在寻找失控原因过程中，可采用替代性检测试验。

9 记录

记录应至少包括以下内容：

 a) 菌株信息，包括质控菌株和测试菌株的名称、来源、编号等；

 b) 药物信息，包括药物通用名称、测试浓度范围等；

 c) MIC值。

10 生物安全

实验室设施设备、人员防护、实验操作、实验废弃物及菌株的处理应符合GB 19489的要求。

附　录　A
（规范性）
培　养　基

A.1　阳离子调节 Mueller-Hinton 肉汤(CAMHB)

A.1.1　MH 肉汤

A.1.1.1　成分

牛肉粉	2.0 g
可溶性淀粉	1.5 g
酸水解酪蛋白	17.5 g
水	1 000 mL

A.1.1.2　制备

按 A.1.1.1 取各固体成分,加水 1 000 mL,搅拌使溶解,调 pH 使灭菌后在 25 ℃ pH 为 7.0±0.2,121 ℃高压灭菌 15 min。

A.1.2　氯化钙溶液

A.1.2.1　成分

氯化钙($CaCl_2 \cdot 2H_2O$)	3.68 g
水	100 mL

A.1.2.2　制备

将氯化钙加入水中,搅拌使溶解,过 0.22 μm 滤膜,冷藏。

A.1.3　氯化镁溶液

A.1.3.1　成分

氯化镁($MgCl_2 \cdot 6H_2O$)	8.36 g
水	100 mL

A.1.3.2　制备

将氯化镁加入水中,搅拌使溶解,过 0.22 μm 滤膜,冷藏。

A.1.4　完全肉汤

A.1.4.1　成分

氯化钙溶液	0.1 mL
氯化镁溶液	0.1 mL
MH 肉汤	1 000 mL

A.1.4.2　制备

在无菌条件下将 A.1.4.1 中各成分混匀,冷藏备用。

A.2　营养琼脂(NA)

A.2.1　成分

蛋白胨	10.0 g
牛肉浸膏粉	3.0 g
氯化钠	5.0 g
琼脂	15.0 g

水   1 000 mL

A.2.2 制法

除琼脂外,将 A.2.1 的各成分加入水中,混匀,微温溶解,调节 pH 使灭菌后在 25 ℃的 pH 为 7.3± 0.2;加入琼脂,微温溶解,115 ℃高压灭菌 15 min,倾注平板。0 ℃～4 ℃保存 7 d。

A.3 MH 琼脂

A.3.1 成分

牛肉浸膏粉   5.0 g

干酪素水解物   17.5 g

水解性淀粉   1.5 g

琼脂   13.0 g～15.0 g

水   1 000 mL

A.3.2 制法

除琼脂外,将 A.3.1 的各成分加入水中,混匀,微温溶解,调节 pH 使灭菌后在 25 ℃的 pH 为 7.3± 0.2;加入琼脂,微温溶解,121 ℃高压灭菌 15 min,倾注平板。0 ℃～4 ℃保存 7 d。

A.4 哥伦比亚血琼脂

A.4.1 成分

哥伦比亚血琼脂基础培养基   42.5 g

无菌脱纤羊血   50 mL～100 mL

水   1 000 mL

A.4.2 制法

除无菌脱纤维羊血外,取 A.4.1 中各成分混合,微温溶解,调 pH 使灭菌后在 25 ℃的 pH 为 7.3± 0.2,分装,121 ℃高压灭菌 15 min,冷却,至 45 ℃～50 ℃,加无菌脱纤羊血(5 mL～10 mL)/100 mL,混匀,倾注平板。抽样,(35±2)℃培养 18 h～24 h,应无菌生长。0 ℃～4 ℃保存。

附　录　B

（资料性）

抗菌药物对质控菌株最小抑菌浓度（MIC）的控制范围

B.1　部分质控菌株的 MIC 质控范围

见表 B.1。

表 B.1　部分质控菌株的 MIC 质控范围

单位为微克每毫升

抗菌药物	金黄色葡萄球菌 ATCC 29213	粪肠球菌 ATCC 9212	大肠杆菌 ATCC 25922	铜绿假单胞杆菌 ATCC 27853	肺炎链球菌 ATCC 49619
阿米卡星	1～4	64～256	0.5～4	1～4	—
阿莫西林/克拉维酸	0.12/0.06～0.5/0.25	0.25/0.12～1.0/0.5	2/1～8/4	—	0.03/0.15～0.12/0.06
氨苄西林	0.5～2	0.5～2	2～8	—	0.06～0.25
安普霉素	2～8	—	2～16	2～16	—
头孢唑林	0.25～1	—	1～4	—	—
头孢噻吩	1～4	—	2～8	—	—
头孢维星	0.5～2	—	0.5～2	512～2 048	0.12～0.5
头孢泊肟	1～8	—	0.25～1	—	0.03～0.12
头孢喹肟	0.25～2	—	0.03～0.12	—	0.015～0.06
头孢噻呋	0.25～1	—	0.25～1	16～64	—
头孢菌素	0.12～0.5	—	4～16	—	0.5～2
氯霉素	2～8	4～16	2～8	—	2～8
克林霉素	0.06～0.25	4～16	—	—	0.03～0.12
达氟沙星	0.06～0.25	0.25～1	0.008～0.06	0.5～2	—
双氟哌酸	0.06～0.5	1～4	0.015～0.12	1～8	—
恩诺沙星	0.03～0.12	0.12～1	0.008～0.03	1～4	—
红霉素	0.25～1	1～4	—	—	0.033～0.12
氟苯尼考	2～8	2～8	2～8	—	1～4
庆大霉素	0.12～1	4～6	0.25～1	0.5～2	—
亚胺培南	0.015～0.06	0.5～2	0.06～0.5	1～4	0.03～0.12
卡那霉素	1～4	16～64	1～4	—	—
马波沙星	0.12～0.5	0.5～2	0.06～0.25	1～4	0.03～0.12
奥比沙星	0.25～2	1～8	0.015～0.12	2～16	—
苯唑西林	0.12～0.5	8～32	—	—	—
青霉素	0.25～2	1～4	—	—	0.25～1
青霉素/新生霉素	0.015/0.03～0.06/0.12	0.25/0.5～2/4	—	—	—
吡利霉素	0.25～1.0	2～8	—	—	—
普多沙星	0.03～0.12	0.12～0.5	0.008～0.03	0.25～1	—
利福平	0.004～0.016	0.5～4	4～16	16～64	0.016～0.06
大观霉素	64～256	64～256	8～64	256～>512	—
磺胺异噁唑	32～128	32～128	8～32	—	—
四环素	0.12～1	8～32	0.5～2	8～32	0.12～5
泰妙菌素	0.5～2	—	—	—	0.5～4
替卡西林	2～8	16～64	4～16	8～32	—
替米考星	1～4	8～32	—	—	—
泰拉霉素	2～8	4～32	—	—	0.12～1
泰乐菌素	0.5～4	0.5～4	—	—	—
甲氧苄啶/磺胺甲噁唑	≤0.5/9.5	≤0.5/9.2	≤0.5/9.5	8/152～32/608	0.12/2.4～1/19
万古霉素	0.5～2	1～4	—	—	0.12～0.5
注："—"表示无相应的质控范围。					

B.2 空肠弯曲杆菌的 MIC 质控范围

见表 B.2。

表 B.2 空肠弯曲杆菌 ATCC33560 的 MIC 质控范围

单位为微克每毫升

抗菌药物	MIC 质控范围	
	(35±2)℃/48 h	42 ℃/24 h
阿奇霉素	0.03~0.25	0.03~0.12
氯霉素	1~8	1~4
环丙沙星	0.06~0.25	0.03~0.12
克拉霉素	0.5~2	0.5~2
克林霉素	0.12~1	0.12~0.5
多西环素	0.12~0.5	0.12~0.5
红霉素	0.5~2	0.25~2
氟苯尼考	1~4	0.5~2
庆大霉素	0.5~2	0.25~2
左氧氟沙星	0.06~0.25	0.03~0.25
美罗培南	0.008~0.03	0.008~0.03
萘啶酸	4~16	4~16
四环素	0.25~2	0.25~1

附 录 C

（规范性）

非水溶剂/稀释剂

非水溶剂/稀释剂见表 C.1。

表 C.1 非水溶剂/稀释剂（配制抗菌药物储备液用）

抗菌药物	溶剂	稀释剂
阿莫西林、克拉维酸	0.1 mol/L 磷酸盐缓冲液(pH 6.0)	0.1 mol/L 磷酸盐缓冲液(pH 6.0)
氨苄西林	0.1 mol/L 磷酸盐缓冲液(pH 8.0)	0.1 mol/L 磷酸盐缓冲液(pH 6.0)
头孢泊肟	0.1%(11.9 mmol/L)碳酸氢钠水溶液	水
头孢噻呋	0.1 mol/L 磷酸盐缓冲液(pH 6.0)	水
亚胺培南	0.01 mol/L 磷酸盐缓冲液(pH 7.2)	0.01 mol/L 磷酸盐缓冲液(pH 7.2)
恩诺沙星、二氟沙星	1/2 体积的水,逐滴加入 1 mol/L 的 NaOH 溶液直至溶解	水
磺胺类药物	1/2 体积的热水,逐滴加入 2.5 mol/L 的 NaOH 溶液直至溶解	水
甲氧苄啶	0.05 mol/L 的乳酸或盐酸,至终体积的 10%	水(可加热)
利福平	甲醇	水(振摇)
氯霉素、红霉素、氟苯尼考、泰乐菌素、替米考星	95%乙醇	水
泰拉霉素	0.015 mol/L 的柠檬酸	水(可加热)
应确保非水溶剂和稀释剂的有效性。		

附 录 D

（规范性）

苛养细菌所用的培养基及培养条件

苛养细菌所用的培养基及培养条件见表 D.1。

表 D.1 苛养细菌抗菌药物敏感性测定（琼脂稀释法）所用的培养基及培养条件

苛养细菌	培养基	培养条件
链球菌	哥伦比亚血琼脂或含 5％脱纤绵羊血的 MH 琼脂	$(35\pm2)℃$，$(5\pm2)％$ CO_2，20 h～24 h
弯曲杆菌	含 5％脱纤绵羊血的 MH 琼脂	$(36\pm1)℃$，$10％CO_2$、$5％O_2$、$85％N_2$，48 h 或$(42\pm1)℃$，$10％CO_2$、$5％O_2$、$85％N_2$，24 h
多杀性巴氏杆菌		$(35\pm2)℃$，18 h～24 h
其他苛养菌 MIC 测定所需培养基及培养条件应根据相关标准的规定执行。		

ICS 67.120.10
CCS X 22

NY

中华人民共和国农业行业标准

NY/T 4144—2022

动物源细菌抗菌药物敏感性测试技术
规程　纸片扩散法

Technical code of practice of antimicrobial susceptibility tests for bacteria isolated
from animals—Disk diffusion method

2022-07-11 发布

2022-10-01 实施

中华人民共和国农业农村部 发布

前　言

本文件按照 GB/T 1.1—2020《标准化工作导则　第 1 部分：标准化文件的结构和起草规则》的规定起草。

请注意本文件的某些内容可能涉及专利。本文件的发布机构不承担识别专利的责任。

本文件由农业农村部畜牧兽医局提出。

本文件由全国兽药残留与耐药性控制专家委员会归口。

本文件起草单位：中国动物卫生与流行病学中心、中国兽医药品监察所。

本文件主要起草人：王娟、赵琪、曲志娜、张纯萍、刘俊辉、黄秀梅、宋立、李月华、刘娜、张青青、张喜悦、高玉斌、崔明全、王君玮、王鹤佳、徐士新。

动物源细菌抗菌药物敏感性测试技术规程
纸片扩散法

1 范围

本文件规定了动物源细菌对抗菌药物敏感性测试纸片扩散法的操作步骤、结果判读、质量控制、记录及生物安全措施等技术要求。

本文件适用于采用纸片扩散法测定抗菌药物对动物源细菌的抑菌圈大小。

2 规范性引用文件

下列文件中的内容通过文中的规范性引用而构成本文件必不可少的条款。其中,注日期的引用文件,仅该日期对应的版本适用于本文件;不注日期的引用文件,其最新版本(包括所有的修改单)适用于本文件。

GB/T 6682 分析实验室用水规格和实验方法

GB 19489 实验室 生物安全通用要求

3 术语和定义

下列术语和定义适用于本文件。

3.1

菌落形成单位 colony forming unit,CFU

在琼脂平板上经过一定温度和时间培养后形成的每一个菌落。

4 试剂或材料

4.1 要求

除另有规定外,所有试剂均为分析纯,水为符合 GB/T 6682 规定的三级水,培养基按附录 A 配制或用商品化产品。

4.2 培养基制备

4.2.1 阳离子调节 Mueller-Hinton 肉汤(CAMHB):按照附录 A 中 A.1 的规定执行。

4.2.2 营养琼脂(NA):按照 A.2 的规定执行。

4.2.3 MH 琼脂:按照 A.3 的规定执行。

4.3 质控菌株

4.3.1 大肠埃希菌(ATCC 25922):用作肠杆菌科、巴氏杆菌、放线杆菌的质控菌。

4.3.2 粪肠球菌(ATCC 29212):用作肠球菌属的质控菌。

4.3.3 金黄色葡萄球菌(ATCC 29213):用作葡萄球菌属、产气荚膜梭菌的质控菌。

4.3.4 肺炎克雷伯菌(ATCC 700603):用作克雷伯菌药敏试验的质控菌。

4.3.5 肺炎链球菌 ATCC 49619:用作链球菌、巴氏杆菌的质控菌。

4.4 材料

4.4.1 抗菌药物纸片。

4.4.2 0.5 麦氏单位(McFarland)标准比浊液。

5 仪器设备

5.1 恒温培养箱、CO_2 培养箱:(35 ± 2)℃,(42 ± 2)℃。

5.2 二级生物安全柜。

5.3 分析天平:感量 0.01 mg 和 0.01 g。

5.4 比浊仪:精确度±0.10 MCF。

5.5 冰箱:4 ℃、—20 ℃。

5.6 药敏纸片分配器。

5.7 游标卡尺:精度 0.1 mm。

5.8 抑菌圈读取仪。

6 操作步骤

6.1 菌悬液的制备

a)、b)两种方法任选其一。

a) 直接菌悬液法:取质控菌、测试菌单菌落,分别置于无菌生理盐水或无菌 CAMHB 中,用比浊仪或 0.5 麦氏单位标准比浊液调菌液浓度至 0.5 麦氏单位(相当于 $1.0×10^8$ CFU/mL～$2.0×10^8$ CFU/mL);

b) 生长法:取质控菌、测试菌单菌落,分别置于加有 4 mL～5 mL 无菌 CAMHB 的试管中,(35±2)℃培养 3 h～5 h。取菌液,用无菌生理盐水或无菌 CAMHB 调菌液浓度至 0.5 麦氏单位(相当于 $1.0×10^8$ CFU/mL～$2.0×10^8$ CFU/mL)。适用于菌落不易直接乳化而不能获得浓度均一菌悬液的细菌。

注:工作菌悬液应在配置后 15 min 内完成接种。

6.2 接种

用无菌棉拭子蘸取菌悬液(在管内壁挤压,去除多余液体),从上至下、从左至右依次涂 MH 琼脂平板(苛养菌培养基见附录 B)表面。重复操作两次,每次旋转平皿约 60°,最后涂抹琼脂的边缘一圈,确保菌液分布全面、均匀。室温放置 3 min～5 min,待水分完全吸收。

6.3 纸片放置

取抗菌药物纸片,恢复至室温。用无菌镊子或药敏纸片分配器将抗菌药物纸片放置于接种菌液的琼脂表面,轻压使与琼脂表面完全接触,各纸片中心相距应大于 24 mm,纸片距离平板内缘应大于 15 mm。放置 15 min。

6.4 培养

置于(35±2)℃培养 16 h～18 h。苛养菌培养条件见附录 B。

注:在培养过程中平板应单独摆放,叠放平板个数不超过 2 个。

7 结果判读

取出平板,在黑色、不反光的背景下,用游标卡尺测量抑菌圈直径,抑菌圈边缘以肉眼见不到细菌明显生长为限;或直接用抑菌圈读取仪读取抑菌圈直径。

质控菌株的抑菌圈直径应在质控范围内(见附录 C 中的表 C.1),否则,试验结果无效。

8 质量控制

8.1 质控菌株

质控菌株可从 ATCC 或参考实验室以及商业机构获得。保存其来源和传代等记录,并有证据表明质控菌株性能满足要求。传代不宜超过 5 次。

8.2 质控频率

8.2.1 日质控

日质控(15-重复方案)应对质控菌株每天重复测定 3 次,每次单独制备接种物,连续测定 5 d,记录药物的抑菌圈直径,并与质控菌株要求范围进行比较(见表 C.1),根据检测结果是否在控,决定是否转周质控。日质控(15-重复方案)中可接受标准和推荐措施见表1。

表 1 日质控(15-重复方案)中可接受标准和推荐措施

初始实验超出范围次数 (基于15个重复)	初始实验结论 (基于15个重复)	重复实验后超出范围次数 (基于30个重复)	重复实验后结论
0～1	方案成功,执行周质控	—	—
2～3	再进行另一个15-重复(3×5 d)方案	2～3	方案成功,执行周质控
≥4	方案失败,调查并采取适当纠正措施,继续日质控	≥4	方案失败,调查采取适当纠正措施,继续日质控

8.2.2 周质控

实验室在日质控情况符合要求的条件下或在实验体系未有任何改变时执行周质控,即每周检测1次。如周质控失控,应调查并采取适当纠正措施。对于某些不稳定易降解的抗菌药物,质控频率可增加。

8.3 质控结果失控原因分析和纠正措施

8.3.1 失控原因

失控原因可分为随机误差、可确认的误差和系统误差。随机误差和可确认的误差可通过简单重复进行质控予以纠正;而系统误差不可通过简单重复进行质控予以纠正。当失控原因为可确认的误差(即误差原因易发现和易纠正),在失控当天进行重复检测相同质控菌株/抗菌药物组合,其结果在控,则可不必进一步纠错。当失控原因为不可确认的误差,则应执行以下纠正措施:

a) 若为日质控,则失控当天采用相同的质控菌/抗菌药物组合重复进行检测,若在控继续执行日质控,若不在控执行纠正措施,见8.4.2;

b) 若为周质控,则失控当天重复检测相同的质控菌/抗菌药物组合,若重复检测的结果在控且已找到失控的原因,连续5 d重复使用同一批号的试剂检测所有抗菌药物/质控菌株组合的质控结果。若5次检测结果均可控,可继续执行周质控;若3次检测结果在控,继续执行连续2 d重复检测直至5次结果在控。

8.3.2 纠正措施

纠正措施包括:

a) 若重复检测仍不在控,执行纠正措施;

b) 继续执行日质控直至找到失控原因;

c) 选用新的质控菌株或新的试剂批号或新的品牌;

d) 在寻找失控原因过程中,可采用替代性检测试验。

9 报告

报告应至少包括以下内容:

a) 菌株信息,包括质控菌株和测试菌株的名称、来源、菌株编号等;

b) 药物信息,包括药物通用名称、测试浓度范围等;

c) 抑菌圈直径。

10 生物安全

实验室设施设备、人员防护、实验的安全操作、实验废弃物及菌株的处理应符合GB 19489的要求。

附　录　A
（规范性）
培　养　基

A.1　阳离子调节 Mueller-Hinton 肉汤（CAMHB）

A.1.1　MH 肉汤

A.1.1.1　成分

牛肉粉	2.0 g
可溶性淀粉	1.5 g
酸水解酪蛋白	17.5 g
水	1 000 mL

A.1.1.2　制备

按 A.1.1.1 取各固体成分，加水 1 000 mL，搅拌使溶解，调 pH 使灭菌后在 25 ℃ pH 为 7.0±0.2，121 ℃高压灭菌 15 min。

A.1.2　氯化钙溶液

A.1.2.1　成分

氯化钙（$CaCl_2 \cdot 2H_2O$）	3.68 g
水	100 mL

A.1.2.2　制备

将氯化钙加入水中，搅拌使溶解，过 0.22 μm 滤膜，冷藏。

A.1.3　氯化镁溶液

A.1.3.1　成分

氯化镁（$MgCl_2 \cdot 6H_2O$）	8.36 g
水	100 mL

A.1.3.2　制备

将氯化镁加入水中，搅拌使溶解，过 0.22 μm 滤膜，冷藏。

A.1.4　完全肉汤

A.1.4.1　成分

氯化钙溶液	0.1 mL
氯化镁溶液	0.1 mL
MH 肉汤	1 000 mL

A.1.4.2　制备

在无菌条件下将 A.1.4.1 中各成分混匀，冷藏备用。

A.2　营养琼脂（NA）

A.2.1　成分

蛋白胨	10.0 g
牛肉浸膏粉	3.0 g
氯化钠	5.0 g
琼脂	15.0 g

水   1 000 mL

A.2.2　制法

除琼脂外，将各成分加入水中，混匀，煮沸溶解，冷却，调 pH 至 7.3±0.2，加琼脂，121 ℃高压灭菌 15 min，倾注平板。0 ℃～4 ℃保存 7 d。

A.3　MH 琼脂

A.3.1　成分

牛肉浸膏粉	5.0 g
干酪素水解物	17.5 g
水解性淀粉	1.5 g
琼脂	13.0 g～15.0 g
水	1 000 mL

A.3.2　制法

除琼脂外，将各成分加入水中，混匀，静置约 10 min，煮沸溶解，冷却，调 pH 至 7.3±0.2，加入琼脂，121 ℃高压灭菌 15 min，倾注平板。0 ℃～4 ℃保存 7 d。

附 录 B
（资料性）
苛养菌所需培养基及培养条件

苛养菌纸片扩散法所需培养基及培养条件见表 B.1。

表 B.1 苛养菌纸片扩散法所需培养基及培养条件

细菌	培养基	培养条件
链球菌	MH 琼脂＋5％脱纤维绵羊血	(35±2)℃,5％±2％ CO$_2$,20 h～24 h
多杀巴氏杆菌		(35±2)℃,18 h～24 h
葡萄球菌	MH 琼脂	不超过 35 ℃,24 h
肠球菌	MH 琼脂	(35±2)℃,24 h
其他苛养菌 MIC 测定所需培养基及培养条件根据相关标准执行。		

附　录　C

（资料性）

细菌耐药性检测的质量控制

C.1　药敏纸片的质量控制

C.1.1　均匀性试验

以标准质控菌株接种 MH 琼脂平板,每个平板上贴 6 张相同的药物纸片。(35±2)℃培养(18±2) h,测量各抑菌圈直径,最大与最小之差应小于等于 1 mm。

C.1.2　准确度判断

计算均匀性试验各抑菌圈直径的平均值,与质控菌株抑菌圈直径限度范围(见表 C.1)对照,判断纸片的实际含药量与标准量是否一致。

表 C.1　质控菌株的抑菌圈直径允许范围

抗菌药物	纸片含药量	质控菌抑菌圈直径质控范围,mm			
		金黄色葡萄球菌 ATCC 29213	大肠埃希菌 ATCC 25922	铜绿假单胞菌 ATCC 27853	肺炎链球菌 ATCC 49619
阿米卡星	30 μg	20～26	19～26	18～26	—
阿莫西林/克拉维酸	20 μg /10 μg	28～36	18～24	—	—
氨苄西林	10 μg	27～35	16～22	—	30～36
安普霉素	15 μg	17～24	15～20	13～18	—
头孢唑林	30 μg	29～35	21～27	—	—
头孢噻吩	30 μg	23～29	23～29	—	—
头孢维星	30 μg	25～32	25～30	—	25～31
头孢泊肟	10 μg	19～25	23～28	—	28～34
头孢喹肟	30 μg	25～33	28～36	—	30～38
头孢噻呋	30 μg	27～31	26～31	14～18	—
头孢菌素	30 μg	29～37	15～21	—	26～32
氯霉素	30 μg	19～26	21～27	—	23～27
克林霉素	2 μg	24～30	—	—	19～25
达氟沙星	5 μg	24～31	29～36	18～25	—
双氟哌酸	10 μg	27～33	28～35	16～22	—
恩诺沙星	5 μg	27～31	32～40	15～19	—
红霉素	15 μg	22～30	—	—	25～30
氟苯尼考	30 μg	22～29	22～28	—	24～31
庆大霉素	10 μg	19～27	19～26	16～21	—
亚胺培南	10 μg	—	26～32	20～28	—
卡那霉素	30 μg	19～26	17～25	—	—
马波沙星	5 μg	24～30	29～37	20～25	—
奥比沙星	10 μg	24～30	29～37	16～22	—
苯唑西林	1 μg	18～24	—	—	≤12ᵉ
青霉素	10 units	26～37	—	—	24～30
青霉素/新生霉素	10 units/30 μg	30～36	—	—	24～30
吡利霉素	2 μg	20～25	—	—	—
普多沙星	5 μg	29～38	31～39	21～28	—

表 C.1（续）

抗菌药物	纸片含药量	质控菌抑菌圈直径质控范围,mm			
		金黄色葡萄球菌 ATCC 29213	大肠埃希菌 ATCC 25922	铜绿假单胞菌 ATCC 27853	肺炎链球菌 ATCC 49619
利福平	5 μg	26～34	8～10	—	25～30
大观霉素	100 μg	13～17	21～25	10～14	—
磺胺异噁唑	300 μg	24～34	15～23	—	—
四环素	30 μg	24～30	18～25	—	27～31
泰妙菌素	30 μg	25～32	—	—	—
替卡西林	75 μg	—	24～30	21～27	—
替米考星	15 μg	17～21	—	—	—
泰拉霉素	30 μg	18～24	—	—	16～23
泰乐菌素	60 μg	19～25	—	—	22～28
甲氧苄啶/ 磺胺甲噁唑	1.25 μg /23.75 μg	24～32	23～29	—	20～28
万古霉素	30 μg	17～21	—	—	20～27
注:"—"表示无相应的质控范围。					

C.2 质控菌的抑菌圈直径质控范围

质控菌的抑菌圈直径应在质控范围内(见表 C.1)。

ICS 67.120.10
CCS X 22

NY

中华人民共和国农业行业标准

NY/T 4145—2022

动物源金黄色葡萄球菌分离与鉴定
技术规程

Technical code of practice for isolation and identification of
Staphylococcus aureus from animals

2022-07-11 发布

2022-10-01 实施

中华人民共和国农业农村部 发布

前　　言

本文件按照 GB/T 1.1—2020《标准化工作导则　第 1 部分：标准化文件的结构和起草规则》的规定起草。

请注意本文件的某些内容可能涉及专利。本文件的发布机构不承担识别专利的责任。

本文件由农业农村部畜牧兽医局提出。

本文件由全国兽药残留与耐药性控制专家委员会归口。

本文件起草单位：中国兽医药品监察所、辽宁省检验检测认证中心。

本文件主要起草人：宋立、李欣南、张纯萍、韩镌竹、赵琪、孙园媛、崔明全、邱月。

动物源金黄色葡萄球菌分离与鉴定技术规程

1 范围

本文件规定了动物源金黄色葡萄球菌(*Staphylococcus aureus*)的分离与鉴定方法。

本文件适用于动物生鲜乳、动物组织和上呼吸道拭子等样品中金黄色葡萄球菌的分离与鉴定。

2 规范性引用文件

下列文件中的内容通过文中的规范性引用而构成本文件必不可少的条款。其中,注日期的引用文件,仅该日期对应的版本适用于本文件;不注日期的引用文件,其最新版本(包括所有的修改单)适用于本文件。

GB/T 6682 分析实验室用水规格和试验方法

GB 19489 实验室 生物安全通用要求

3 术语和定义

本文件没有需要界定的术语和定义。

4 试剂或材料

4.1 要求

除另有规定外,所有试剂均为分析纯,水为符合 GB/T 6682 规定的三级水,培养基按附录 A 配制或用商品化产品。

4.2 试剂

4.2.1 过氧化氢溶液(30%)。

4.2.2 柠檬酸钠。

4.2.3 α-氰-4-羟基肉桂酸(HCCA)。

4.2.4 氯化钠。

4.2.5 甘油。

4.3 溶液配制

4.3.1 0.3%过氧化氢溶液:取过氧化氢溶液 1 mL、水 100 mL,现用现配。

4.3.2 柠檬酸钠溶液:取柠檬酸钠 3.8 g,加水 100 mL,溶解,过滤 121 ℃高压灭菌 15 min,备用。

4.3.3 兔血浆溶液:取柠檬酸钠溶液、兔全血,按体积比 1:4 混匀,静置(或以 3 000 r/min 离心 30 min),使血液细胞下降,取上层清液,即得。

4.3.4 无菌盐水:取氯化钠 4.5 g,溶于入 1 000 mL 水中,121 ℃高压灭菌 15 min。

4.3.5 基质溶液:取 α-氰-4-羟基肉桂酸(HCCA),按说明书配制溶液;或用市售商品。

4.3.6 无菌生理盐水:取氯化钠 8.5 g,溶于 1 000 mL 水中,121 ℃高压灭菌 15 min。

4.3.7 灭菌甘油:取甘油适量,121 ℃灭菌 20 min。

4.4 培养基制备

4.4.1 Cary-Blair 氏运输培养基:按照附录 A 中 A.1 的规定执行。

4.4.2 7.5%氯化钠肉汤:按照 A.2 的规定执行。

4.4.3 10%氯化钠胰酪胨大豆肉汤:按照 A.3 的规定执行。

4.4.4 金黄色葡萄球菌显色培养基:按照说明书制备。

4.4.5 营养琼脂:按照 A.4 的规定执行。

4.4.6 脑心浸出液肉汤:按照 A.5 的规定执行。

4.4.7 5%蔗糖脱脂乳保护剂:按照 A.6 的规定执行。

4.5 标准菌株

金黄色葡萄球菌(*Staphylococcus aureus*,ATCC29213,CMCC26003)。

4.6 材料

4.6.1 菌种冷冻保存管或磁珠保存管。

4.6.2 革兰氏阳性细菌鉴定卡(盒)。

5 仪器设备

5.1 恒温培养箱:(36±1)℃。

5.2 冰箱:2 ℃～8 ℃,−20 ℃或以下。

5.3 恒温水浴锅。

5.4 分析天平:感量 0.1 g。

5.5 二级生物安全柜。

5.6 高压灭菌器。

5.7 显微镜:100×。

5.8 麦氏浊度仪或标准麦氏比浊管。

5.9 微生物生化鉴定系统。

5.10 微生物质谱仪(MALDI-TOF MS)。

6 样品采集与保存运输

6.1 混合生鲜乳样品

灼烧储奶罐出料口,打开出料阀,弃去前段生鲜乳,接取 10 mL～20 mL 于无菌容器中,0 ℃～4 ℃保存、运输,不宜超过 24 h,或−20 ℃冷冻保存、运输。

6.2 个体生鲜乳样品

先用碘伏擦拭消毒动物乳头及周边,弃前 3 把乳汁,挤取 10 mL～20 mL 乳汁于无菌容器,0 ℃～4 ℃保存、运输,不宜超过 24 h,或−20 ℃冷冻保存、运输。

6.3 扁桃体或发病组织

取扁桃体或发病动物组织 10 g～20 g,置于无菌塑封袋或其他无菌密闭容器,2 ℃～8 ℃保存、运输,不宜超过 72 h。

6.4 咽/喉拭子

取灭菌棉签,插入喉头口及上颚裂处,擦拭数次,取出,置于 Cary-Blair 氏运送培养基中,2 ℃～8 ℃保存、运输,不宜超过 72 h。

6.5 鼻拭子

取灭菌棉签,插入鼻腔 2 cm～3 cm,旋转数次,取出,置于 Cary-Blair 氏运送培养基中,2 ℃～8 ℃保存、运输,不宜超过 24 h。

7 分离与鉴定流程

分离与鉴定流程见图 1。

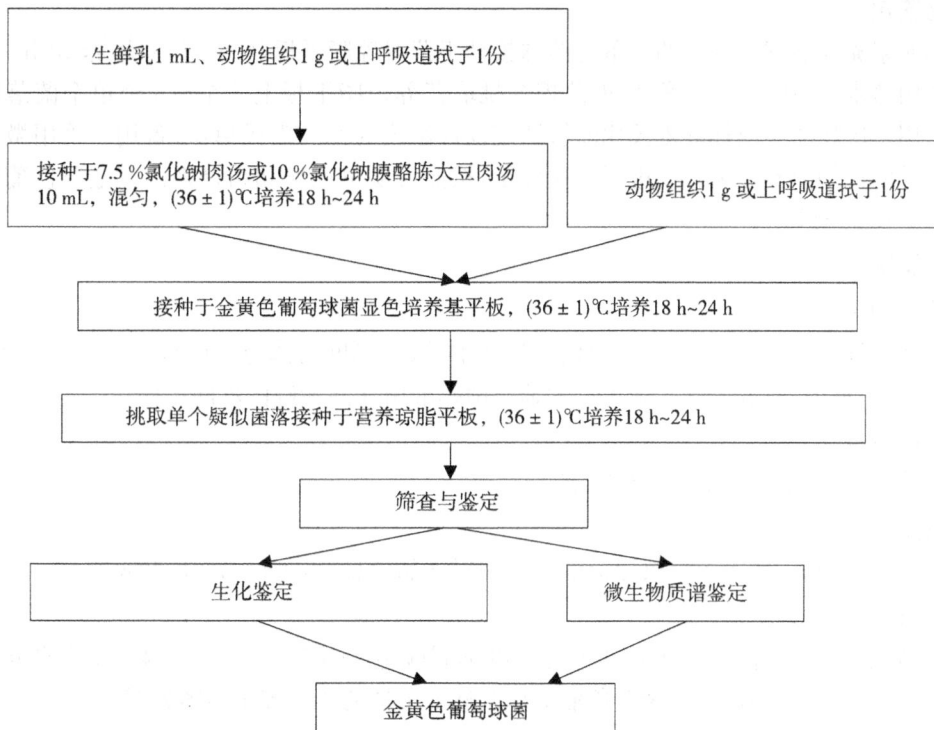

图1 金黄色葡萄球菌分离与鉴定程序

8 增菌

取生鲜乳 1 mL、动物组织 1 g 或上呼吸道拭子 1 份,接种于 7.5%氯化钠肉汤或 10%氯化钠胰酪胨大豆肉汤 10 mL 中,振荡混匀,(36±1)℃增菌培养 18 h~24 h。

9 分离纯化

取增菌液,接种于金黄色葡萄球菌显色平板;或将动物组织或上呼吸道拭子直接接种于金黄色葡萄球菌显色平板。(36±1)℃培养 18 h~24 h,观察平板上菌落的状态。根据金黄色葡萄球菌显色培养基说明书中描述,挑取可疑菌落,接种于营养琼脂平板,(36±1)℃培养 18 h~24 h,纯化,备用。

10 筛查与鉴定

10.1 筛查

10.1.1 形态学检查

取纯化菌落,革兰氏染色,镜检。呈葡萄球状排列,无芽孢,无荚膜。

10.1.2 触酶试验

取营养琼脂上的新鲜培养物,置于洁净载玻片上,滴加 0.3%过氧化氢溶液 1 滴,观察,立即产生气泡的即为触酶试验阳性。

10.1.3 血浆凝固酶试验

取新鲜配制的兔血浆 0.5 mL,加入触酶试验为阳性、营养琼脂上的新鲜培养物 1 个~2 个单菌落,振荡摇匀,置(36±1)℃恒温培养箱或水浴内,每 0.5 h 观察一次,观察 12 次。如呈现凝固(即将试管倾斜或倒置时,呈现凝块)或凝固体积大于原体积的一半,判定为阳性。同时以血浆凝固酶试验阳性和阴性葡萄球菌菌株的培养物作为对照。可使用商品化的试剂并按其产品说明书操作,进行血浆凝固酶试验。

10.2 鉴定

10.2.1 通用要求

生化鉴定与质谱鉴定任选其一。

10.2.2 生化鉴定

将触酶和血浆凝固酶试验阳性的待鉴定菌株接种于营养琼脂平板,(36±1)℃培养 18 h～24 h。用无菌吸管吸取无菌盐水 3 mL 于比浊管,用灭菌棉签挑取营养琼脂平板上 2 个～3 个单个菌落放入比浊管中,涡旋混匀,用麦氏比浊仪或标准麦氏比浊管测定麦氏浓度为 0.5 麦氏单位,备用。采用微生物生化鉴定系统或革兰氏阳性细菌鉴定卡(盒)进行生化鉴定,按照说明书操作和结果判读。金黄色葡萄球菌生化鉴定表见附录 B 中的表 B.1。

10.2.3 质谱鉴定

10.2.3.1 菌样制备

挑取单个新鲜纯化菌落,均匀涂布于靶板样品孔中(涂布厚度为薄薄一层),室温干燥。吸取 1 μL 基质溶液滴于样品上,混匀,室温干燥。金黄色葡萄球菌标准菌株的新鲜菌落同法操作。

10.2.3.2 仪器校准

检测样品前,应对微生物质谱仪进行校准。

10.2.3.3 测定

取制备好的样品靶板,置于质谱仪靶板槽中。编辑样品信息后,进行谱图的数据采集。

10.2.3.4 结果判定

微生物质谱仪自动完成谱图的比对和鉴定。以不同颜色、不同分值显示结果,菌株鉴定位点显示绿色,鉴定分值达到种水平可信即可。金黄色葡萄球菌标准菌株的质谱鉴定谱图见图 B.1。

11 菌株保藏

取新鲜纯化菌,加无菌生理盐水制成菌悬液,或直接取新鲜脑心浸出液肉汤培养物,与灭菌甘油溶液混合,使甘油终浓度为 20%～40%;或加入磁珠保藏管;或加 5% 蔗糖脱脂乳保护剂,冻干。—20 ℃或以下保藏。

12 生物安全要求

实验室设施设备、人员防护、实验安全操作、实验废弃物及菌株处理应符合 GB 19489 的要求。

（规范性）

NY/T 4145—2022

附 录 A
（规范性）
培养基与试液

A.1 Cary-Blair 氏运输培养基

A.1.1 成分

硫乙醇酸钠	1.5 g
磷酸氢二钠	1.1 g
氯化钠	5.0 g
琼脂	5.0 g
氯化钙溶液	0.09 g
水	1 000 mL

A.1.2 制法

除氯化钙外，其他均按 A.1.1 成分配制，加热溶解。冷至 50 ℃，加入氯化钙溶液，校正 pH 到 8.4，分装，121 ℃高压灭菌 15 min。

A.2 7.5%氯化钠肉汤

A.2.1 成分

蛋白胨	10.0 g
牛肉膏	5.0 g
氯化钠	75 g
水	1 000 mL

A.2.2 制法

将 A.2.1 成分微热溶解，调节 pH 至 7.4±0.2，分装，121 ℃高压灭菌 15 min。

A.3 10%氯化钠胰酪胨大豆肉汤

A.3.1 成分

胰酪胨（或胰蛋白胨）	17.0 g
植物蛋白胨（或大豆蛋白胨）	3.0 g
氯化钠	100.0 g
磷酸氢二钾	2.5 g
丙酮酸钠	10.0 g
葡萄糖	2.5 g
水	1 000 mL

A.3.2 制法

将 A.3.1 成分微热溶解，调节 pH 至 7.3±0.2，分装，121 ℃高压灭菌 15 min。

A.4 营养琼脂

A.4.1 成分

蛋白胨	10.0 g

牛肉浸膏	3.0 g
氯化钠	5.0 g
琼脂	15.0 g
水	1 000 mL

A.4.2 制法

将 A.4.1 成分微热溶解,调节 pH 至 7.2±0.2,分装,121 ℃高压灭菌 15 min。

A.5 脑心浸出液肉汤

A.5.1 成分

胰蛋白胨	10.0 g
氯化钠	5.0 g
磷酸氢二钠($12 \cdot H_2O$)	2.5 g
葡萄糖	2.0 g
牛心浸出液	500 mL

A.5.2 制法

将 A.5.1 成分微热溶解,调节 pH 至 7.4±0.2,分装,121 ℃高压灭菌 15 min。

A.6 5%蔗糖脱脂乳保护剂

A.6.1 成分

脱脂乳	10.0 g
蔗糖	5.0 g
水	100 mL

A.6.2 制法

取 A.6.1 成分,混合,112 ℃高压灭菌 20 min,备用。

附 录 B

（资料性）

生化鉴定结果及质谱图谱

B.1 金黄色葡萄球菌全自动微生物生化鉴定结果

见表 B.1。

表 B.1 金黄色葡萄球菌生化鉴定结果

项目	结果	项目	结果
新生霉素耐受（NOVO）	—	阿拉伯糖（ARA）	—
精氨酸芳胺酶（ArgA）	—	d-纤维二糖（CEL）	—
七叶灵（水解）（ESC）	—	d-果糖（FRU）	+
d-葡萄糖（GLU）	+	乳糖（LAC）	+
d-麦芽糖（MAL）	+	d-甘露醇（MAN）	+
d-甘露糖（MNE）	+	精氨酸双水解酶（ADH）	—
硝酸盐还原（NIT）	+	β-葡萄糖醛酸酶（βGUR）	—
鸟氨酸脱羧酶（ODC）	—	碱性磷酸酶（PAL）	—
焦谷氨酸芳胺酶（PYRA）	—	d-棉籽糖（RAF）	—
d-核糖（RIB）	—	蔗糖（SAC）	+
d-海藻糖（TRE）	+	d-羽红糖（TUR）	+
尿素酶（URE）	—	VP 试验（VP）	—
β-半乳糖苷酶（β-GAL）	+	N-乙酰-葡萄糖胺（NAG）	+

B.2 金黄色葡萄球菌标准菌株微生物质谱鉴定图谱

见图 B.1。

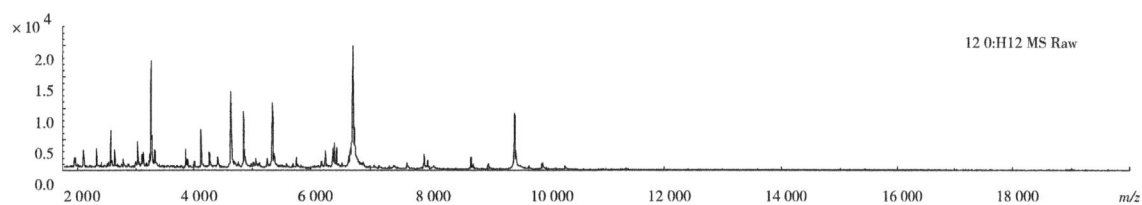

图 B.1 金黄色葡萄球菌标准菌株微生物质谱鉴定图谱

ICS 67.120.10
CCS X 22

NY

中华人民共和国农业行业标准

NY/T 4146—2022

动物源沙门氏菌分离与鉴定技术规程

Technical code of practice for isolation and identification of *Salmonella* from animals

2022-07-11 发布   2022-10-01 实施

中华人民共和国农业农村部 发布

前　言

本文件按照 GB/T 1.1—2020《标准化工作导则　第 1 部分：标准化文件的结构和起草规则》的规定起草。

请注意本文件的某些内容可能涉及专利。本文件的发布机构不承担识别专利的责任。

本文件由农业农村部畜牧兽医局提出。

本文件由全国兽药残留与耐药性控制专家委员会归口。

本文件起草单位：中国兽医药品监察所、中国动物疫病预防控制中心。

本文件主要起草人：张纯萍、李颖、赵琪、叶子煜、宋立、刘洪斌、崔明全、蔡英华、徐士新、于炆、王鹤佳。

动物源沙门氏菌分离与鉴定技术规程

1 范围

本文件规定了动物源沙门氏菌（*Salmonella*）的分离与鉴定方法。

本文件适用于动物直肠/泄殖腔拭子、新鲜粪便、肠道内容物等样品中沙门氏菌的分离和鉴定。

2 规范性引用文件

下列文件中的内容通过文中的规范性引用而构成本文件必不可少的条款。其中，注日期的引用文件，仅注日期对应的版本适用于本文件；不注日期的引用文件，其最新版本（包括所有的修改单）适用于本文件。

GB 4789.4—2016 食品安全国家标准 食品微生物学检验 沙门氏菌检验

GB/T 6682 分析实验室用水规格和试验方法

GB 19489 实验室 生物安全通用要求

3 术语和定义

本文件没有需要界定的术语和定义。

4 试剂或材料

4.1 要求

除另有规定外，所有试剂均为分析纯，水为符合 GB/T 6682 规定的三级水，培养基按附录 A 配制或用商品化产品。

4.2 试剂

4.2.1 氯化钠。

4.2.2 聚合酶链式反应预混液（2×PCR Master Mix）。

4.2.3 琼脂糖。

4.2.4 α-氰-4-羟基肉桂酸（HCCA）：色谱纯。

4.2.5 50×TAE 缓冲液。

4.2.6 甘油。

4.3 溶液制备

4.3.1 无菌生理盐水：取氯化钠 8.5 g，加水适量使溶解并稀释至 1 000 mL，121 ℃高压灭菌 15 min。

4.3.2 基质溶液：取 α-氰-4-羟基肉桂酸（HCCA），按说明书配制或用市售商品。

4.3.3 灭菌甘油：取丙三醇适量，121 ℃高压灭菌 20 min。

4.3.4 1×TAE 缓冲液：取 50×TAE 缓冲液 20 mL，加水定容至 1 000 mL。

4.3.5 1.2%琼脂糖凝胶：取琼脂糖 1.2 g，于 100 mL 1×TAE 中加热，充分溶解。

4.4 培养基制备与缓冲溶液

4.4.1 Cary-Blair 氏运送培养基：按照附录 A 中 A.1 的规定执行。

4.4.2 蛋白胨水缓冲液（BPW）：按照 A.2 的规定执行。

4.4.3 四硫磺酸钠煌绿（TTB）增菌液：按照 A.3 的规定执行。

4.4.4 亚硒酸盐胱氨酸（SC）增菌液：按照 A.4 的规定执行。

4.4.5 氯化镁孔雀绿（RV）增菌液：按照 A.5 的规定执行。

4.4.6 营养琼脂:按照 A.6 的规定执行。

4.4.7 沙门氏菌属显色培养基:按说明书制备。

4.4.8 5%蔗糖脱脂乳保护剂:按照 A.7 的规定执行。

4.5 标准菌株

肠炎沙门氏菌[*Salmonella enteritidis*,CMCC(B)50335]。

4.6 材料

4.6.1 生化鉴定试剂盒或鉴定卡。

4.6.2 磁珠保藏管。

5 仪器设备

5.1 二级生物安全柜。

5.2 恒温培养箱。

5.3 冰箱:2 ℃~8 ℃,−20 ℃或以下。

5.4 分析天平:感量 0.1 g。

5.5 生物显微镜。

5.6 pH 计或精密 pH 试纸。

5.7 高速冷冻离心机:离心速度≥12 000 r/min。

5.8 麦氏比浊仪。

5.9 微生物生化鉴定系统。

5.10 PCR 仪。

5.11 核酸电泳仪:配水平电泳槽。

5.12 电泳凝胶成像分析系统。

5.13 微生物质谱仪(MALDI-TOF MS)。

6 分离与鉴定流程

分离与鉴定流程见图 1。

7 样品采集与保存运输

取灭菌棉签,插入直肠 3 cm~4 cm(泄殖腔 1.5 cm~2 cm),旋转数次,取出,置于 Cary-Blair 氏运送培养基中;取肠道内容物或粪便,置于无菌塑封袋或其他密闭容器中。0 ℃~4 ℃保存、运输,不宜超过 24 h。

8 增菌

8.1 预增菌

8.1.1 动物直肠/泄殖腔拭子

取单个动物直肠/泄殖腔拭子,置于 2 mL~3 mL BPW 中,(36±1)℃培养 8 h~18 h,进行预增菌。

8.1.2 粪便/肠道内容物

取 5 g 新鲜粪便/肠道内容物,置于 45 mL BPW 中(1∶10 稀释),混匀,调节 pH 至 6.8±0.2;(36±1)℃培养 8 h~18 h,进行预增菌。

8.2 增菌

取预增菌液 1 mL,转接于 10 mL SC 增菌液,(36±1)℃增菌培养 18 h~24 h。同时,另取预增菌液 1 mL,转接于 10 mL TTB 增菌液,于(42±1)℃增菌培养 22 h~24 h;或转接于 10 mL RV 增菌液,于 30 ℃~35 ℃增菌培养 22 h~24 h。也可使用其他市售适合沙门氏菌增菌液,按照说明书操作。

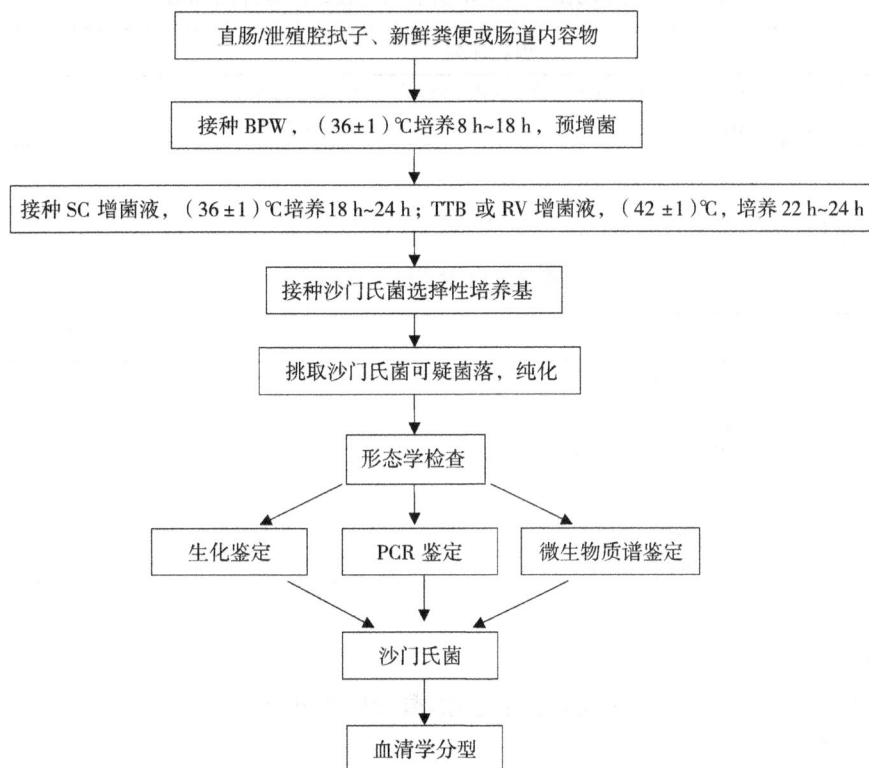

图 1 沙门氏菌分离与鉴定流程

9 分离纯化

取增菌液,接种于沙门氏菌显色培养基或 XLD 琼脂培养基,于(36±1)℃培养 18 h~24 h,观察平板上菌落的状态。根据培养基说明书中描述,挑取可疑菌落,接种于营养琼脂平板,(36±1)℃培养 16 h~24 h,纯化,备用。也可参考 GB 4789.4—2016 的 5.3 分离执行。

10 形态学检查与鉴定

10.1 形态学检查

取纯化菌落,革兰氏染色,镜检。呈红色、短直杆菌,大多数周生鞭毛,无芽孢,无荚膜。

10.2 鉴定

10.2.1 通用要求

生化鉴定、PCR 鉴定、质谱鉴定 3 种方法任选其一。

10.2.2 生化鉴定

按照 GB 4789.4—2016 的 5.4 生化试验执行;也可以使用生化鉴定试剂盒、鉴定卡或生化鉴定仪鉴定。

10.2.3 PCR 鉴定

10.2.3.1 模板制备

取新鲜菌落,加灭菌水 0.5 mL,煮沸 10 min,冷却,12 000 r/min 离心 2 min。取上清液,备用。肠炎沙门氏菌标准菌株作为阳性对照,水为阴性对照。

10.2.3.2 引物

引物序列及扩增片段长度见表 1。

表 1　沙门氏菌的 PCR 引物序列及扩增片段长度

细菌	引物序列	扩增片段长度,bp
沙门氏菌	上游引物(invAF):5′-GTGAAATTATCGCCACGTTCGGGC AA-3′ 下游引物(invAR):5′-TCA TCG CAC CGT CAA AGG AAC C-3′	285

10.2.3.3　扩增

PCR 反应体系(25 μL)见表 2。

表 2　PCR 反应体系

试剂	体积,μL
2×PCR Master Mix	12.5
上游引物(10 μmol/L)	0.5
下游引物(10 μmol/L)	0.5
水	10.5
模板	1.0

PCR 反应条件:95 ℃预变性 5 min,94 ℃变性 30 s,64 ℃退火 30 s,72 ℃延伸 30 s,30 个循环,72 ℃延伸 10 min。

10.2.3.4　电泳

取 PCR 扩增产物,于 1.2%的琼脂糖凝胶中电泳,凝胶成像分析。

10.2.3.5　结果判定

扩增条带大小符合 285 bp 的为阳性,必要时测序鉴定。沙门氏菌 PCR 产物大小和测序结果见附录 B 中 B.1 和 B.2。

10.2.4　质谱鉴定

10.2.4.1　菌样制备

挑取单个新鲜纯化菌落,均匀涂布于靶板样品孔中(涂布厚度为薄薄一层),室温干燥。吸取 1 μL 基质溶液滴于样品上,混匀,室温干燥。标准菌株的新鲜菌落同法操作。

10.2.4.2　仪器校准

检测样品前,应对微生物质谱仪进行校准。

10.2.4.3　测定

取制备好的样品靶板,置于质谱仪靶板槽中。编辑样品信息后,进行谱图的数据采集。

10.2.4.4　结果判定

微生物质谱仪自动完成谱图的比对和鉴定。以不同颜色、不同分值显示结果,菌株鉴定位点显示绿色,鉴定分值达到种水平可信即可。沙门氏菌标准菌株质谱鉴定图谱见附录 C。

11　血清学分型

按照 GB 4789.4—2016 的 5.5 血清学鉴定和 5.6 血清学分型执行。

12　菌株保藏

取新鲜纯化菌,加无菌生理盐水制成菌悬液,与灭菌甘油溶液混合,使甘油终浓度为 20%~40%;或加入磁珠保藏管;或加入 5%蔗糖脱脂乳保护剂,冻干。—20 ℃或以下保藏。

13　生物安全要求

实验室设施设备、人员防护及实验安全操作、实验废弃物和菌种的处理应符合 GB 19489 的要求。

附　录　A
（规范性）
培养基与缓冲溶液

A.1　Cary-Blair 氏运送培养基

A.1.1　成分

硫乙醇酸钠	1.5 g
磷酸氢二钠	1.1 g
氯化钠	5.0 g
琼脂	5.0 g
氯化钙	0.09 g
蒸馏水	1 000 mL

A.1.2　制法

将 A.1.1 中各成分加入蒸馏水中，搅混均匀，加热煮沸至完全溶解，调节 pH 至 8.42±0.2，121 ℃高压灭菌 15 min。

A.2　蛋白胨水缓冲液(BPW)

A.2.1　成分

蛋白胨	10.0 g
氯化钠	5.0 g
磷酸氢二钠（含 12 个结晶水）	9.0 g
磷酸二氢钾	1.5 g
水	1 000 mL

A.2.2　制法

将 A.2.1 中各成分加入水中，搅匀，静置约 10 min，煮沸使溶解，调节 pH 至 7.2±0.2，121 ℃高压灭菌 15 min。

A.3　四硫磺酸钠煌绿(TTB)增菌液

A.3.1　基础液

蛋白胨	10.0 g
牛肉膏	5.0 g
氯化钠	3.0 g
碳酸钙	45.0 g
水	1 000 mL

除碳酸钙外，将各成分加入水中，煮沸溶解，再加入碳酸钙，调节 pH 至 7.0±0.2，121 ℃高压灭菌 20 min。

A.3.2　硫代硫酸钠溶液

硫代硫酸钠（含 5 个结晶水）	50.0 g
水加至	100 mL

121 ℃灭菌 20 min。

A.3.3 碘溶液

碘片	20.0 g
碘化钾	25.0 g
水加至	100 mL

将碘化钾充分溶解于少量的水中,再投入碘片,振摇玻瓶至碘片全部溶解为止,加水至规定的量,储存于棕色瓶内,塞紧瓶盖备用。

A.3.4 0.5%煌绿水溶液

煌绿	0.5 g
水	100 mL

溶解后,存放暗处,不少于1 d,使其自然灭菌。

A.3.5 牛胆盐溶液

牛胆盐	10.0 g
水	100 mL

加热煮沸至完全溶解,121 ℃高压灭菌20 min。

A.3.6 制法

基础液	900 mL
硫代硫酸钠溶液	100 mL
碘溶液	20.0 mL
煌绿水溶液	2.0 mL
牛胆盐溶液	50.0 mL

临用前,按上列顺序,以无菌操作依次加入基础液中,每加入一种成分,摇匀后再加入另一种成分。

A.4 亚硒酸盐胱氨酸(SC)增菌液

A.4.1 成分

蛋白胨	5.0 g
乳糖	4.0 g
磷酸氢二钠	10.0 g
亚硒酸氢钠	4.0 g
L-胱氨酸	0.01 g
水	1 000 mL

A.4.2 制法

除亚硒酸氢钠和L-胱氨酸外,将A.4.1中各成分加入水中,煮沸溶解,冷至55 ℃以下,以无菌操作加入亚硒酸氢钠和1 g/L L-胱氨酸溶液10 mL(称取0.1 g L-胱氨酸,加1 mol/L氢氧化钠溶液15 mL,使溶解,再加灭菌水至100 mL即得,如为DL-胱氨酸,用量应加倍)。摇匀,调节pH至7.0±0.2。

A.5 氯化镁孔雀绿(RV)增菌液

A.5.1 成分

大豆胨	4.5 g
六水合氯化镁	29.0 g
氯化钠	8.0 g
磷酸氢二钾	0.4 g
磷酸二氢钾	0.6 g
孔雀绿	0.036 g
水	1 000 mL

A.5.2 制法

将 A.5.1 中各成分加入水中,搅混均匀,煮沸溶解,调节 pH 至 5.2±0.2, 115 ℃高压灭菌 20 min,备用。

A.6 营养琼脂

A.6.1 成分

蛋白胨	10.0 g
牛肉浸膏	3.0 g
氯化钠	5.0 g
琼脂	15.0 g
水	1 000 mL

A.6.2 制法

将 A.6.1 中各成分加入水中,搅混均匀,静置约 10 min,煮沸溶解,调节 pH 至 7.2±0.2,121 ℃高压灭菌 15 min。

A.7 5%蔗糖脱脂乳保护剂

A.7.1 成分

脱脂乳	10.0 g
蔗糖	5.0 g
水	100 mL

A.7.2 制法

取 A.7.1 中各成分,混合,112 ℃高压灭菌 20 min,备用。

附 录 B
（资料性）
沙门氏菌 PCR 产物琼脂糖凝胶电泳结果和测序结果对照

B.1 沙门氏菌 PCR 产物琼脂糖凝胶电泳结果

见图 B.1。

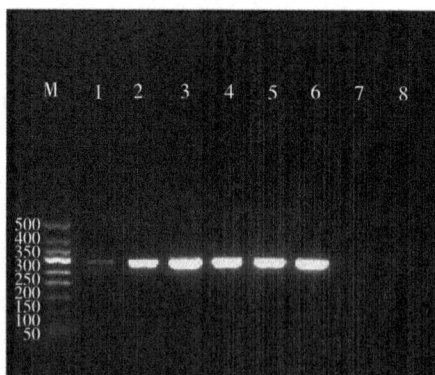

标引序号说明：
M——50 bp DNA Marker；
1-5——沙门氏菌；
6——阳性对照（沙门标准菌株 CVCC541）；
7、8——空白对照（水）。

图 B.1 沙门氏菌 PCR 产物琼脂糖凝胶电泳结果

B.2 沙门氏菌目标片段测序结果对照

TCATCGCACCGTCAAAGGAACCGTAAAGCTGGCTTTCCCTTTCCAGTACGCTTCGCCGTT
CGCGCGCGGCATCCGCATCAATAATACCGGCCTTCAAATCGGCATCAATACTCATCTGTTT
ACCGGGCATACCATCCAGAGAAAATCGGGCCGCGACTTCCGCGACACGTTCTGAACCTTTGG
TAATAACGATAAACTGGACCACGGTGACAATAGAGAAGACAACAAAACCCACCGCCAGGC
TATCGCCAATAACGAATTGCCCGAACGTGGCGATAATTTCAC

附　录　C

（资料性）

沙门氏菌标准菌株质谱鉴定图谱

沙门氏菌标准菌株质谱鉴定图谱见图 C.1。

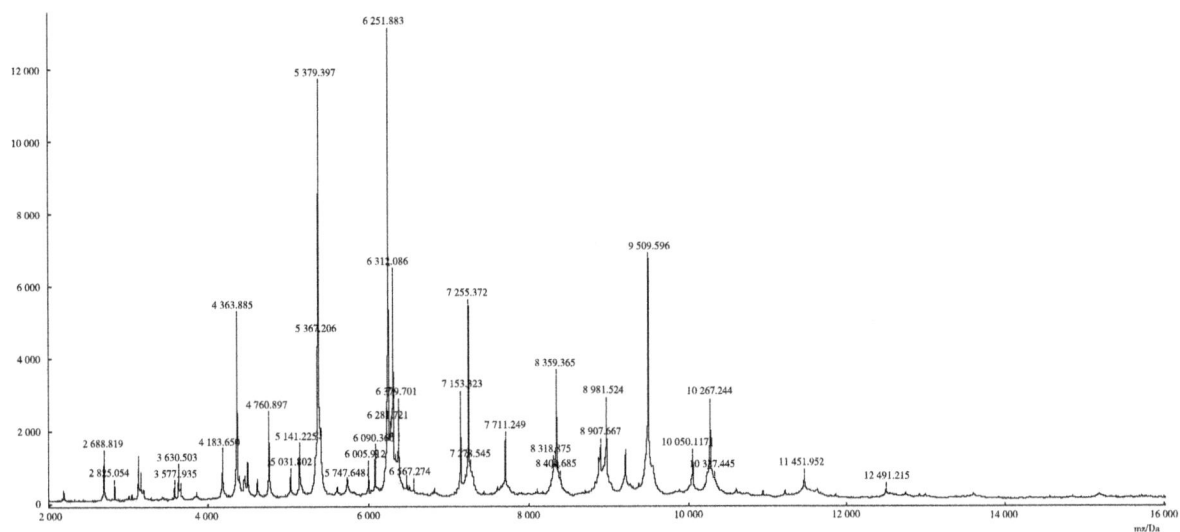

图 C.1　沙门氏菌标准菌株质谱鉴定图谱

ICS 67.120.10
CCS X 22

NY

中华人民共和国农业行业标准

NY/T 4147—2022

动物源肠球菌分离与鉴定技术规程

Technical code of practice for isolation and identification of *Enterococcus* from animals

2022-07-11 发布 2022-10-01 实施

中华人民共和国农业农村部 发布

前　言

本文件按照 GB/T 1.1—2020《标准化工作导则　第 1 部分:标准化文件的结构和起草规则》的规定起草。

请注意本文件的某些内容可能涉及专利。本文件的发布机构不承担识别专利的责任。

本文件由农业农村部畜牧兽医局提出。

本文件由全国兽药残留与耐药性控制专家委员会归口。

本文件起草单位:中国兽医药品监察所、四川省兽药监察所。

本文件主要起草人:张纯萍、岳秀英、宋立、葛荣、赵琪、吴晓岚、崔明全、李然、徐士新、陆强、王鹤佳、王晓君。

动物源肠球菌分离与鉴定技术规程

1 范围

本文件规定了动物源肠球菌(*Enterococcus*)的分离与鉴定方法。

本文件适用于动物直肠/泄殖腔拭子、肠道内容物等样品中粪肠球菌、屎肠球菌的分离和鉴定。

2 规范性引用文件

下列文件中的内容通过文中的规范性引用而构成本文件必不可少的条款。其中,注日期的引用文件,仅该日期对应的版本适用于本文件;不注日期的引用文件,其最新版本(包括所有的修改单)适用于本文件。

GB/T 6682 分析实验室用水规格和试验方法

GB 19489 实验室 生物安全通用要求

3 术语和定义

本文件没有需要界定的术语和定义。

4 试剂或材料

4.1 要求

除另有规定外,所有试剂均为分析纯,水为符合 GB/T 6682 规定的三级水。培养基按附录 A 配制或用商品化产品。

4.2 试剂

4.2.1 过氧化氢溶液(30%)。

4.2.2 α-氰-4-羟基肉桂酸(HCCA):色谱纯。

4.2.3 甘油。

4.3 溶液配制

4.3.1 3%过氧化氢溶液:取过氧化氢溶液 100 mL,加水 900 mL,混匀。现用现配。

4.3.2 基质溶液:取 α-氰-4-羟基肉桂酸(HCCA),按说明书配制;或用市售商品。

4.3.3 灭菌甘油:取甘油适量,121 ℃灭菌 20 min。

4.4 培养基制备

4.4.1 Cary-Blair 运送培养基:按照附录 A 中 A.1 的规定执行。

4.4.2 肠球菌增菌液:按照 A.2 的规定执行。

4.4.3 肠球菌显色培养基:按照 A.3 的规定执行。

4.4.4 胰酶大豆琼脂(TSA):按照 A.4 的规定执行。

4.4.5 营养琼脂培养基:按照 A.5 的规定执行。

4.4.6 营养肉汤:按照 A.6 的规定执行。

4.4.7 5%蔗糖脱脂乳保护剂:按照 A.7 的规定执行。

4.5 标准菌株

粪肠球菌(*Enterococcus faecalis*,ATCC 29212/BNCC 186300),屎肠球菌(*Enterococcus faecium*,ATCC 19434)。

4.6 材料

4.6.1 革兰氏染色套装。

4.6.2 革兰氏阳性菌生化鉴定卡或生化鉴定试剂盒。

4.6.3 菌种冷冻保存管或磁珠保藏管。

5 仪器设备

5.1 冰箱：2 ℃～8 ℃、-20 ℃或以下。

5.2 恒温培养箱：(36±1)℃。

5.3 分析天平：感量 0.1 g。

5.4 高压灭菌锅。

5.5 显微镜：10×～100×。

5.6 二级生物安全柜。

5.7 麦氏比浊仪。

5.8 微生物生化鉴定系统。

5.9 微生物质谱仪(MALDI-TOF MS)。

5.10 pH 计：测量范围 pH 0～14，精度为 0.02 pH 单位。

5.11 其他常规设备及材料。

6 样品采集与保存运输

取灭菌棉签,插入直肠 3 cm～4 cm(泄殖腔 1.5 cm～2 cm),旋转数次,取出,置于 Cary-Blair 氏运送培养基中;取肠道内容物或粪便,置于无菌塑封袋或其他密闭容器中。0 ℃～4 ℃保存、运输。

7 分离与鉴定流程

分离与鉴定流程见图1。

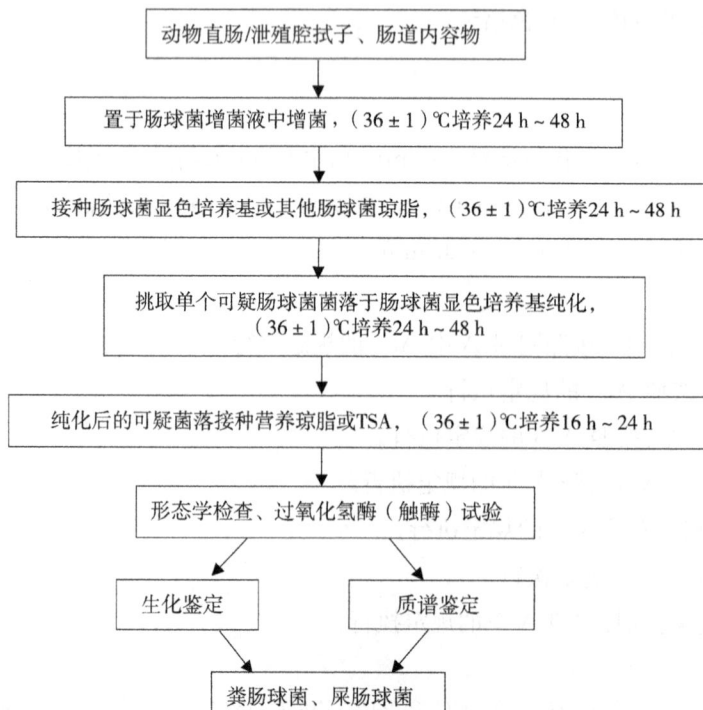

图 1 肠球菌分离与鉴定流程

8 增菌

8.1 动物直肠/泄殖腔拭子

取单个动物直肠/泄殖腔拭子,置于 2 mL～3 mL 肠球菌增菌液中,(36±1)℃培养 24 h～48 h。

8.2 肠道内容物

取 5 g 样品,置于 45 mL 肠球菌增菌液中(1∶9 稀释),混匀,(36±1)℃培养 24 h～48 h。

9 分离纯化

9.1 分离

取 24 h～48 h 的增菌培养液,接种肠球菌显色培养基,(36±1)℃培养 24 h～48 h。

9.2 纯化

观察菌落形态。菌落呈圆形、边缘整齐、表面光滑、隆起、不透明、灰白色小菌落,直径为 0.5 mm～1 mm,在菌落周围形成黑色晕轮;其他肠球菌显色培养基上的菌落形态参照说明书。挑取单个可疑肠球菌菌落,接种于肠球菌显色培养基,(36±1)℃培养 24 h～48 h。挑取纯化后的单菌落接种胰酶大豆琼脂(TSA)或营养琼脂培养基,(36±1)℃培养 16 h～24 h,备用。

10 筛查与鉴定

10.1 肠球菌属的鉴定

10.1.1 形态观察

取纯化菌,革兰氏染色,镜检。呈单个、成双或短链排列,无芽孢,无荚膜。

10.1.2 过氧化氢酶(触酶)试验

取玻片,滴 3% 过氧化氢溶液 1 滴～2 滴,挑取菌落,混合,若 30 s 内出现气泡则判定为阳性。

10.2 粪肠球菌和屎肠球菌的鉴定

10.2.1 通用要求

生化鉴定和质谱鉴定任选其一。

10.2.2 生化鉴定

取纯化菌,按革兰氏阳性菌生化鉴定卡或生化鉴定试剂盒说明书进行操作和结果判定。

10.2.3 质谱鉴定

10.2.3.1 菌样制备

挑取单个新鲜纯化菌落,均匀涂布于靶板样品孔中(涂布厚度为薄薄一层),室温干燥。吸取 1 μL 基质溶液滴于样品上,混匀,室温干燥。标准菌株的新鲜菌落同法操作。

10.2.3.2 仪器校准

检测样品前,应对微生物质谱仪进行校准。

10.2.3.3 测定

取制备好的样品靶板,置于质谱仪靶板槽中。编辑样品信息后,进行谱图的数据采集。

10.2.3.4 结果判定与报告

微生物质谱仪自动完成谱图的比对和鉴定。以不同颜色、不同分值显示结果,菌株鉴定位点显示绿色,鉴定分值达到种水平可信即可。粪肠球菌和屎肠球菌标准菌株的质谱鉴定谱图见附录B。

11 菌株保存

取新鲜纯化菌,加无菌生理盐水制成菌悬液,与灭菌甘油溶液混合,使甘油终浓度为 20%～40%;或加入磁珠保藏管;或加入 5% 蔗糖脱脂乳保护剂,冻干。—20 ℃或以下保存。

12 生物安全措施

实验室设施设备、人员防护、实验安全操作、实验废弃物及菌株处理应符合 GB 19489 的要求。

附 录 A

（规范性）

培养基与试液

A.1 Cary-Blair 运送培养基

A.1.1 成分

硫乙醇酸钠	1.5 g
氯化钠	5.0 g
磷酸氢二钠	1.1 g
氯化钙	0.1 g
琼脂	5.0 g
水	1 000 mL

A.1.2 制法

将 A.1.1 中各成分溶于水中,调节 pH 至 8.4±0.4(25 ℃),121 ℃灭菌 15 min,分装备用。

A.2 肠球菌增菌液

A.2.1 成分

胰蛋白胨	17.0 g
牛肉浸粉	3.0 g
酵母浸粉	5.0 g
牛胆粉	10.0 g
氯化钠	5.0 g
柠檬酸钠	1.0 g
七叶苷	1.0 g
柠檬酸铁铵	0.5 g
叠氮化钠	0.2 g
水	1 000 mL

A.2.2 制法

将 A.2.1 中各成分溶于蒸馏水中,调节 pH 至 7.1±0.2(25 ℃),121 ℃灭菌 15 min,分装备用。

A.3 肠球菌显色培养基

A.3.1 成分

胰蛋白胨	17.0 g
酵母浸粉	5.0 g
牛胆粉	10.0 g
氯化钠	5.0 g
柠檬酸钠	1.0 g
七叶苷	1.0 g
柠檬酸铁铵	0.5 g
叠氮化钠	0.2 g

水   1 000 mL

A.3.2 制法

将 A.3.1 中各成分溶于水中,调节 pH 至 7.1±0.2(25 ℃),121 ℃灭菌 15 min,倾入无菌平皿,备用。

A.4 胰酶大豆琼脂(TSA)

A.4.1 成分

胰蛋白胨	15.0 g
大豆胨	5.0 g
氯化钠	5.0 g
琼脂	15.0 g
水	1 000 mL

A.4.2 制法

将 A.4.1 中各成分溶于水中,调节 pH 至 7.3±0.2(25 ℃),121 ℃灭菌 15 min,备用。

A.5 营养琼脂

A.5.1 成分

蛋蛋白胨	10.0 g
牛肉浸膏	3.0 g
氯化钠	5.0 g
琼脂	15.0 g
水	1 000 mL

A.5.2 制法

将各成分加入水中,搅匀,静置约 10 min,煮沸溶解,调节 pH 至 7.2±0.2,121 ℃灭菌 15 min,备用。

A.6 营养肉汤

A.6.1 成分

蛋白胨	10.0 g
牛肉粉	3.0 g
氯化钠	5.0 g
葡萄糖	1.0 g
水	1 000 mL

A.6.2 制法

将 A.6.1 中各成分溶于水中,调节 pH 至 7.2±0.2(25 ℃),121 ℃灭菌 15 min,备用。

A.7 5%蔗糖脱脂乳保护剂

A.7.1 成分

脱脂乳	10.0 g
蔗糖	5.0 g
水	100 mL

A.7.2 制法

取 A.7.1 中各成分,混合,112 ℃高压灭菌 20 min,备用。

附　录　B
（规范性）
肠球菌质谱图

B.1 粪肠球菌标准菌株的质谱图

见图 B.1。

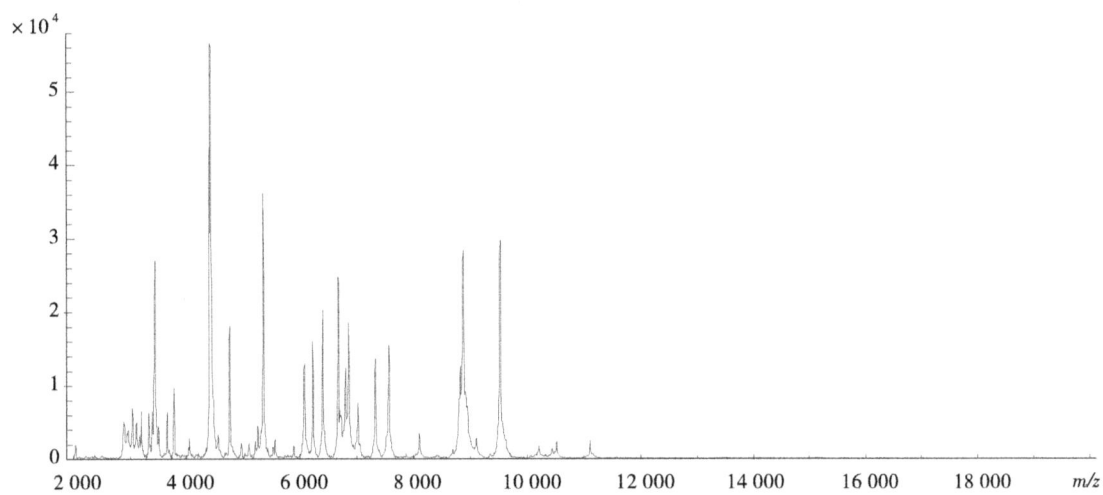

图 B.1　粪肠球菌标准菌株的质谱图

B.2 屎肠球菌标准菌株的质谱图

见图 B.2。

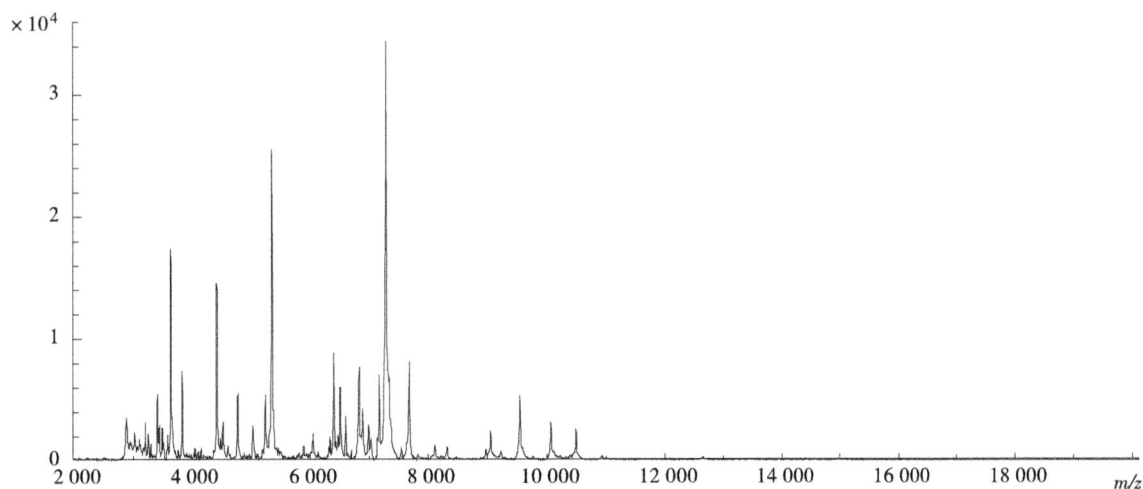

图 B.2　屎肠球菌标准菌株的质谱图

ICS 67.120.10
CCS X 22

NY

中华人民共和国农业行业标准

NY/T 4148—2022

动物源弯曲杆菌分离与鉴定技术规程

Technical code of practice for isolation and identification of *Campylobacter* from animals

2022-07-11 发布

2022-10-01 实施

中华人民共和国农业农村部 发布

前　言

本文件按照 GB/T 1.1—2020《标准化工作导则　第 1 部分:标准化文件的结构和起草规则》的规定起草。

请注意本文件的某些内容可能涉及专利。本文件的发布机构不承担识别专利的责任。

本文件由农业农村部畜牧兽医局提出。

本文件由全国兽药残留与耐药性控制专家委员会归口。

本文件起草单位:中国动物卫生与流行病学中心、中国兽医药品监察所。

本文件主要起草人:王娟、张纯萍、曲志娜、赵琪、刘俊辉、黄秀梅、宋立、李雪莲、张青青、李月华、刘娜、王琳、崔明全、王君玮、王鹤佳、徐士新。

动物源弯曲杆菌分离与鉴定技术规程

1 范围

本文件规定了动物源弯曲杆菌(*Campylobacter*)的分离与鉴定方法。

本文件适用于动物直肠/泄殖腔拭子、新鲜粪便、肠道内容物等样品中空肠弯曲杆菌、结肠弯曲杆菌的分离和鉴定。

2 规范性引用文件

下列文件中的内容通过文中的规范性引用而构成本文件必不可少的条款。其中,注日期的引用文件,仅该日期对应的版本适用于本文件;不注日期的引用文件,其最新版本(包括所有的修改单)适用于本文件。

GB/T 6682　分析实验室用水规格和试验方法

GB 19489　实验室　生物安全通用要求

3 术语和定义

本文件没有需要界定的术语和定义。

4 试剂或材料

4.1 要求

除另有规定外,所有试剂均为分析纯,水为符合 GB/T 6682 规定的三级水,培养基按附录 A 配制或用商品化产品。

4.2 试剂

4.2.1 四甲基对苯二胺盐酸盐。

4.2.2 30%过氧化氢。

4.2.3 聚合酶链式反应预混液(2×PCR Master Mix)。

4.2.4 琼脂糖。

4.2.5 50×TAE 缓冲液。

4.2.6 α-氰-4-羟基肉桂酸(HCCA):色谱纯。

4.3 溶液配制

4.3.1 氧化酶溶液:取四甲基对苯二胺盐酸盐 1.0 g,加水适量使溶解,并稀释至 100 mL。

4.3.2 3%过氧化氢溶液:取 30%过氧化氢 100 mL、水 900 mL,混匀。

4.3.3 马尿酸钠水解试剂:按照附录 A 中 A.1 的规定执行。

4.3.4 1×TAE 缓冲液:取 50×TAE 缓冲液 20 mL,加水定容至 1 000 mL。

4.3.5 1.2%琼脂糖凝胶:取琼脂糖 1.2 g 于 100 mL 1×TAE 缓冲液中加热,充分溶解。

4.3.6 基质溶液:取 α-氰-4-羟基肉桂酸(HCCA),按说明书配制,或用市售商品。

4.4 培养基制备

4.4.1 Cary-Blair 氏运送培养基:按照 A.2 的规定执行。

4.4.2 Bolton 肉汤:按照 A.3 的规定执行。

4.4.3 改良 CCD 琼脂:按照 A.4 的规定执行。

4.4.4 Skirrow 血琼脂:按照 A.5 的规定执行。

4.4.5 弯曲杆菌显色培养基:按说明书配制。

4.4.6 哥伦比亚血琼脂:按照 A.6 的规定执行。

4.4.7 布氏肉汤:按照 A.7 的规定执行。

4.4.8 5%蔗糖脱脂乳保护剂:按照 A.8 的规定执行。

4.5 标准菌株

空肠弯曲杆菌(*Campylobacter jejuni*,ATCC 33560)、结肠弯曲杆菌(*Campylobacter coli*,ATCC 43478)。

4.6 材料

4.6.1 吲哚乙酸酯纸片。

4.6.2 生化鉴定试剂盒或生化鉴定卡。

4.6.3 磁珠保藏管。

5 器材设备

5.1 二级生物安全柜。

5.2 恒温培养箱。

5.3 冰箱:2 ℃~5 ℃,−20 ℃或以下。

5.4 恒温振荡培养箱。

5.5 分析天平:感量 0.01 g。

5.6 高压灭菌器。

5.7 振荡器。

5.8 微需氧培养装置:提供微需氧条件(5%氧气、10%二氧化碳和85%氮气)。

5.9 显微镜:10×~100×。

5.10 高速冷冻离心机。

5.11 麦氏比浊仪。

5.12 微生物生化鉴定系统。

5.13 PCR 仪。

5.14 核酸电泳仪。

5.15 电泳凝胶成像分析系统。

5.16 微生物质谱仪(MALDI-TOF MS)。

5.17 涡旋混合器。

5.18 冷冻干燥机。

6 样品采集与保存运输

取灭菌棉签,插入直肠 3 cm~4 cm(泄殖腔 1.5 cm~2 cm),旋转数次,取出,置于 Cary-Blair 氏运送培养基中;采集肠道内容物或粪便,置于无菌塑封袋或其他密闭容器中。0 ℃~4 ℃保存运输,不宜超过 24 h。

7 分离鉴定程序

弯曲杆菌分离与鉴定流程见图1。

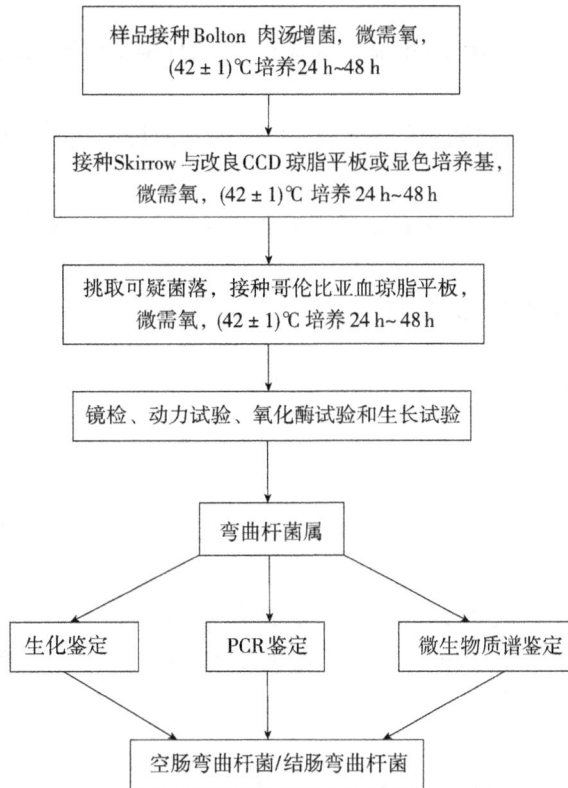

图 1　弯曲杆菌分离与鉴定流程

8　增菌

8.1　动物直肠/泄殖腔拭子

取单个动物直肠/泄殖腔拭子,置于 2 mL～3 mL Bolton 肉汤中,在微需氧条件下(42±1)℃培养 24 h～48 h。

8.2　肠道内容物/粪便

取 5 g 样品,置于 45 mL Bolton 肉汤中(1∶10 稀释),混匀,在微需氧条件下(42±1)℃培养 24 h～ 48 h。

9　分离纯化

9.1　分离

取增菌液,划线接种 Skirrow 血琼脂、改良 CCD 琼脂平板或弯曲杆菌显色培养基。在微需氧条件下, (42±1)℃培养 24 h～48 h。

9.2　纯化

取出平板,观察菌落形态。Skirrow 血琼脂平板上可疑菌落为灰色、扁平、湿润有光泽、呈沿接种线向外扩散生长的倾向;或呈分散凸起的单个菌落,边缘整齐、发亮。改良 CCD 琼脂平板上的可疑菌落为淡灰色,有金属光泽、潮湿、扁平、呈扩散生长的倾向。弯曲杆菌显色培养基上的菌落形态参见商品说明书。挑取可疑菌落,接种哥伦比亚血平板,在微需氧条件下,(42±1)℃培养 24 h～48 h。

10　筛查与鉴定

10.1　菌属鉴定

10.1.1　形态观察

取纯化菌,革兰氏染色,镜检。弯曲杆菌为革兰氏阴性,呈弯曲小逗点状或 S 形、螺旋状、海鸥展翅状。

10.1.2 动力观察

取纯化菌,悬浮于 1 mL 布氏肉汤中,用显微镜观察,弯曲杆菌呈螺旋状运动。

10.1.3 氧化酶试验

挑取纯化菌落,置于氧化酶试剂润湿的滤纸上,10 s 内弯曲杆菌出现紫红色、紫罗兰色或深蓝色。

10.1.4 生长试验

取纯化菌,接种哥伦比亚血平板,分别置于微需氧条件下(25±1)℃和有氧条件(42±1)℃培养(44± 4)h,弯曲杆菌均不生长。

10.2 空肠弯曲杆菌和结肠弯曲杆菌的鉴定

10.2.1 通用要求

生化鉴定、PCR 鉴定、质谱鉴定 3 种方法任选其一。

10.2.2 生化鉴定

10.2.2.1 过氧化氢酶试验

取 3% 过氧化氢溶液 1 滴~2 滴至玻片上,挑取菌落与之混合,30 s 内出现气泡则判定为阳性。

10.2.2.2 马尿酸钠水解试验

挑取菌落,加 1% 马尿酸钠溶液 0.4 mL,混匀,制成菌悬液,置于(36±1)℃水浴中孵育 2 h 或培养箱孵育 4 h。沿试管壁缓缓加入茚三酮溶液 0.2 mL,避免振荡,置于(36±1)℃孵育 10 min。菌液呈深紫色为阳性,淡紫色或无颜色变化为阴性。

10.2.2.3 吲哚乙酸酯水解试验

挑取菌落至吲哚乙酸酯纸片,滴加灭菌水 1 滴,观察结果。5 min~10 min 内呈深蓝色为阳性,无颜色变化为阴性。

注:上述 3 项生化实验也可使用商品化试剂盒或鉴定卡。

10.2.2.4 结果判定

空肠弯曲杆菌与结肠弯曲杆菌的判定按表 1 进行。

表 1 空肠弯曲杆菌和结肠弯曲杆菌的生化特征

特征	空肠弯曲杆菌	结肠弯曲杆菌
过氧化氢酶试验	+	+
马尿酸盐水解试验	+	−
吲哚乙酸酯水解试验	+	+
注:"+"表示阳性;"−"表示阴性。		

10.2.3 PCR 鉴定

10.2.3.1 PCR 模板的制备

取新鲜菌落,重悬于 0.5 mL 灭菌水,煮沸 10 min,冷却,12 000 r/min 离心 2 min,取上清液,备用。以空肠弯曲杆菌和结肠弯曲杆菌标准菌株为阳性对照,以水为阴性对照。

10.2.3.2 PCR 引物

空肠弯曲杆菌和结肠弯曲杆菌的 PCR 引物序列及扩增片段长度见表 2。

表 2 空肠弯曲菌和结肠弯曲菌的 PCR 引物序列及扩增片段长度

细菌	引物序列	扩增片段长度,bp
空肠弯曲杆菌	上游:5′-CAT CTT CCC TAG TCA AGC CT-3′ 下游:5′-AAG ATA TGG CAC TAG CAA GAC-3′	773
结肠弯曲杆菌	上游:5′-AGG CAA GGG AGC CTT AA TC-3′ 下游:5′-TAT CCC TAT CTA CAA ATT CGC-3′	364

10.2.3.3 PCR 反应体系

PCR 反应体系(25 μL)见表3。

表3 PCR 反应体系

试剂	体积,μL
2×PCR Master Mix	12.5
上游引物(10 μmol/L)	0.5
下游引物(10 μmol/L)	0.5
水	10.5
模板	1.0

10.2.3.4 PCR 反应条件

94 ℃预变性 5 min;94 ℃变性 1 min,60 ℃退火 1 min,72 ℃延伸 1 min,30 个循环,72 ℃延伸 10 min。

10.2.3.5 电泳

取 PCR 扩增产物,于 1.2%的琼脂糖凝胶中电泳,凝胶成像分析。

10.2.3.6 结果判定

电泳结果按照表2的扩增片段长度判定,必要时测序鉴定。PCR 产物电泳图见附录 B 中的图 B.1,片段测序结果见 B.2 和 B.3。

10.2.4 质谱鉴定

10.2.4.1 菌样制备

挑取单个新鲜纯化菌落,均匀涂布于靶板样品孔中(涂布厚度为薄薄一层),室温干燥。吸取 1 μL 基质溶液,滴于样品上,混匀,室温干燥。将空肠弯曲杆菌和结肠弯曲杆菌标准菌株的新鲜菌落同法操作。

10.2.4.2 仪器校准

检测样品前,应对微生物质谱仪进行校准。

10.2.4.3 测定

取制备好的样品靶板置于质谱仪靶板槽中。编辑样品信息后,进行谱图数据采集。

10.2.4.4 结果判定

微生物质谱仪自动完成谱的图比对和鉴定。以不同颜色、不同分值显示结果,菌株鉴定位点显示绿色,鉴定分值达到种水平可信即可。空肠弯曲杆菌和结肠弯曲杆菌标准菌株的质谱鉴定谱图见附录 C 中的图 C.1、图 C.2。

11 菌株保存

取新鲜纯化菌,置于磁珠保藏管,−70 ℃或以下保藏;或加入 5%蔗糖脱脂乳保护剂,冻干,−20 ℃或以下保藏。

12 生物安全措施

实验室设施设备、人员防护及实验的安全操作、实验废弃物和菌种的处理应符合 GB 19489 的要求。

附　录　A

（规范性）

培养基与试液

A.1　马尿酸钠水解试剂

A.1.1　马尿酸钠溶液

A.1.1.1　成分

马尿酸钠	10.0 g
磷酸盐缓冲液（PBS）组分：	
氯化钠	8.5 g
磷酸氢二钠	9.0 g
磷酸二氢钠	2.7 g
水	1 000 mL

A.1.1.2　制法

将马尿酸钠溶于磷酸盐缓冲溶液中，过滤除菌。无菌分装，每管 0.4 mL。—20 ℃或以下保存。

A.1.2　茚三酮溶液

A.1.2.1　成分

水合茚三酮	1.8 g
丙酮	25 mL
丁醇	25 mL

A.1.2.2　制备

将水合茚三酮溶解于丙酮/丁醇混合液中。该溶液在避光冷藏时不超过 7 d。

A.2　Cary-Blair 氏运送培养基

A.2.1　成分

硫乙醇酸钠	1.5 g
磷酸氢二钠	1.1 g
氯化钠	5 g
琼脂	5 g
氯化钙	0.09 g
水	1 000 mL

A.2.2　制法

将 A.2.1 中各成分溶于水中，混匀，调节 pH 至 8.4±0.2。121 ℃灭菌 15 min，分装备用。

A.3　Bolton 肉汤

A.3.1　基础培养基

A.3.1.1　成分

动物组织酶解物	10.0 g
乳白蛋白水解物	5.0 g
酵母浸膏	5.0 g

氯化钠	5.0 g
丙酮酸钠	0.5 g
偏亚硫酸氢钠	0.5 g
碳酸钠	0.6 g
α-酮戊二酸	1.0 g
水	1 000 mL

A.3.1.2 制法

将 A.3.1.1 中各成分溶于水中,121 ℃灭菌 15 min,备用。

A.3.2 无菌裂解脱纤维绵羊或马血

取无菌脱纤维绵羊或马血,反复冻融,或使用皂角苷进行裂解。

A.3.3 抗生素溶液

A.3.3.1 成分

头孢哌酮(cefoperazone)	0.02 g
万古霉素(vancomycin)	0.02 g
三甲氧苄胺嘧啶(trimethoprim)	0.02 g
放线菌酮(cycloheximide)	0.02 g
乙醇/灭菌水(50/50,体积分数)	5.0 mL

A.3.3.2 制法

将 A.3.3.1 中各成分溶解于乙醇/灭菌水混合溶液中。

A.3.4 完全培养基

A.3.4.1 成分

基础培养基	1 000 mL
无菌裂解脱纤维绵羊或马血	50 mL
抗生素溶液	5 mL

A.3.4.2 制法

基础培养基冷却至约 45 ℃,加入无菌裂解脱纤维绵羊或马血、抗生素溶液,混匀,调节 pH 至 7.4±0.2。常温下放置不宜超过 4 h,4 ℃左右避光保存不宜超过 7 d。

A.4 改良 CCD 琼脂

A.4.1 基础培养基

A.4.1.1 成分

牛肉浸膏	10.0 g
动物组织酶解物	10.0 g
氯化钠	5.0 g
细菌炭	4.0 g
水解酪蛋白	3.0 g
脱氧胆酸钠	1.0 g
硫酸亚铁	0.25 g
丙酮酸钠	0.25 g
琼脂粉	15.0 g
酵母膏	2.0 g
水	1 000 mL

A.4.1.2 制法

将 A.4.1.1 中各成分溶于水中,调 pH 至 7.4±0.2,121 ℃灭菌 15 min,备用。

A.4.2 抗生素溶液

A.4.2.1 成分

头孢哌酮(cefoperazone)	0.03 g
两性霉素 B(amphotericin B)	0.01 g
乙醇/灭菌水(50/50,体积分数)	5.0 mL

A.4.2.2 制法

将 A.4.2.1 中各成分溶解于乙醇/灭菌水混合溶液中。

A.4.3 完全培养基

A.4.3.1 成分

基础培养基	1 000 mL
抗生物溶液	5 mL

A.4.3.2 制法

基础培养基冷却至 45 ℃,加入抗生素溶液混匀,调 pH 至 7.4±0.2。倾注无菌平皿中,静置至培养基凝固。使用前需预先干燥平板。制备的平板未干燥时在室温放置不宜超过 4 h,或在 4 ℃左右冷藏不宜超过 7 d。

A.5 Skirrow 血琼脂

A.5.1 基础培养基

A.5.1.1 成分

蛋白胨	15.0 g
胰蛋白胨	2.5 g
酵母浸膏	5.0 g
氯化钠	5.0 g
琼脂	15.0 g
水	1 000 mL

A.5.1.2 制法

将 A.5.1.1 中各成分溶于蒸馏水中,121 ℃灭菌 15 min,备用。

A.5.2 FBP 溶液

A.5.2.1 成分

丙酮酸钠	0.25 g
焦亚硫酸钠	0.25 g
硫酸亚铁	0.25 g
水	100 mL

A.5.2.2 制法

将 A.5.2.1 中各成分溶于水中,经 0.22 μm 滤膜过滤除菌。现用现配,−70 ℃储存不超过 3 个月或−20 ℃储存不超过 1 个月。

A.5.3 抗生素溶液

A.5.3.1 成分

万古霉素(vancomycin)	0.01 g
三甲氧苄胺嘧啶(trimethoprim)	0.005 g
多黏菌素 B(polymyxin B)	2 500 IU
乙醇/灭菌水(50/50,体积分数)	5.0 mL

A.5.3.2 制法

将 A.5.3.1 中各成分溶解于乙醇/灭菌水混合溶液中。

A.5.4 无菌脱纤维绵羊血

在无菌操作条件下,将绵羊血倒入盛有灭菌玻璃珠的容器中,振摇约 10 min,静置后除去附有血纤维的玻璃珠即可。

A.5.5 完全培养基

A.5.5.1 成分

基础培养基	1 000 mL
FBP 溶液	5 mL
抗生素溶液	5 mL
无菌脱纤维绵羊血	50 mL

A.5.5.2 制法

当基础培养基的温度为 45 ℃时,无菌加入 FBP 溶液、抗生素溶液与冻融的无菌脱纤维绵羊血,混匀。调 pH 至 7.4±0.2。倾注于无菌平皿中,静置至培养基凝固。

A.6 哥伦比亚血琼脂(Columbia blood agar)

A.6.1 基础培养基

A.6.1.1 成分

动物组织酶解物	23.0 g
淀粉	1.0 g
氯化钠	5.0 g
琼脂	15.0 g
水	1 000 mL

A.6.1.2 制法

将 A.6.1.1 成分溶于水中,121 ℃灭菌 15 min,备用。

A.6.2 无菌脱纤维绵羊血

在无菌操作条件下,将绵羊血倒入盛有灭菌玻璃珠的容器中,振摇约 10 min,静置后除去附有血纤维的玻璃珠即可。

A.6.3 完全培养基

A.6.3.1 成分

基础培养基	1 000.0 mL
无菌脱纤维绵羊血	50.0 mL

A.6.3.2 制法

当基础培养基的温度为 45 ℃时,无菌加入绵羊血,混匀,调 pH 至 7.3±0.2。倾注于无菌平皿中,静置至培养基凝固。

A.7 布氏肉汤

A.7.1 成分

酪蛋白酶解物	10.0 g
动物组织酶解物	10.0 g
葡萄糖	1.0 g
酵母浸膏	2.0 g
氯化钠	5.0 g
亚硫酸氢钠	0.1 g

水   1 000 mL

A.7.2　制法

将 A.7.1 中各成分溶于水中,调 pH 至 7.0±0.2,121 ℃灭菌 15 min,备用。

A.8　5%蔗糖脱脂乳保护剂

A.8.1　成分

脱脂乳   10.0 g

蔗糖   5.0 g

水   100 mL

A.8.2　制法

将 A.8.1 中各成分混合,112 ℃高压灭菌 20 min,备用。

附 录 B

（资料性）

空肠弯曲杆菌和结肠弯曲杆菌 PCR 产物大小和测序结果对照

B.1 空肠弯曲杆菌和结肠弯曲杆菌 PCR 产物大小

见图 B.1。

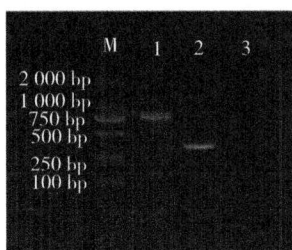

标引序号说明：

M——Marker；

1——阳性对照（空肠弯曲杆菌标准菌株）；

2——阳性对照（结肠弯曲杆菌标准菌株）；

3——阴性对照（水）。

图 B.1 空肠弯曲杆菌和结肠弯曲杆菌 PCR 产物电泳图

B.2 空肠弯曲杆菌目标片段测序结果

CATCTTCCCTAGTCAAGCCTCTGTGCCTTCACCTGTGCTTGATTTTGTTGAAGTTGTGGT
TATAACTTTAGCATTAAGACTTAGGCTTAAAAATAAGCCTAAAAAAGAATTTTAATTATT
TTCATCTTTTACCTTTAAAAATCATCCATGCTATTTACAACATTAGAGCTTCTTTGTATGCT
AGAAGATTTTTTAGCTTCATTTTTTGTTGCATTTGACTTTGAATTTAAAGCCTCATTTGTGT
TAGCTAAATTTTCATAAGAATAAAATCTCACAGCTCCTACATGTTCAATACCATTTTCACTT
GTATAGCTCCATTTTTTAAGAGTACGAATACCACGAATTTTACCGCTTGCGCTTGCTTTTAT
TTTACTATTTACTTTGTCAATAATATTTGTTATGTTTTGAGTTTGTTCTTGAGTGGAACTA
TCATTAACATTAATACTTTGTTTGATGATTTCCTCGTAAGTATCACCAGTTGTTCTTTCATC
TTTAAGACTTAAATTTGTATTAATAAACTCTATAATAGCAGCATCAGCCATAGTAAGTGCT
GTTTCTTTGGCTCTATCTTCTAAAATATTTGTTTTTTTAGCATTGCTAGGATCTGCTACATA
ACCCCAGTTTCCATAACTTAAAATAATAGGTGCACCATTTTCATCATAAACTAAGCGAATTC
CATATTCATTTAAAAAGCCTTTTGTATCTTTTGGCAGATACTCACTTATTGCCTTGCCTTTA
CCCTTAATAGCACTCTGTCTGAGGGGGGGCCAAAATTTTTTAAAGATATGGCACTAGCAAGAC

B.3 结肠弯曲杆菌目标片段测序结果

AGGCAAGGGAGCCTTTAATCTTTAGGCAAGGGGAGCCTTTAATCCTAACAAGGTCAATG
AAATTTTAAAAGCAAAGTTGGGCTGATGAGCAAAATTGCAATCATCGGCGCAGGAAAATGG
GGCAGTGCTTTATACAGTGCTTTAAGTATTAATAATACTTGTTTTATGACTTCTCGCACACA
GCGAGATTTGCCTTATTTTGTGAGTTTAGAGCAGGCTTTGAATTGTGAATATTTGGTTTTTT
GCTTTAAGCTCTCAAGGAATGTATTCTTGGCTTAAACAAAATTTTGTTAACAAGGGTCAAA
AAATTCTTATCGCTTCTAAGGGTATAGATACTTCAACTTGTAAGTTTTTAGATGAAATTTT
TAGCGAATTTGGGAATAGGGATAATATCCCTATCTACAAATTCGC

附 录 C
（资料性）
微生物质谱仪鉴定谱图

C.1 空肠弯曲杆菌标准菌株质谱鉴定谱图

见图 C.1。

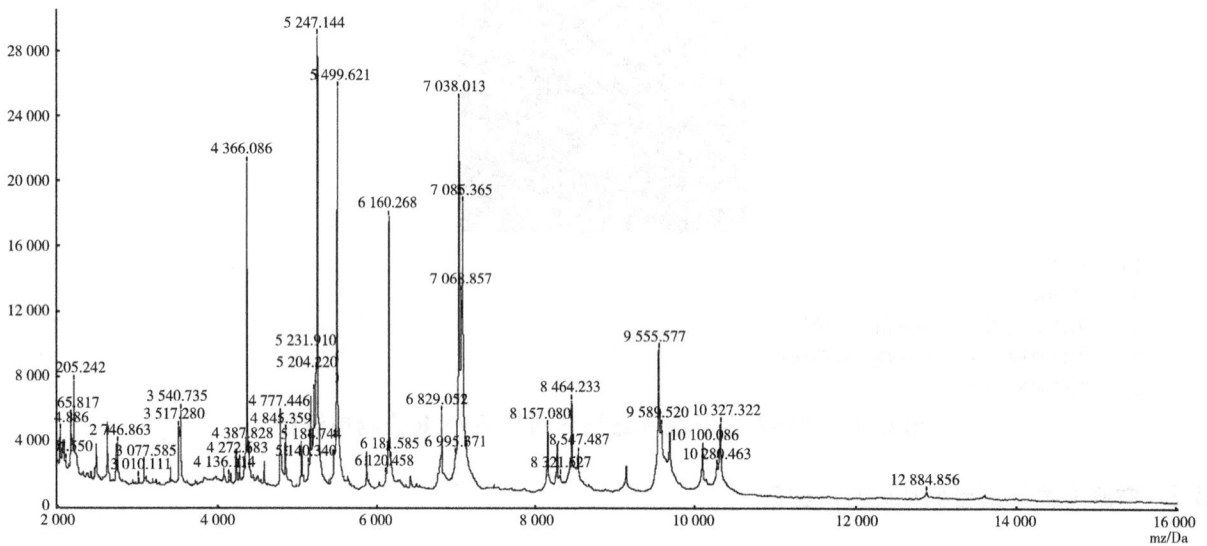

图 C.1 空肠弯曲杆菌标准菌株质谱鉴定谱图

C.2 结肠弯曲杆菌标准菌株质谱鉴定谱图

见图 C.2。

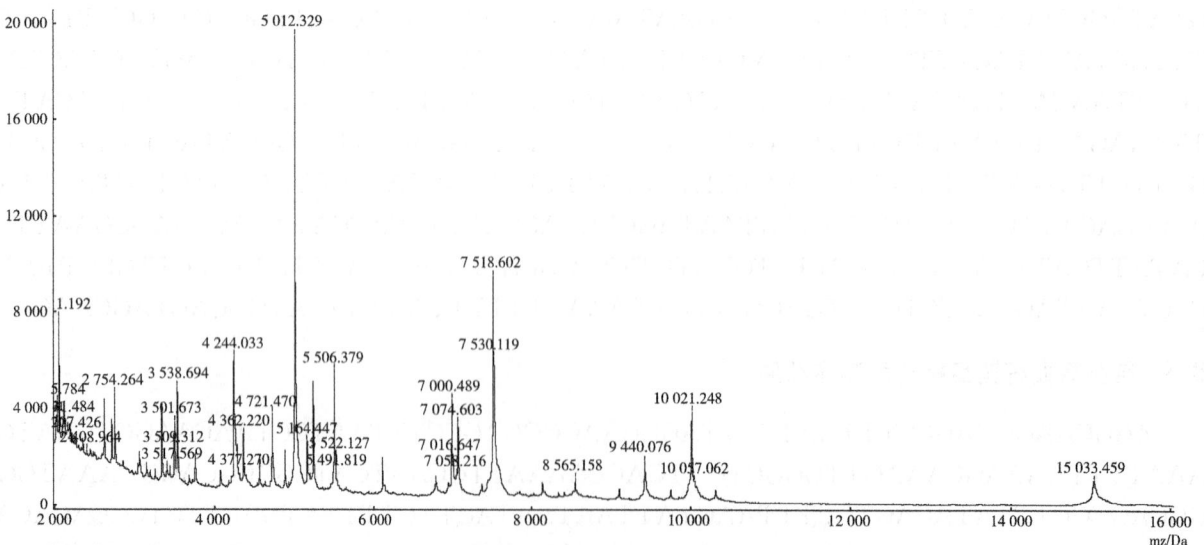

图 C.2 结肠弯曲杆菌标准菌株质谱鉴定谱图

ICS 67.120.10
CCS X 22

NY

中华人民共和国农业行业标准

NY/T 4149—2022

动物源大肠埃希菌分离与鉴定技术规程

Technical code of practice for isolation and identification of
Escherichia coli from animals

2022-07-11 发布

2022-10-01 实施

中华人民共和国农业农村部 发布

前　言

本文件按照 GB/T 1.1—2020《标准化工作导则　第 1 部分:标准化文件的结构和起草规则》的规定起草。

请注意本文件的某些内容可能涉及专利。本文件的发布机构不承担识别专利的责任。

本文件由农业农村部畜牧兽医局提出。

本文件由全国兽药残留与耐药性控制专家委员会归口。

本文件起草单位:中国兽医药品监察所、广东省农产品质量安全中心。

本文件主要起草人:张纯萍、吴荔琴、赵琪、刘佩怡、宋立、肖田安、崔明全、伍宏凯、徐士新、刘燕、王鹤佳。

动物源大肠埃希菌分离与鉴定技术规程

1　范围

本文件规定了大肠埃希菌(*Escherichia coli*)的分离与鉴定方法。

本文件适用于动物直肠/泄殖腔拭子、粪便拭子、肠道内容物拭子等样品中大肠埃希菌的分离和鉴定。

2　规范性引用文件

下列文件中的内容通过文中的规范性引用而构成本文件必不可少的条款。其中,注日期的引用文件,仅该日期对应的版本适用于本文件;不注日期的引用文件,其最新版本(包括所有的修改单)适用于本文件。

GB/T 6682　分析实验室用水规格和试验方法

GB 19489　实验室　生物安全通用要求

NY/T 1948　兽医实验室生物安全要求通则

3　术语和定义

本文件没有需要界定的术语和定义。

4　试剂或材料

4.1　要求

除另有规定外,所有试剂均为分析纯,水为符合 GB/T 6682 规定的三级水,培养基按附录 A 配制或用商品化产品。

4.2　试剂

4.2.1　α-氰-4-羟基肉桂酸(HCCA):色谱纯。

4.2.2　甘油。

4.3　溶液制备

4.3.1　乳糖发酵管:按照附录 A 中 A.1 的规定执行。

4.3.2　Kovacs 靛基质试剂:按照 A.2 的规定执行。

4.3.3　甲基红试剂:按照 A.3 的规定执行。

4.3.4　V-P 试剂:按照 A.4 的规定执行。

4.3.5　基质溶液:取 α-氰-4-羟基肉桂酸(HCCA),按说明书配制;或用市售商品。

4.3.6　灭菌甘油:取甘油适量,121 ℃灭菌 20 min。

4.4　培养基制备

4.4.1　Cary-Blair 氏运送培养基:按照 A.5 的规定执行。

4.4.2　麦康凯琼脂:按照 A.6 的规定执行。

4.4.3　营养琼脂:按照 A.7 的规定执行。

4.4.4　蛋白胨水:按照 A.8 的规定执行。

4.4.5　缓冲葡萄糖蛋白胨水:按照 A.9 的规定执行。

4.4.6　西蒙氏柠檬酸盐培养基:按照 A.10 的规定执行。

4.4.7　5%蔗糖脱脂乳保护剂:按照 A.11 的规定执行。

4.5　标准菌株

大肠埃希菌(*Escherichia coli*)[ATCC 25922/CMCC(B) 44102/CVCC 1570]。

4.6 材料

4.6.1 革兰氏染色套装。

4.6.2 磁珠保藏管。

4.6.3 革兰氏阴性细菌鉴定卡(盒)。

5 仪器设备

5.1 pH 计:测量范围 pH 0～14,精度为 0.02 pH 单位。

5.2 恒温培养箱:(36±1)℃,(44.5±0.2)℃。

5.3 冰箱:2 ℃～4 ℃,-20 ℃及以下。

5.4 二级生物安全柜。

5.5 分析天平:感量 0.1 g。

5.6 显微镜:10×～100×。

5.7 高压灭菌锅。

5.8 微生物生化鉴定系统。

5.9 微生物质谱仪(MALDI-TOF MS)。

6 分离与鉴定流程

大肠埃希菌分离与鉴定流程见图 1。

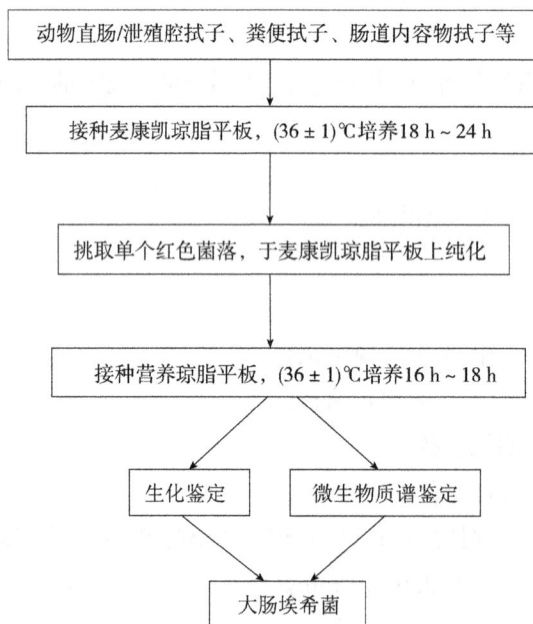

图 1 大肠埃希菌分离与鉴定流程

7 分离纯化

取样品拭子,接种麦康凯琼脂平板,(36±1)℃培养 18 h～24 h。挑取单个红色菌落,接种麦康凯琼脂平板,(36±1)℃纯化培养 18 h～24 h。挑取纯化后单个菌落划线接种营养琼脂平板,(36±1)℃培养 16 h～18 h,备用。

8 形态观察与鉴定

8.1 形态观察

取纯化菌,革兰氏染色,镜检。呈红色、短直杆菌,单个或成对排列。

8.2 鉴定

8.2.1 通用要求

生化鉴定、质谱鉴定任选其一。

8.2.2 生化鉴定

8.2.2.1 乳糖发酵试验

取纯化菌,接种乳糖发酵管,(44.5±0.2)℃培养(48±2)h,观察结果。乳糖发酵产酸产气者则液体变为黄色,小导管内产生气泡。

8.2.2.2 Kovacs 靛基质试验

取纯化菌,接种蛋白胨水,(36±1)℃培养(24±2)h,加 Kovacs 靛基质试剂 0.1 mL~0.2 mL,上层出现红色环为阳性,黄色环为阴性。

8.2.2.3 甲基红试验

取纯化菌,接种缓冲葡萄糖蛋白胨水,(36±1)℃培养 48 h 后,滴加甲基红试剂 1 滴~2 滴,立即观察结果。出现鲜红色为阳性,黄色为阴性。

8.2.2.4 V-P 试验

取纯化菌,接种缓冲葡萄糖蛋白胨水,(36±1)℃培养 48 h 后,加入 6% α-萘酚-乙醇溶液 0.6 mL 充分混匀,再加 40%氢氧化钾溶液 0.2 mL,混匀,静置 0.5 h~2 h,观察。出现伊红色为阳性。

8.2.2.5 柠檬酸盐利用试验

取纯化菌,接种西蒙氏柠檬酸盐培养基斜面,(36±1)℃培养(24±2)h,观察结果。培养基变为蓝色为阳性,不变色为阴性。

8.2.2.6 结果判定

按照 8.2.2.1~8.2.2.5 的生化试验项目进行鉴定,符合表 1 中生化反应特征即可判定为大肠埃希菌。也可选择革兰氏阴性细菌鉴定卡(盒)或微生物生化鉴定系统按操作说明进行鉴定。

表 1 大肠埃希菌的生化试验项目及其反应特征

生化试验项目	反应特征
乳糖发酵试验	产酸产气
Kovacs 靛基质试验	+/−
甲基红试验	+
V-P 试验	−
柠檬酸盐利用试验	−
注:"+"表示阳性;"−"表示阴性。	

8.2.3 质谱鉴定

8.2.3.1 菌样制备

挑取单个新鲜纯化菌落,均匀涂布于靶板样品孔中(涂布厚度为薄薄一层),室温干燥。吸取 1 μL 基质溶液滴于样品上,混匀,室温干燥。标准菌株的新鲜菌落同法操作。

8.2.3.2 仪器校准

检测样品前,应对微生物质谱仪进行校准。

8.2.3.3 测定

取制备好的样品靶板,置于质谱仪靶板槽中。编辑样品信息后,进行谱图的数据采集。

8.2.3.4 结果判定

微生物质谱仪自动完成谱图的比对和鉴定。以不同颜色、不同分值显示结果,菌株鉴定位点显示绿色,鉴定分值达到种水平可信即可。大肠埃希菌标准菌株的质谱鉴定谱图见附录 B。

9 菌株保藏

取新鲜纯化菌,加无菌生理盐水制成菌悬液,与灭菌甘油溶液混合,使甘油终浓度为 20%~40%;或加入磁珠保藏管;或加入 5% 蔗糖脱脂乳保护剂,冻干。—20 ℃或以下保藏。

10 生物安全要求

实验室设施设备、人员防护及实验安全操作、实验废弃物和菌种的处理应符合 GB 19489 的要求。

附　录　A

（规范性）

培养基与试液

A.1　乳糖发酵管

A.1.1　成分

蛋白胨	20.0 g
乳糖	10.0 g
溴甲酚紫	0.01 g
水	1 000 mL

A.1.2　制法

将 A.1.1 各成分溶解于水中,调节使灭菌后在 25 ℃的 pH 为 7.4±0.1。在分装试管中,每管 10 mL,同时加入倒置小导管,小导管内不可有气泡,121 ℃高压灭菌 15 min,备用。

A.2　Kovacs 靛基质试剂

A.2.1　成分

对二甲氨基苯甲醛	5.0 g
戊醇	75.0 mL
盐酸(浓)	25.0 mL

A.2.2　制法

将对二甲氨基苯甲醛溶于戊醇,缓慢加入浓盐酸,混匀。

A.3　甲基红(MR)试剂

A.3.1　成分

甲基红	10 mg
95%乙醇	30.0 mL
水	20.0 mL

A.3.2　制法

将甲基红溶于 95%乙醇中,加入水 20.0 mL,混匀。

A.4　V-P 试剂

A.4.1　6%α-萘酚-乙醇溶液

取 α-萘酚 6.0 g,加无水乙醇溶解,定容至 100 mL。

A.4.2　40%氢氧化钾溶液

取氢氧化钾 40 g,加水溶解,定容至 100 mL。

A.5　Cary-Blair 氏运送培养

A.5.1　成分

硫乙醇酸钠	1.5 g
氯化钠	5.0 g

磷酸氢二钠	1.1 g
氯化钙	0.09 g
琼脂	5.0 g
水	1 000 mL

A.5.2 制法

除琼脂外,取 A.5.1 中其余成分,混合,微温溶解,调节 pH 使灭菌后在 25 ℃的 pH 为 8.4±0.1,加入琼脂,加热熔化,分装试管,121 ℃高压灭菌 15 min,备用。

A.6 麦康凯琼脂

A.6.1 成分

蛋白胨	20.0 g
乳糖	10.0 g
牛胆盐	5.0 g
氯化钠	5.0 g
中性红	0.075 g
琼脂	12.0 g
水	1 000 mL

A.6.2 制法

除乳糖、中性红、琼脂外,取 A.6.1 中其余成分,混合,微温溶解,调节 pH 使灭菌后在 25 ℃的 pH 为 7.4±0.2,加入乳糖、中性红、琼脂,加热溶解,121 ℃高压灭菌 15 min,冷却至 45 ℃~50 ℃,倾注平板,备用。

A.7 营养琼脂

A.7.1 成分

蛋白胨	10.0 g
牛肉膏	3.0 g
氯化钠	5.0 g
琼脂	15.0 g
水	1 000 mL

A.7.2 制法

除琼脂外,取 A.7.1 中其余成分,混合,微温溶解,调节 pH 使灭菌后在 25 ℃的 pH 为 7.3±0.1,加入琼脂,加热熔化,121 ℃高压灭菌 15 min,冷却至 45 ℃~50 ℃,倾注平板,备用。

A.8 蛋白胨水

A.8.1 成分

胰蛋白胨	10.0 g
氯化钠	5.0 g
水	1 000 mL

A.8.2 制法

取 A.8.1 中各成分,混合,微温溶解,调节 pH 使灭菌后在 25 ℃的 pH 为 7.4,分装试管,121 ℃高压灭菌 15 min,备用。

A.9 缓冲葡萄糖蛋白胨水[甲基红试验和 V-P 试验用]

A.9.1 成分

蛋白胨	7.0 g
葡萄糖	5.0 g
磷酸氢二钾	5.0 g
水	1 000 mL

A.9.2 制法

除葡萄糖外,取 A.9.1 中各成分,混合,微温溶解,调节 pH 使灭菌后在 25 ℃的 pH 为 6.9±0.2,加入葡萄糖,摇匀,分装试管,121 ℃高压灭菌 15 min,备用。

A.10 西蒙氏柠檬酸盐培养基

A.10.1 成分

柠檬酸钠	1.0 g
氯化钠	5.0 g
磷酸氢二钾	1.0 g
磷酸二氢铵	1.0 g
硫酸镁	0.2 g
溴麝香草酚蓝	0.08 g
琼脂	14.0 g
水	1 000 mL

A.10.2 制法

除琼脂、溴麝香草酚蓝外,取 A.10.1 中其余成分,混合,调节 pH 使灭菌后在 25 ℃的 pH 为 6.8±0.1,加入琼脂、溴麝香草酚蓝,加热熔化,分装试管,121 ℃高压灭菌 15 min,制成斜面,备用。

A.11 5%蔗糖脱脂乳保护剂

A.11.1 成分

脱脂乳	10.0 g
蔗糖	5.0 g
水	100 mL

A.11.2 制法

取 A.11.1 中各成分,混合,112 ℃高压灭菌 20 min,备用。

附　录　B

（资料性）

大肠埃希菌的质谱鉴定谱图

大肠埃希菌 ATCC 25922 的质谱鉴定谱图见图 B.1。

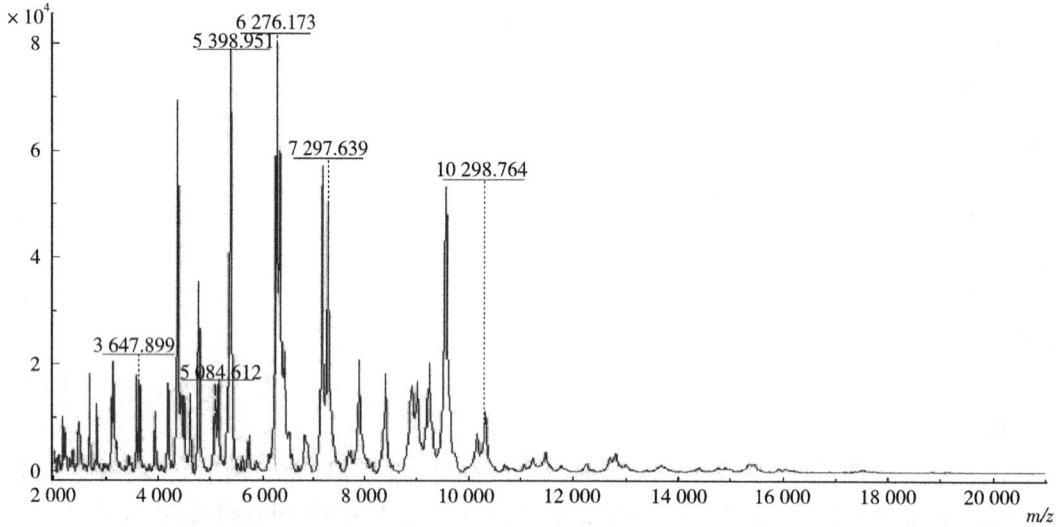

图 B.1　大肠埃希菌 ATCC 25922 的质谱鉴定谱图

第三部分
饲料类标准

ICS 65.120
CCS B 46

中 华 人 民 共 和 国 国 家 标 准

农业农村部公告第 627 号—1—2022

饲料中环丙氨嗪的测定

Determination of cyromazine in feeds

2022-12-19 发布

2023-03-01 实施

中华人民共和国农业农村部 发布

前　言

本文件按照 GB/T 1.1—2020《标准化工作导则　第 1 部分:标准化文件的结构和起草规则》的规定起草。

请注意本文件的某些内容可能涉及专利。本文件的发布机构不承担识别专利的责任。

本文件由农业农村部畜牧兽医局提出。

本文件由全国饲料工业标准化技术委员会(SAC/TC 76)归口。

本文件起草单位:河南省兽药饲料监察所。

本文件主要起草人:吴宁鹏、张盼盼、韩立、彭丽、李慧素、李华岑、韩楠、史秀玲、韩俊伟、孟蕾、杨洁、袁聪、张崇威、陈阳、吴志明。

饲料中环丙氨嗪的测定

1 范围

本文件规定了饲料中环丙氨嗪的高效液相色谱和液相色谱-串联质谱测定方法。

本文件适用于配合饲料、浓缩饲料、精料补充料和添加剂预混合饲料中环丙氨嗪的测定。

本文件高效液相色谱法检出限为 0.5 mg/kg,定量限为 1.0 mg/kg;液相色谱-串联质谱法检出限为 0.05 mg/kg,定量限为 0.1 mg/kg。

2 规范性引用文件

下列文件中的内容通过文中的规范性引用而构成本文件必不可少的条款。其中,注日期的引用文件,仅该日期对应的版本适用于本文件;不注日期的引用文件,其最新版本(包括所有的修改单)适用于本文件。

GB/T 6682　分析实验室用水规格和试验方法

GB/T 20195　动物饲料　试样的制备

3 术语和定义

本文件没有需要界定的术语和定义。

4 高效液相色谱法

4.1 原理

试样中的环丙氨嗪用乙腈-三氯乙酸溶液提取,经混合型阳离子交换柱净化,高效液相色谱仪测定,外标法定量。

4.2 试剂或材料

除另有规定外,仅使用分析纯试剂。

4.2.1　水:GB/T 6682,一级。

4.2.2　乙腈:色谱纯。

4.2.3　甲醇:色谱纯。

4.2.4　1%三氯乙酸溶液:称取三氯乙酸 1.0 g,加水溶解并稀释至 100 mL。

4.2.5　提取液:取 1%三氯乙酸溶液(4.2.4)15 mL,加乙腈(4.2.2)稀释至 100 mL。

4.2.6　0.1 mol/L 盐酸溶液:取盐酸 9 mL,加水稀释至 1 000 mL。

4.2.7　5%氨水乙腈溶液:取氨水 5 mL,加乙腈稀释至 100 mL。

4.2.8　磷酸盐缓冲液:称取磷酸氢二钾 3.72 g、磷酸二氢钾 6.48 g,加水 930 mL 溶解,混匀。

4.2.9　流动相:磷酸盐缓冲液(4.2.8)+甲醇(4.2.3)+乙腈(4.2.2)=93+5+2。

4.2.10　环丙氨嗪标准储备溶液(1 mg/mL):准确称取环丙氨嗪标准品(CAS 号:66215-27-8,含量≥99%)10 mg(精确至 0.01 mg)于 10 mL 容量瓶中,加甲醇(4.2.3)溶解并定容。-18 ℃以下保存,有效期为 8 个月。

4.2.11　环丙氨嗪标准中间工作溶液(10 μg/mL):准确移取环丙氨嗪标准储备溶液(4.2.10)1 mL 于 100 mL 容量瓶中,加甲醇(4.2.3)稀释并定容。0 ℃~4 ℃保存,有效期为 3 个月。

4.2.12　环丙氨嗪标准工作溶液:准确移取适量标准中间工作溶液(4.2.11)于 10 mL 容量瓶中,用流动相(4.2.9)稀释,配制成浓度分别为 0.05 μg/mL、0.1 μg/mL、0.5 μg/mL、1.0 μg/mL、5.0 μg/mL、

10.0 μg/mL 的标准系列溶液。临用现配。

4.2.13 混合型阳离子交换固相萃取柱:60 mg/3 mL,或性能相当者。

4.2.14 微孔滤膜:0.45 μm,有机系。

4.3 仪器设备

4.3.1 高效液相色谱仪:配有紫外检测器或二极管阵列检测器。

4.3.2 电子天平:感量 0.1 mg 和 0.01 mg。

4.3.3 涡旋混合器。

4.3.4 涡旋振荡器。

4.3.5 离心机:转速不低于 10 000 r/min。

4.3.6 固相萃取装置。

4.3.7 氮吹仪。

4.4 样品

按 GB/T 20195 的规定制备试样,至少 200 g,粉碎使其全部通过 0.425 mm 孔径的分析筛,充分混匀,装入密闭容器中,备用。

4.5 试验步骤

4.5.1 提取

平行做 2 份试验。称取试样 2 g(精确至 0.000 1 g)于 50 mL 离心管中,准确加入提取液(4.2.5) 10 mL,涡旋混匀,振荡提取 10 min,于 10 000 r/min 离心 10 min,移取上清液至另一 50 mL 离心管。残渣用提取液 10 mL 重复提取 1 次,合并 2 次上清液,混匀,备用。

4.5.2 净化

混合型阳离子交换固相萃取柱(4.2.13)依次用甲醇(4.2.3)、水和提取液(4.2.5)各 3 mL 活化。准确移取备用液(4.5.1)1 mL 过柱,用水、甲醇(4.2.3)和 0.1 mol/L 盐酸溶液(4.2.6)各 3 mL 依次淋洗,抽干。用 5%氨水乙腈溶液(4.2.7)5 mL 洗脱,收集洗脱液,于 40 ℃氮吹至干。准确移取流动相(4.2.9) 1 mL 溶解残余物,混匀,过微孔滤膜(4.2.14),待测。

4.5.3 测定

4.5.3.1 液相色谱参考条件

色谱柱:亚乙基桥杂化颗粒键合 C_{18},柱长 250 mm,内径 4.6 mm,粒径 5 μm,或性能相当者。

柱温:30 ℃。

检测波长:214 nm。

流速:1.0 mL/min。

进样量:20 μL。

流动相:4.2.9。

4.5.3.2 标准系列溶液和试样溶液测定

在仪器的最佳条件下,分别取标准工作溶液(4.2.12)和试样溶液(4.5.2)上机测定。在上述色谱条件下,环丙氨嗪标准溶液色谱图见附录 A。

4.5.3.3 定性

以保留时间定性,试样溶液中环丙氨嗪保留时间应与标准系列溶液(浓度相当)中环丙氨嗪的保留时间一致,其相对偏差在±2.5%之内。

4.5.3.4 定量

以环丙氨嗪的浓度为横坐标,以其色谱峰面积(响应值)为纵坐标,绘制标准曲线,标准曲线的相关系数应不低于 0.999。试样溶液中环丙氨嗪的响应值应在标准曲线测定的线性范围内。如超出线性范围,应将试样用流动相稀释(n 倍)后,重新进样分析。单点校准时,试样溶液与标准溶液中待测物的响应值均应在仪器检测的线性范围内(相差不超过 30%)。

4.6 试验数据处理

试样中环丙氨嗪的含量以质量分数计。多点校准按公式(1)计算,单点校准按公式(2)计算。

$$w_1 = \frac{\rho \times V \times V_2 \times 1000}{V_1 \times m \times 1000} \times n \quad\cdots\cdots\cdots\cdots\cdots\cdots\cdots\cdots\cdots\cdots\cdots\cdots\cdots\quad (1)$$

式中:

w_1——试样中环丙氨嗪含量的数值,单位为毫克每千克(mg/kg);

ρ ——从标准曲线查得的试样溶液中环丙氨嗪浓度的数值,单位为微克每毫升(μg/mL);

V ——提取液总体积的数值,单位为毫升(mL);

V_2——氮气吹干后所用复溶液体积的数值,单位为毫升(mL);

V_1——净化时所用提取液体积的数值,单位为毫升(mL);

m ——试样质量的数值,单位为克(g);

n ——上机测定的试样溶液超出线性范围后,进一步稀释的倍数。

$$w_1 = \frac{A \times \rho_s \times V \times V_2 \times 1000}{A_s \times V_1 \times m \times 1000} \times n \quad\cdots\cdots\cdots\cdots\cdots\cdots\cdots\cdots\cdots\cdots\cdots\quad (2)$$

式中:

A ——试样溶液中环丙氨嗪的色谱峰面积;

A_s——标准溶液中环丙氨嗪的色谱峰面积;

ρ_s——环丙氨嗪标准溶液浓度的数值,单位为微克每毫升(μg/mL)。

测定结果用平行测定的算术平均值表示,结果保留 3 位有效数字。

4.7 精密度

在重复性条件下,2 次独立测定结果与其算术平均值的绝对差值不大于该算术平均值的 15%。

5 液相色谱-串联质谱法

5.1 原理

试样中的环丙氨嗪用乙腈-三氯乙酸溶液提取,经混合型阳离子交换柱净化,液相色谱-串联质谱仪测定,基质匹配标准曲线校正,外标法定量。

5.2 试剂或材料

除另有规定外,仅使用分析纯试剂。

5.2.1 水:GB/T 6682,一级。

5.2.2 乙腈:色谱纯。

5.2.3 甲醇:色谱纯。

5.2.4 1%三氯乙酸溶液:称取三氯乙酸 1.0 g,加水溶解并稀释至 100 mL。

5.2.5 提取液:取 1%三氯乙酸溶液(5.2.4)15 mL,加乙腈(5.2.2)稀释至 100 mL。

5.2.6 0.1 mol/L 盐酸溶液:取盐酸 9 mL,加水稀释至 1 000 mL。

5.2.7 5%氨水乙腈溶液:取氨水 5 mL,加乙腈(5.2.2)稀释至 100 mL。

5.2.8 0.1%甲酸溶液:取甲酸 1 mL,加水稀释至 1 000 mL。

5.2.9 0.1%甲酸乙腈溶液:取乙腈(5.2.2)5 mL,加 0.1%甲酸溶液(5.2.8)稀释至 100 mL。

5.2.10 环丙氨嗪标准储备溶液(1 mg/mL):准确称取环丙氨嗪对照品(CAS 号:66215-27-8,含量≥99%)10 mg(精确至 0.01 mg)于 10 mL 容量瓶中,用甲醇(5.2.3)溶解并定容。-18 ℃以下保存,有效期为 8 个月。

5.2.11 环丙氨嗪标准中间工作溶液(10 μg/mL):准确移取环丙氨嗪标准储备溶液(5.2.10)1 mL 于 100 mL 容量瓶中,用甲醇(5.2.3)稀释并定容。0 ℃~4 ℃保存,有效期为 3 个月。

5.2.12 环丙氨嗪标准工作溶液:准确移取适量标准中间工作溶液(5.2.11)于 10 mL 容量瓶中,用 0.1%甲酸乙腈溶液(5.2.9)稀释,配制成浓度分别为 10 ng/mL、20 ng/mL、50 ng/mL、100 ng/mL、200 ng/mL

和 500 ng/mL 的标准系列溶液。临用现配。

5.2.13 混合型阳离子交换固相萃取柱:60 mg/3 mL,或性能相当者。

5.2.14 微孔滤膜:0.22 μm,有机系。

5.3 仪器设备

5.3.1 液相色谱-串联质谱仪:配电喷雾离子源。

5.3.2 电子天平:感量 0.1 mg 和 0.01 mg。

5.3.3 涡旋混合器。

5.3.4 涡旋振荡器。

5.3.5 离心机:转速不低于 10 000 r/min。

5.3.6 固相萃取装置。

5.3.7 氮吹仪。

5.4 样品

按 GB/T 20195 的规定制备试样,至少 200 g,粉碎使其全部通过 0.425 mm 孔径的分析筛,充分混匀,装入密闭容器中,备用。选取类型相同、均匀一致且在待测物保留时间处,仪器响应值小于方法定量限 30%的饲料样品,作为空白样品。

5.5 试验步骤

5.5.1 提取

平行做 2 份试验。称取试样 2 g(精确至 0.000 1 g)于 50 mL 离心管中,准确加入提取液(5.2.5) 10 mL,涡旋混匀,振荡提取 10 min,于 10 000 r/min 离心 10 min,移取上清液至另一 50 mL 离心管。残渣用提取液 10 mL 重复提取 1 次,合并 2 次上清液,混匀,备用。

5.5.2 净化

混合型阳离子交换固相萃取柱(5.2.13)依次用甲醇(5.2.3)、水和提取液(5.2.5)各3 mL 活化。准确移取备用液(5.5.1)2 mL 过柱,用水、甲醇(5.2.3)和 0.1 mol/L 盐酸溶液(5.2.6)各 3 mL 依次淋洗,抽干。用5%氨水乙腈溶液(5.2.7)5 mL 洗脱,收集洗脱液,于 40 ℃氮吹至干。准确移取 0.1%甲酸乙腈溶液(5.2.9)1 mL 溶解残余物,混匀,过微孔滤膜(5.2.14),待测。

5.5.3 基质匹配标准溶液的制备

取 5.4 空白试样,按 5.5.1 和 5.5.2 处理得到氮气吹干的空白基质,分别准确移取环丙氨嗪工作溶液 (5.2.12)各 1.0 mL 溶解残余物,配制成浓度分别为 10 ng/mL、20 ng/mL、50 ng/mL、100 ng/mL、200 ng/mL 和 500 ng/mL 的基质匹配标准系列溶液,待测。

5.5.4 测定

5.5.4.1 液相色谱参考条件

色谱柱:硅胶基质双键键合 C₁₈,柱长 150 mm,内径 3.0 mm,粒径 2.1 μm,或性能相当者;

柱温:35 ℃;

进样量:5 μL;

流动相 A:0.1%甲酸溶液(5.2.8);流动相 B:乙腈(5.2.2),梯度洗脱程序见表 1。

表 1　梯度洗脱程序

时间 min	流速 mL/min	流动相 A %	流动相 B %
0.0	0.3	95	5
1.0	0.3	95	5
3.0	0.3	15	85
5.0	0.3	95	5
7.0	0.3	95	5

5.5.4.2 质谱参考条件

离子源:电喷雾电离,正离子模式(ESI^+);

检测方式:多反应监测(MRM);

离子源喷雾电压:3.5 kV;

喷雾器温度:300 ℃;

鞘气:30 Arb;

辅助气:5 Arb;

多反应监测(MRM)离子对、射频电压及碰撞能量见表2。

表 2 环丙氨嗪的多反应监测(MRM)离子对、射频电压及碰撞能量的参考值

被测物名称	监测离子对,m/z	射频电压,V	碰撞能量,eV
环丙氨嗪	167.2>85.1[a]	43	19
	167.2>125.1		18
[a] 定量离子对。			

5.5.4.3 基质匹配标准系列溶液和试样溶液测定

在仪器的最佳条件下,分别取环丙氨嗪基质匹配标准系列溶液(5.5.3)和试样溶液(5.5.2)上机测定。环丙氨嗪基质匹配标准溶液定量离子色谱图见附录B。

5.5.4.4 定性

在相同试验条件下,试样溶液与基质匹配标准系列溶液(5.5.3)中待测物质的保留时间的相对偏差应在±2.5%之内。根据表2选择的环丙氨嗪定性离子对,比较试样图谱中待测物定性离子的相对离子丰度与浓度接近的基质标准溶液中对应的定性离子的相对离子丰度,若偏差不超过表3规定的范围,则可判定为试样中存在环丙氨嗪。

表 3 定性测定时相对离子丰度的最大允许偏差

单位为百分号

相对离子丰度	>50	20~50	10~20	≤10
最大允许偏差	±20	±25	±30	±50

5.5.4.5 定量

以环丙氨嗪的浓度为横坐标、色谱峰面积(响应值)为纵坐标,绘制标准曲线,标准曲线的线性相关系数不低于0.99。试样溶液与标准溶液中待测物的响应值均应在仪器检测的线性范围内,如超出线性范围,应重新试验或将试样溶液和基质匹配标准溶液用0.1%甲酸乙腈溶液(5.2.9)作相应稀释(n倍)后重新测定。单点校准定量时,试样溶液中待测物的浓度与基质匹配标准溶液浓度相差不超过30%。

5.6 试验数据处理

试样中环丙氨嗪的含量以质量分数计。多点校准按公式(3)计算;单点校准按公式(4)计算。

$$w_2 = \frac{\rho' \times V \times V_2}{V_1 \times m \times 1000} \times n \quad \cdots\cdots\cdots\cdots\cdots (3)$$

式中:

ρ'——由基质匹配标准曲线查得的试样溶液中环丙氨嗪浓度的数值,单位为纳克每毫升(ng/mL)。

$$w_2 = \frac{A \times \rho'_s \times V \times V_2}{A'_s \times V_1 \times m \times 1000} \times n \quad \cdots\cdots\cdots\cdots\cdots (4)$$

式中:

A'_s——基质匹配标准溶液中环丙氨嗪的峰面积;

ρ'_s——基质匹配标准溶液中环丙氨嗪浓度的数值,单位为纳克每毫升(ng/mL);

平行测定结果用算术平均值表示,结果保留3位有效数字。

5.7 精密度

在重复性条件下,2 次独立测试结果与其算术平均值的绝对差值不大于该算术平均值的 20%。

附　录　A

（资料性）

环丙氨嗪标准溶液色谱图

环丙氨嗪标准溶液色谱图见图 A.1。

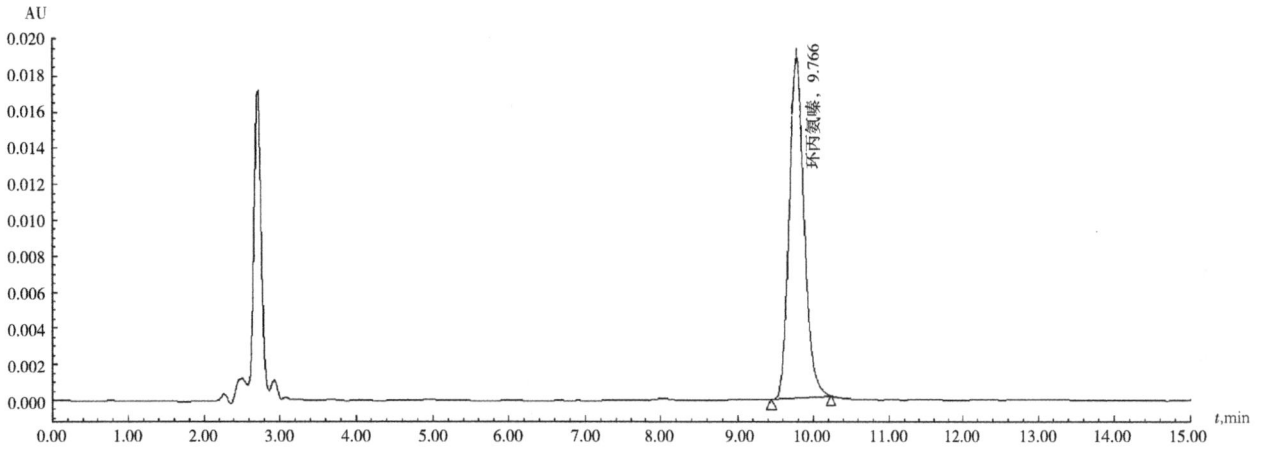

图 A.1　环丙氨嗪标准溶液色谱图(1.0 μg/mL)

附 录 B
（资料性）
环丙氨嗪基质匹配标准溶液定量离子色谱图

环丙氨嗪基质匹配标准溶液定量离子色谱图见图 B.1。

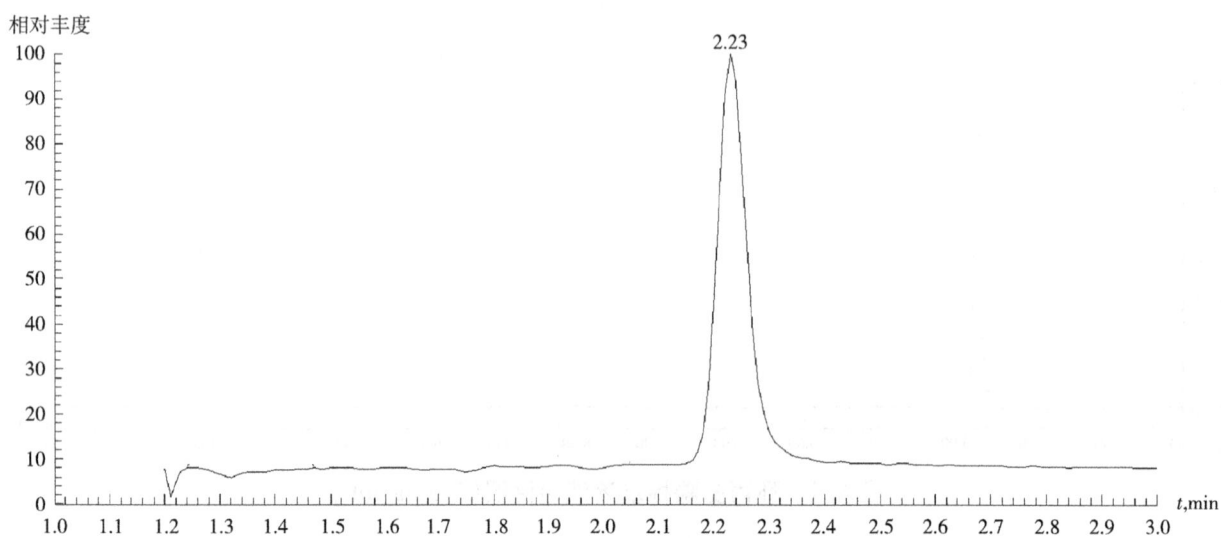

图 B.1 环丙氨嗪基质匹配标准溶液定量离子色谱图(0.01 μg/mL)

ICS 65.120
CCS B 46

中华人民共和国国家标准

农业农村部公告第 627 号—2—2022

饲料中二羟丙茶碱的测定
液相色谱-串联质谱法

Determination of diprophylline in feeds—
Liquid chromatography–tandem mass spectrometry

2022-12-19 发布

2023-03-01 实施

中华人民共和国农业农村部 发布

前　言

本文件按照 GB/T 1.1—2020《标准化工作导则　第 1 部分：标准化文件的结构和起草规则》的规定起草。

请注意本文件的某些内容可能涉及专利。本文件的发布机构不承担识别专利的责任。

本文件由农业农村部畜牧兽医局提出。

本文件由全国饲料工业标准化技术委员会(SAC/TC 76)归口。

本文件起草单位：四川省饲料工作总站[农业农村部饲料质量监督检验测试中心(成都)]。

本文件主要起草人：赵立军、张静、李云、冯波、高庆军、晁娟娟、李丽、蒋刘柱、林顺全。

饲料中二羟丙茶碱的测定 液相色谱-串联质谱法

1 范围

本文件规定了饲料中二羟丙茶碱的液相色谱-串联质谱测定方法。

本文件适用于配合饲料、浓缩饲料、精料补充料和添加剂预混合饲料中二羟丙茶碱的测定。

本文件的检出限为 0.01 mg/kg,定量限为 0.05 mg/kg。

2 规范性引用文件

下列文件中的内容通过文中的规范性引用而构成本文件必不可少的条款。其中,注日期的引用文件,仅该日期对应的版本适用于本文件;不注日期的引用文件,其最新版本(包括所有的修改单)适用于本文件。

GB/T 6682 分析实验室用水规格和试验方法

GB/T 20195 动物饲料 试样的制备

3 术语和定义

本文件没有需要界定的术语和定义。

4 原理

试样中的二羟丙茶碱用甲酸溶液提取,经固相萃取柱净化,用液相色谱-串联质谱仪测定,基质匹配标准溶液校准,外标法定量。

5 试剂或材料

除非另有规定,仅使用分析纯试剂。

5.1 水:GB/T 6682,一级。

5.2 甲醇:色谱纯。

5.3 甲酸:色谱纯。

5.4 乙酸铵:色谱纯。

5.5 25%甲醇溶液:取甲醇 250 mL,加水稀释至 1 L,混匀。

5.6 0.2%甲酸溶液:取甲酸 2 mL,加水稀释至 1 L,混匀。

5.7 乙酸铵溶液(200 mmol/L):称取乙酸铵 3.1 g,加水溶解并稀释至 200 mL,混匀。

5.8 乙酸铵-甲酸溶液:移取乙酸铵溶液(5.7)12.5 mL 和甲酸 1 mL,加水定容至 500 mL,混匀。

5.9 标准储备溶液(1 mg/mL):准确称取二羟丙茶碱标准品(CAS 号:479-18-5,纯度不低于 98%)50 mg(精确至 0.01 mg)于 50 mL 容量瓶中,用 25%甲醇溶液(5.5)溶解定容。于 2 ℃~8 ℃保存,有效期为 3 个月。

5.10 标准中间溶液(10 μg/mL):准确移取二羟丙茶碱标准储备溶液(5.9)1 mL 于 100 mL 容量瓶中,用甲醇(5.2)稀释至刻度,混匀。于 2 ℃~8 ℃保存,有效期为 1 个月。

5.11 固相萃取柱:混合型阳离子交换柱,60 mg/3 mL,或性能相当者。

5.12 微孔滤膜:0.22 μm,水系。

6 仪器设备

6.1 液相色谱-串联质谱仪:配电喷雾离子源。

6.2 分析天平:感量 0.1 mg 和 0.01 mg。

6.3 离心机:转速不低于 8 000 r/min。

6.4 往复式振荡器。

6.5 固相萃取装置。

6.6 涡旋混合器。

6.7 氮吹仪。

7 样品

按 GB/T 20195 的规定制备试样,至少 200 g,粉碎后通过 0.425 mm 孔筛,充分混匀,装入容器,密闭保存,备用。选取类型相同、均匀一致且在待测物保留时间处,仪器响应值小于方法定量限 30% 的饲料样品,作为空白试样。

8 试验步骤

8.1 提取

平行做 2 份试验。称取试样 2 g(精确至 0.000 1 g),于 50 mL 离心管中,准确加入 20 mL 0.2% 甲酸溶液(5.6),摇匀,振荡 20 min,以 8 000 r/min 离心 5 min,移取上清液作为备用液。

8.2 净化

8.2.1 配合饲料、浓缩饲料和精料补充料:将固相萃取柱依次用 3 mL 甲醇(5.2)、3 mL 水活化。准确移取 5 mL 备用液(8.1)过柱,用 3 mL 水淋洗,抽干,再用 3 mL 甲醇(5.2)洗脱,收集洗脱液,于 50 ℃ 氮吹至干,准确加入 1 mL 0.2% 甲酸溶液(5.6)溶解,涡旋混匀,过 0.22 μm 微孔滤膜(5.12),备用。

8.2.2 添加剂预混合饲料:取适量备用液(8.1)过 0.22 μm 微孔滤膜(5.12)2 次,备用。

8.3 基质匹配标准系列溶液的制备

取空白试样,按 8.1 和 8.2 处理得到空白基质溶液,取适量标准中间溶液(5.10),用甲醇配制成浓度分别为 2.0 ng/mL、5.0 ng/mL、25.0 ng/mL、50.0 ng/mL、100.0 ng/mL、200.0 ng/mL、500.0 ng/mL 的标准系列溶液,各取 1 mL 于 50 ℃ 氮吹至干,准确加入 1 mL 空白基质溶液,涡旋混匀,待测。

8.4 测定

8.4.1 液相色谱参考条件

色谱柱:C₁₈柱,柱长 50 mm,内径 2.1 mm,粒径 1.8 μm,或性能相当者。

流动相 A:甲醇(5.2);流动相 B:乙酸铵-甲酸溶液(5.8)。梯度洗脱条件见表 1。

表 1 梯度洗脱条件

时间,min	流动相 A,%	流动相 B,%
0	15	85
0.50	15	85
2.50	95	5
3.20	98	2
4.20	98	2
4.21	15	85
6.50	15	85

流速:0.3 mL/min。

柱温:30 ℃。

进样量:2 μL。

8.4.2 质谱参考条件

电离方式:电喷雾电离,正离子模式(ESI⁺)。

检测方式:多反应监测(MRM)。

毛细管电压:3.5 kV。

干燥气温度:300 ℃。

干燥气流速:5 L/min。

雾化器压力:45 psi。

多反应监测(MRM)离子对、碎裂电压和碰撞能量参考值见表 2。

表 2　二羟丙茶碱的多反应监测(MRM)离子对、碎裂电压和碰撞能量参考值

待测物名称	监测离子对,m/z	碎裂电压,V	碰撞能量,eV
二羟丙茶碱	255.0/180.9[a]	380	22
	255.0/123.9	380	34
[a]　定量离子对。			

8.4.3　基质匹配标准系列溶液和试样溶液测定

在仪器的最佳条件下,分别取基质匹配标准系列溶液和试样溶液上机测定。基质匹配标准溶液多反应监测色谱图见附录 A。

8.4.4　定性

在相同试验条件下,试样溶液与基质匹配标准系列溶液中待测物的保留时间相对偏差在±2.5%以内,且试样谱图中二羟丙茶碱定性离子的相对离子丰度与浓度接近的标准系列溶液中对应的定性离子相对离子丰度进行比较,若偏差不超过表 3 规定的范围,则可判定为试样中存在对应的待测物。

表 3　定性确证时相对离子丰度的最大允许偏差

单位为百分号

相对离子丰度	>50	20~50	10~20	≤10
允许的最大偏差	±20	±25	±30	±50

8.4.5　定量

分别取适量试样溶液和基质匹配标准系列溶液,以浓度为横坐标、色谱峰面积为纵坐标,绘制标准曲线,标准曲线的相关系数应不低于 0.99。试样溶液与基质匹配标准溶液中待测物的响应值均应在仪器检测的线性范围内,如超出线性范围,应重新试验或将试样溶液和基质匹配标准溶液用 0.2%甲酸溶液稀释后重新测定。单点校准定量时,试样溶液中待测物的浓度与基质匹配标准溶液浓度相差不超过 30%。

9　试验数据处理

试样中二羟丙茶碱的含量以质量分数计。标准曲线校准按公式(1)计算;单点校准按公式(2)计算。

$$w = \frac{\rho \times V \times n}{m \times 1000} \quad \cdots\cdots\cdots\cdots\cdots\cdots\cdots\cdots\cdots\cdots\cdots\cdots\cdots\cdots\cdots\cdots \quad (1)$$

$$w = \frac{A \times C_s \times V \times n}{A_s \times m \times 1000} \quad \cdots\cdots\cdots\cdots\cdots\cdots\cdots\cdots\cdots\cdots\cdots\cdots \quad (2)$$

式中:

w ——试样中二羟丙茶碱含量的数值,单位为毫克/千克(mg/kg);

ρ ——由标准曲线得到的试样溶液中二羟丙茶碱质量浓度的数值,单位为纳克每毫升(ng/mL);

V ——最终定容体积的数值,单位为毫升(mL);

n ——稀释倍数;

m ——试样质量的数值,单位为克(g);

A ——试样溶液中二羟丙茶碱的色谱峰面积;

C_s ——基质匹配标准溶液中二羟丙茶碱质量浓度的数值,单位为纳克每毫升(ng/mL);

A_s ——基质匹配标准溶液中二羟丙茶碱的色谱峰面积。

测定结果用平行测定的算术平均值表示,保留 3 位有效数字。

10 精密度

在重复性条件下,2 次独立测定结果与其算术平均值的绝对差值不大于该算术平均值的 20%。

附 录 A

（资料性）

二羟丙茶碱基质匹配标准溶液定量离子色谱图

二羟丙茶碱基质匹配标准溶液定量离子色谱图见图 A.1。

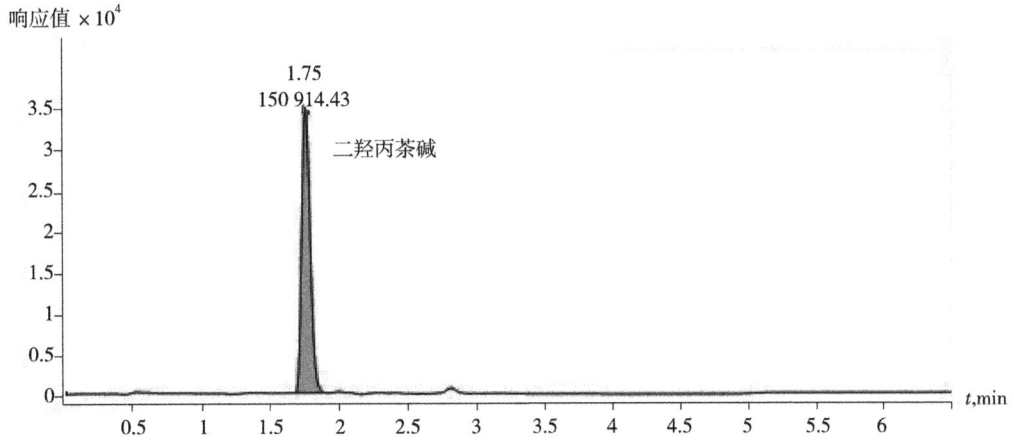

图 A.1 二羟丙茶碱基质匹配标准溶液（100.0 ng/mL）定量离子色谱图

ICS 65.120
CCS B 46

NY

中华人民共和国农业行业标准

NY/T 724—2022
代替 NY/T 724—2003

饲料中拉沙洛西钠的测定
高效液相色谱法

Determination of lasalocid sodium in feeds—
High performance liquid chromatography

2022-07-11 发布

2022-10-01 实施

中华人民共和国农业农村部 发布

前　言

本文件按照 GB/T 1.1—2020《标准化工作导则　第 1 部分:标准化文件的结构和起草规则》的规定起草。

本文件代替 NY/T 724—2003《饲料中拉沙洛西钠的测定　高效液相色谱法》,与 NY/T 724—2003 相比,除结构调整和编辑性改动外,主要技术变化如下:

a)　更改了检出限,增加了定量限(见第 1 章,2003 年版的第 1 章);

b)　更改了试样提取(见 8.1,2003 年版的 7.1);

c)　更改了色谱参考条件(见 8.2,2003 年版的 7.2);

d)　更改了试验数据处理(见第 9 章,2003 年版的 8.1)。

请注意本文件的某些内容可能涉及专利。本文件的发布机构不承担识别专利的责任。

本文件由农业农村部畜牧兽医局提出。

本文件由全国饲料工业标准化技术委员会(SAC/TC 76)归口。

本文件起草单位:中国农业大学、中国农业科学院北京畜牧兽医研究所。

本文件主要起草人:程林丽、沈建忠、吴聪明、粟金梅、陈可心、武英豪、陈亚南。

本文件及其所代替文件的历次版本发布情况为:

——2003 年首次发布为 NY/T 724—2003;

——本次为第一次修订。

饲料中拉沙洛西钠的测定　高效液相色谱法

1　范围

本文件规定了饲料中拉沙洛西钠的高效液相色谱测定方法。

本文件适用于配合饲料、浓缩饲料、精料补充料和添加剂预混合饲料中拉沙洛西钠的测定。

本文件的检出限为 0.5 mg/kg，定量限为 1.0 mg/kg。

2　规范性引用文件

下列文件中的内容通过文中的规范性引用而构成本文件必不可少的条款。其中，注日期的引用文件，仅该日期对应的版本适用于本文件；不注日期的引用文件，其最新版本（包括所有的修改单）适用于本文件。

GB/T 6682　分析实验室用水规格和试验方法

GB/T 20195　动物饲料　试样的制备

3　术语和定义

本文件没有需要界定的术语和定义。

4　原理

试样中的拉沙洛西钠经酸性甲醇溶液提取，高效液相色谱仪测定，外标法定量。

5　试剂或材料

除非另有规定，仅使用分析纯试剂。

5.1　水：GB/T 6682，一级。

5.2　甲醇：色谱纯。

5.3　乙腈：色谱纯。

5.4　三氟乙酸：色谱纯。

5.5　乙酸铵：色谱纯。

5.6　盐酸甲醇溶液：取甲醇 995 mL，加入盐酸 5 mL，混匀。

5.7　乙酸铵溶液（0.125 mol/L）：称取乙酸铵 9.635 g，用水溶解并定容至 1 L，混匀。

5.8　流动相：乙酸铵溶液（5.7）＋乙腈＝15 ＋ 85。

5.9　三氟乙酸溶液：取 1 mL 三氟乙酸（5.4）与 1 000 mL 水混合。

5.10　三氟乙酸-乙腈溶液：三氟乙酸溶液（5.9）＋乙腈 ＝ 50＋50。

5.11　拉沙洛西钠标准储备溶液（1 000 μg/mL）：称取拉沙洛西钠标准品（CAS 号：25999-20-6，纯度不低于 98%）25 mg（精确至 0.000 01 g）于 25 mL 容量瓶中，用甲醇溶解，定容，混匀。−18 ℃以下密闭保存，有效期为 12 个月。

5.12　拉沙洛西钠标准中间溶液（100 μg/mL）：准确移取 5 mL 拉沙洛西钠标准储备溶液（5.11）于 50 mL 容量瓶中，用甲醇稀释至刻度，混匀。−18 ℃以下密闭保存，有效期为 12 个月。

5.13　拉沙洛西钠标准系列工作溶液：准确移取适量拉沙洛西钠标准中间溶液（5.12）于 10 mL 容量瓶中，用盐酸甲醇溶液（5.6）稀释成 0.05 μg/mL、0.1 μg/mL、0.2 μg/mL、0.5 μg/mL、1 μg/mL、2 μg/mL、5 μg/mL 标准系列工作溶液，临用现配。

5.14　滤膜：0.22 μm，有机相。

6 仪器设备

6.1 高效液相色谱仪:配荧光检测器。

6.2 天平:感量 0.1 mg 和 0.01 mg。

6.3 涡旋混合器。

6.4 离心机:转速不低于 8 000 r/min。

7 样品

按照 GB/T 20195 制备试样,至少 200 g,粉碎后过 0.42 mm 孔径的分析筛,充分混匀,装入密闭容器中,备用。

8 试验步骤

8.1 试样提取

平行做 2 份试验。称取试样 2 g(添加剂预混合饲料称取 1 g),精确至 0.1 mg,置于 50 mL 离心管中,准确加入 20 mL 盐酸甲醇溶液(5.6),涡旋混合 1 min,于 8 000 r/min 离心 5 min。取上清液约 1 mL 过 0.22 μm 有机滤膜,待测。

8.2 测定

8.2.1 液相色谱参考条件

色谱柱:C_{18}柱,长 250 mm,内径 4.6 mm,粒径 5 μm,或性能相当者。

柱温:35 ℃。

流动相:0.125 mol/L 乙酸铵溶液 + 乙腈 = 15 + 85(5.8)。

流速:1.0 mL/min。

进样体积:25 μL。

激发波长:314 nm。

发射波长:418 nm。

注:必要时,色谱柱和液相色谱管路宜采用三氟乙酸-乙腈溶液(5.10)以 1 mL/min 冲洗 2 h,其后执行常规色谱柱清洗程序即可。

8.2.2 标准系列工作溶液和试样溶液测定

在仪器的最佳条件下,分别取拉沙洛西钠标准系列工作溶液(5.13)和试样溶液(8.1)上机测定。拉沙洛西钠标准溶液色谱图见附录 A。

8.2.3 定性

以保留时间定性,试样溶液中拉沙洛西钠保留时间应与标准系列工作溶液中浓度相当者的保留时间一致,其相对偏差在±2.5%之内。

8.2.4 定量

以拉沙洛西钠标准系列工作溶液的浓度为横坐标、色谱峰面积为纵坐标,绘制标准曲线,标准曲线的相关系数不应低于 0.99。试样溶液与标准系列工作溶液中拉沙洛西钠的响应值均应在仪器检测的线性范围内,如超出线性范围,应将试样提取液用盐酸甲醇溶液(5.6)稀释(稀释倍数 n)至线性范围内,重新试验。单点校准定量时,试样溶液中拉沙洛西钠的浓度与标准系列工作溶液浓度相差不超过 30%。

9 试验数据处理

试样中拉沙洛西钠的含量以质量分数计,多点校准按公式(1)计算,单点校准按公式(2)计算。

$$w = \frac{\rho \times V \times 1000}{m \times 1000} \times n \quad\cdots\cdots\cdots\cdots\cdots\cdots\cdots\cdots\cdots\cdots\cdots\cdots\cdots\cdots\cdots\cdots \quad (1)$$

式中:

w ——试样中拉沙洛西钠含量的数值,单位为毫克每千克(mg/kg);

ρ ——从标准曲线查得的试样溶液拉沙洛西钠质量浓度的数值,单位为微克每毫升($\mu g/mL$);

V ——提取溶液体积的数值,单位为毫升(mL);

m ——试样质量的数值,单位为克(g);

n ——稀释倍数。

$$w = \frac{A \times c_s \times V \times 1000}{A_s \times m \times 1000} \times n \quad\cdots\cdots\cdots (2)$$

式中:

A ——试样溶液中拉沙洛西钠色谱峰面积;

c_s ——标准溶液中拉沙洛西钠质量浓度的数值,单位为微克每毫升($\mu g/mL$);

A_s ——标准溶液中拉沙洛西钠色谱峰面积。

测定结果以平行测定的算术平均值表示,保留 3 位有效数字。

10 精密度

在重复性条件下,2 次独立测定结果与其算术平均值的绝对差值不大于该算术平均值的 15%。

附 录 A

（资料性）

拉沙洛西钠标准溶液液相色谱图

拉沙洛西钠标准溶液液相色谱图见图 A.1。

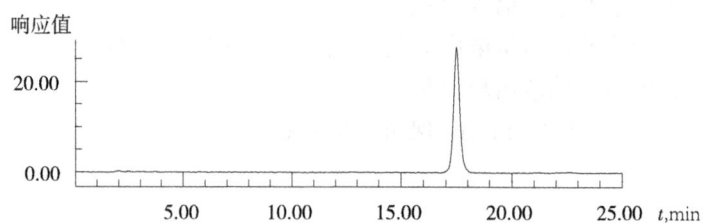

图 A.1 拉沙洛西钠标准溶液(0.1 μg/mL)液相色谱图

ICS 65.120
CCS B 46

NY

中华人民共和国农业行业标准

NY/T 914—2022
代替 NY/T 914—2004

饲料中氢化可的松的测定

Determination of hydrocortisone in feeds

2022-07-11 发布

2022-10-01 实施

中华人民共和国农业农村部 发布

前　言

本文件按照 GB/T 1.1—2020《标准化工作导则　第 1 部分:标准化文件的结构和起草规则》的规定起草。

本文件代替 NY/T 914—2004《饲料中氢化可的松的测定　高效液相色谱法》,与 NY/T 914—2004 相比,除结构调整和编辑性改动外,主要技术变化如下:

a) 更改了方法的适用范围(见第 1 章,2004 年版的第 1 章);

b) 更改了高效液相色谱法的检出限,增加了定量限(见第 1 章,2004 年版的第 1 章);

c) 更改了原理的表述(见第 4 章,2004 年版的第 3 章);

d) 增加了试样净化步骤(见 4.5.2);

e) 更改了检测波长(见 4.5.3.1,2004 年版的 7.2.1);

f) 增加了液相色谱-串联质谱法(见第 5 章)。

请注意本文件的某些内容可能涉及专利。本文件的发布机构不承担识别专利的责任。

本文件由农业农村部畜牧兽医局提出。

本文件由全国饲料工业标准化技术委员会(SAC/TC 76)归口。

本文件起草单位:四川省饲料工作总站［农业农村部饲料质量监督检验测试中心(成都)］。

本文件主要起草人:张静、赵立军、李云、王宇萍、岳琴、晁娟娟、廖峰、程传民、蒋刘柱。

本文件及其所代替文件的历次版本发布情况为:

——2004 年首次发布的为 NY/T 914—2004;

——本次为第一次修订。

饲料中氢化可的松的测定

1 范围

本文件规定了饲料中氢化可的松的高效液相色谱和液相色谱-串联质谱测定方法。

本文件适用于配合饲料、浓缩饲料、精料补充料和添加剂预混合饲料中氢化可的松的测定。

本文件高效液相色谱法配合饲料、浓缩饲料、精料补充料的检出限为 0.5 mg/kg,定量限为 1.0 mg/kg;添加剂预混合饲料的检出限为 1.0 mg/kg,定量限为 2.0 mg/kg。液相色谱-串联质谱法配合饲料、浓缩饲料、精料补充料的检出限为 2 μg/kg,定量限为 5 μg/kg;添加剂预混合饲料的检出限为 4 μg/kg,定量限为 10 μg/kg。

2 规范性引用文件

下列文件中的内容通过文中的规范性引用而构成本文件必不可少的条款。其中,注日期的引用文件,仅该日期对应的版本适用于本文件;不注日期的引用文件,其最新版本(包括所有的修改单)适用于本文件。

GB/T 6682　分析实验室用水规格和试验方法

GB/T 20195　动物饲料　试样的制备

3 术语和定义

本文件没有需要界定的术语和定义。

4 高效液相色谱法

4.1 原理

试样中的氢化可的松用甲醇提取,经石墨化炭黑固相萃取柱和氨基固相萃取柱净化,高效液相色谱仪测定,外标法定量。

4.2 试剂或材料

除非另有规定,仅使用分析纯试剂。

4.2.1　水:GB/T 6682,一级。

4.2.2　甲醇:色谱纯。

4.2.3　乙腈:色谱纯。

4.2.4　二氯甲烷:色谱纯。

4.2.5　淋洗液:甲醇+水=50+50。

4.2.6　洗脱液:二氯甲烷+甲醇=10+90。

4.2.7　30%乙腈溶液:30 mL 乙腈加水稀释至 100 mL,混匀。

4.2.8　标准储备溶液(1.0 mg/mL):准确称取氢化可的松标准品(CAS 号:50-23-7,纯度不低于 97%)50 mg(精确至 0.01 mg)于 50 mL 棕色容量瓶中,用甲醇溶解定容,混匀,于-18℃以下避光保存,有效期为 3 个月。

4.2.9　标准中间溶液(100.0 μg/mL):准确移取标准储备溶液(4.2.8)10 mL 于 100 mL 棕色容量瓶,用30%乙腈溶液(4.2.7)定容,于 2 ℃~8 ℃避光保存,有效期为 1 个月。

4.2.10　标准系列工作溶液:准确移取适量体积的标准中间溶液(4.2.9),用 30%乙腈溶液(4.2.7)稀释,配制成浓度分别为 0.5 μg/mL、1.0 μg/mL、5.0 μg/mL、10.0 μg/mL、20.0 μg/mL、50.0 μg/mL 的标准系列工作溶液,混匀,于 2 ℃~8 ℃避光保存,有效期为 1 个月。

4.2.11 石墨化炭黑固相萃取柱:500 mg/6 mL,或性能相当者。

4.2.12 氨基固相萃取柱:500 mg/6 mL,或性能相当者。

4.2.13 微孔滤膜:0.22 μm,有机系。

4.3 仪器设备

4.3.1 高效液相色谱仪:配有紫外检测器/二极管阵列检测器。

4.3.2 分析天平:感量 0.1 mg 和 0.01 mg。

4.3.3 离心机:转速不低于 8 000 r/min。

4.3.4 涡旋混合器。

4.3.5 振荡器。

4.3.6 固相萃取装置。

4.3.7 氮吹仪。

4.4 样品

按 GB/T 20195 的规定制备试样,至少 200 g,粉碎使其全部通过 0.425 mm 孔径的分析筛,充分混匀,装入密闭容器中,避光保存,备用。

4.5 试验步骤

4.5.1 提取

4.5.1.1 平行做 2 份试验。称取配合饲料、浓缩饲料、精料补充料 2 g(精确至 0.000 1 g),置于 50 mL 离心管中,准确加入甲醇(4.2.2)20 mL,涡旋混匀 30 s,振荡提取 15 min,8 000 r/min 离心 5 min,准确移取上清液 10 mL,于 50 ℃下氮气吹干,加入 2 mL 甲醇(4.2.2)溶解残渣,涡旋,再加入 8 mL 水,混匀,备用。

4.5.1.2 平行做 2 份试验。称取添加剂预混合饲料 1 g(精确至 0.000 1 g),置于 50 mL 离心管中,准确加入甲醇(4.2.2)20 mL,涡旋混匀 30 s,振荡提取 15 min,8 000 r/min 离心 5 min,准确移取上清液 10 mL,于 50℃下氮气吹干,准确加入 1 mL 30%乙腈溶液(4.2.7)溶解残渣,涡旋,备用。

4.5.2 净化

4.5.2.1 配合饲料、浓缩饲料、精料补充料:石墨化炭黑固相萃取柱(4.2.11)依次用 6 mL 二氯甲烷(4.2.4)、6 mL 甲醇(4.2.2)、6 mL 水活化,取备用液(4.5.1.1)全部过柱。用 3 mL 淋洗液(4.2.5)淋洗,抽干。将预先用 6 mL 洗脱液(4.2.6)活化好的氨基固相萃取柱(4.2.12)串接在石墨化炭黑固相萃取柱(4.2.11)下方,6 mL 洗脱液(4.2.6)洗脱,收集洗脱液,于 50 ℃下氮气吹干,准确加入 1 mL 30%乙腈溶液(4.2.7)溶解,用 0.22 μm 微孔滤膜(4.2.13)过滤后待测。

4.5.2.2 添加剂预混合饲料:取备用液(4.5.1.2)1 mL,用 0.22 μm 微孔滤膜(4.2.13)过滤后待测。

4.5.3 测定

4.5.3.1 高效液相色谱参考条件

色谱柱:C_{18}柱,柱长 250 mm,柱内径 4.6 mm,粒径 5 μm,或性能相当者。

流动相:乙腈+水=30+70。

流速:1.0 mL/min。

柱温:30 ℃。

进样量:20 μL。

检测波长:245 nm。

4.5.3.2 标准系列溶液和试样溶液测定

在仪器的最佳条件下,分别取标准系列工作溶液(4.2.10)和试样溶液(4.5.2)上机测定。氢化可的松标准溶液的高效液相色谱图见附录 A。

4.5.3.3 定性

以保留时间定性,试样溶液中氢化可的松保留时间应与标准系列工作溶液中氢化可的松的保留时间一致,其相对偏差在±2.5%之内。

4.5.3.4 定量

以氢化可的松的标准系列工作溶液的浓度为横坐标、色谱峰面积为纵坐标,绘制标准曲线,标准曲线的相关系数不应低于 0.99。试样溶液与标准系列工作溶液中氢化可的松的响应值均应在仪器检测的线性范围内,如超出线性范围,应将试样溶液用 30%乙腈溶液(4.2.7)稀释(稀释倍数 n)至线性范围内,重新测定。单点校准定量时,试样溶液中氢化可的松的浓度与标准系列工作溶液浓度相差不超过 30%。

4.6 试验数据处理

试样中氢化可的松的含量以质量分数计,多点校准按公式(1)计算。

$$\omega_1 = \frac{\rho_1 \times V \times V_2 \times 1000}{V_1 \times m_1 \times 1000} \times n \quad \cdots\cdots\cdots\cdots\cdots\cdots\cdots\cdots\cdots\cdots\cdots\cdots\cdots\cdots (1)$$

式中:

ω_1——试样中氢化可的松含量的数值,单位为毫克每千克(mg/kg);

ρ_1——从标准曲线查得的试样溶液氢化可的松的质量浓度,单位为微克每毫升(μg/mL);

V——试样提取溶液体积的数值,单位为毫升(mL);

V_2——上机前最终定容体积的数值,单位为毫升(mL);

V_1——移取上清液体积的数值,单位为毫升(mL);

m_1——试样质量的数值,单位为克(g);

n——超出线性范围后试样溶液的稀释倍数。

单点校准按公式(2)计算。

$$\omega_1 = \frac{A_1 \times \rho_{s1} \times V \times V_2 \times 1000}{A_{s1} \times V_1 \times m_1 \times 1000} \times n \quad \cdots\cdots\cdots\cdots\cdots\cdots\cdots\cdots\cdots\cdots\cdots\cdots (2)$$

式中:

ρ_{s1}——标准溶液中氢化可的松的质量浓度的数值,单位为微克每毫升(μg/mL);

A_1——试样溶液中氢化可的松色谱峰面积;

A_{s1}——标准溶液中氢化可的松的色谱峰面积。

测定结果以平行测定的算术平均值表示,计算结果保留 3 位有效数字。

4.7 精密度

在重复性条件下,2 次独立测定结果与其算术平均值的绝对差值不大于该算术平均值的 10%。

5 液相色谱-串联质谱法

5.1 原理

试样中的氢化可的松用甲醇提取,经石墨化炭黑固相萃取柱和氨基固相萃取柱净化,液相色谱-串联质谱仪测定,基质匹配外标法定量。

5.2 试剂或材料

除非另有规定,仅使用分析纯试剂。

5.2.1 水:GB/T 6682,一级。

5.2.2 甲醇:色谱纯。

5.2.3 乙腈:色谱纯。

5.2.4 二氯甲烷:色谱纯。

5.2.5 甲酸:色谱纯。

5.2.6 淋洗液:甲醇+水=50+50。

5.2.7 洗脱液:二氯甲烷+甲醇=10+90。

5.2.8 30%乙腈溶液:30 mL 乙腈加水稀释至 100 mL,混匀。

5.2.9 0.1%甲酸溶液:取甲酸 1 mL,加水稀释至 1 L,混匀。

5.2.10 标准储备溶液(1.0 mg/mL):准确称取氢化可的松标准品(CAS 号:50-23-7,纯度不低于 97%)50 mg(精确至 0.01 mg)于 50 mL 棕色容量瓶中,用甲醇溶解定容,混匀,于—18 ℃以下避光保存,有效期为 3 个月。

5.2.11 标准中间溶液(10.0 μg/mL):准确移取标准储备溶液(5.2.10)1 mL 于 100 mL 棕色容量瓶,用甲醇定容,于 2 ℃~8 ℃避光保存,有效期为 1 个月。

5.2.12 石墨化炭黑固相萃取柱:500 mg/6 mL,或性能相当者。

5.2.13 氨基固相萃取柱:500 mg/6 mL,或性能相当者。

5.2.14 微孔滤膜:0.22 μm,有机系。

5.3 仪器设备

5.3.1 液相色谱-串联质谱仪:配有电喷雾离子源。

5.3.2 分析天平:感量 0.1 mg 和 0.01 mg。

5.3.3 离心机:转速不低于 8 000 r/min。

5.3.4 涡旋混合器。

5.3.5 振荡器。

5.3.6 固相萃取装置。

5.3.7 氮吹仪。

5.4 样品

按 GB/T 20195 的规定制备试样,至少 200 g,粉碎使其全部通过 0.425 mm 孔径的分析筛,充分混匀,装入磨口瓶中,避光保存,备用。选取类型相同、均匀一致且在待测物保留时间处,仪器响应值小于方法定量限 30%的饲料样品,作为空白样品。

5.5 试验步骤

5.5.1 提取

5.5.1.1 平行做 2 份试验。称取配合饲料、浓缩饲料、精料补充料 2 g(精确至 0.000 1 g),置于 50 mL 离心管中,准确加入甲醇(5.2.2)20 mL,涡旋混匀 30 s,振荡提取 15 min,8 000 r/min 离心 5 min,准确移取上清液 10 mL,于 50 ℃下氮气吹干,加入 2 mL 甲醇(5.2.2)溶解残渣,涡旋,再加入 8 mL 水,混匀,备用。

5.5.1.2 平行做 2 份试验。称取添加剂预混合饲料 1 g(精确至 0.000 1 g),置于 50 mL 离心管中,准确加入甲醇(5.2.2)20 mL,涡旋混匀 30 s,振荡提取 15 min,8 000 r/min 离心 5 min,准确移取上清液 10 mL,于 50 ℃下氮气吹干,准确加入 1 mL 30%乙腈溶液(5.2.8)溶解残渣,涡旋,备用。

5.5.2 净化

5.5.2.1 配合饲料、浓缩饲料、精料补充料:石墨化炭黑固相萃取柱(5.2.12)依次用 6 mL 二氯甲烷(5.2.4)、6 mL 甲醇(5.2.2)、6 mL 水活化,取备用液(5.5.1.1)全部过柱。用 3 mL 淋洗液(5.2.6)淋洗,抽干。将预先用 6 mL 洗脱液(5.2.7)活化好的氨基固相萃取柱(5.2.13)串接在石墨化炭黑固相萃取柱(5.2.12)下方,6 mL 洗脱液(5.2.7)洗脱,收集洗脱液,于 50 ℃下氮气吹干,准确加入 1 mL 30%乙腈溶液(5.2.8)溶解,用 0.22 μm 微孔滤膜(5.2.14)过滤后待测。

5.5.2.2 添加剂预混合饲料:取备用液(5.5.1.2)1 mL,用 0.22 μm 微孔滤膜(5.2.14)过滤后待测。

5.5.3 基质匹配标准系列溶液的制备

取空白试样,按 5.5.1 和 5.5.2 处理得到空白残余物,用 30%乙腈溶液(5.2.8)稀释标准中间溶液(5.2.11),配制成 2.0 ng/mL、5.0 ng/mL、10 ng/mL、25 ng/mL、50 ng/mL、100 ng/mL、200 ng/mL、500 ng/mL 标准系列溶液,各取 1.0 mL 溶解空白残余物,配制成浓度为 2.0 ng/mL、5.0 ng/mL、10 ng/mL、25 ng/mL、50 ng/mL、100 ng/mL、200 ng/mL、500 ng/mL 基质匹配标准系列溶液。

5.5.4 测定

5.5.4.1 液相色谱参考条件

色谱柱:C$_{18}$柱,柱长 100 mm,内径 2.1 mm,粒径 2.4 μm,或性能相当者。

柱温:30 ℃。

流速:0.3 mL/min。

进样量:5 μL。

流动相 A:乙腈(5.2.3);流动相 B:0.1%甲酸溶液(5.2.9)。梯度洗脱程序见表1。

表 1 梯度洗脱程序

时间,min	A 相,%	B 相,%
0.00	20	80
5.00	50	50
7.00	90	10
7.01	20	80
10.00	20	80

5.5.4.2 质谱参考条件

电离方式:电喷雾电离,正离子模式(ESI$^+$)。

检测方式:多反应监测(MRM)。

毛细管电压:3.5 kV。

干燥气温度:300 ℃。

干燥气流速:5 L/min。

雾化器压力:45 psi。

多反应监测(MRM)离子对、碎裂电压和碰撞能量参考值见表2。

表 2 氢化可的松的多反应监测(MRM)离子对、碎裂电压和碰撞能量参考值

被测物名称	监测离子对,m/z	碎裂电压,V	碰撞能量,eV
氢化可的松	362.9/120.9[a]	100	20
	362.9/308.9	100	15
[a] 定量离子对。			

5.5.4.3 基质匹配标准系列溶液和试样溶液测定

在仪器的最佳条件下,分别取基质匹配标准系列溶液(5.5.3)和试样溶液(5.5.2)上机测定。氢化可的松基质匹配标准溶液的定性定量离子色谱图见附录B。

5.5.4.4 定性

在相同试验条件下,试样溶液与基质匹配标准系列溶液中氢化可的松的保留时间相对偏差应在 ±2.5%之内。根据表2选择的定性离子对,比较试样谱图中氢化可的松定性离子的相对离子丰度与浓度接近的基质匹配标准系列溶液中对应的定性离子的相对离子丰度,若偏差不超过表3规定的范围,则可判定为样品中存在对应的氢化可的松。

表 3 定性测定时相对离子丰度的最大允许偏差

单位为百分号

相对离子丰度	>50	>20~50(含)	>10~20(含)	≤10
允许的最大偏差	±20	±25	±30	±50

5.5.4.5 定量

以氢化可的松基质匹配标准系列溶液的浓度为横坐标、色谱峰面积为纵坐标,绘制标准曲线,标准曲线的相关系数不应低于 0.99。试样溶液与标准溶液中氢化可的松的响应值均应在仪器检测的线性范围内,如超出线性范围,应重新试验或将试样溶液和基质匹配标准溶液用 30%乙腈溶液(5.2.8)稀释(稀释倍数 n)至线性范围内,重新测定。单点校准定量时,试样溶液中氢化可的松的浓度与标准溶液浓度相差不超过 30%。

5.6 试验数据处理

试样中氢化可的松的含量以质量分数计,多点校准按公式(3)计算。

$$\omega_2 = \frac{\rho_2 \times V \times V_2 \times 1000}{V_1 \times m_2 \times 1000} \times n \quad\cdots\cdots\cdots\cdots\cdots\cdots\cdots\cdots\cdots\cdots\cdots (3)$$

式中:

ω_2——试样中氢化可的松含量的数值,单位为微克每千克($\mu g/kg$);

ρ_2——由标准曲线得到的试样溶液中氢化可的松质量浓度的数值,单位为纳克每毫升(ng/mL);

m_2——试样质量的数值,单位为克(g)。

单点校准按公式(4)计算。

$$\omega_2 = \frac{A_2 \times \rho_{s2} \times V \times V_2 \times 1000}{A_{s2} \times V_1 \times m_2 \times 1000} \times n \quad\cdots\cdots\cdots\cdots\cdots\cdots\cdots\cdots (4)$$

式中:

A_2——试样溶液中氢化可的松的色谱峰面积;

ρ_{s2}——基质匹配标准溶液中氢化可的松质量浓度的数值,单位为纳克每毫升(ng/mL);

A_{s2}——基质匹配标准溶液中氢化可的松的色谱峰面积。

测定结果以平行测定的算术平均值表示,计算结果保留 3 位有效数字。

5.7 精密度

在重复性条件下,2 次独立测定结果与其算术平均值的绝对差值不大于该算术平均值的 20%。

附 录 A
（资料性）
氢化可的松标准溶液的高效液相色谱图

氢化可的松标准溶液的高效液相色谱图见图 A.1。

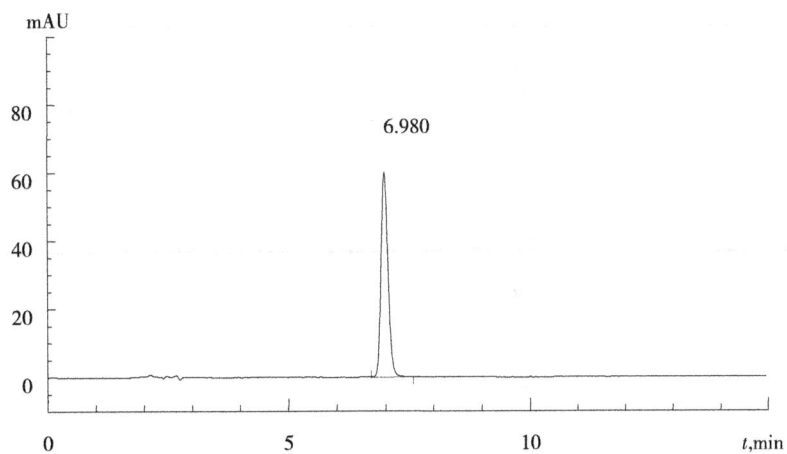

图 A.1 氢化可的松标准溶液(5.0 μg/mL)的高效液相色谱图

附 录 B
（资料性）
氢化可的松基质匹配标准溶液的定性定量离子对色谱图

氢化可的松基质匹配标准溶液的定性定量离子对色谱图见图 B.1。

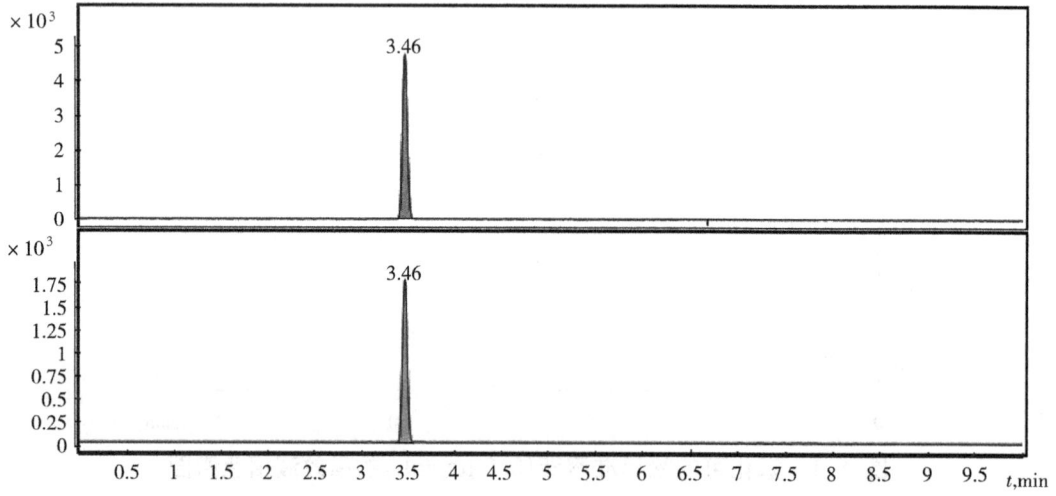

图 B.1 氢化可的松基质匹配标准溶液(50 ng/mL)的定性定量离子对色谱图

ICS 65.120
CCS B 46

NY

中华人民共和国农业行业标准

NY/T 1459—2022
代替 NY/T 1459—2007

饲料中酸性洗涤纤维的测定

Determination of acid detergent fiber(ADF)in feeds
[ISO 13906:2008, Animal feeding stuffs—Determination of acid detergent fibre
(ADF) and acid detergent lignin (ADL) contents, MOD]

2022-07-11 发布

2022-10-01 实施

中华人民共和国农业农村部 发布

前　言

本文件按照 GB/T 1.1—2020《标准化工作导则　第 1 部分:标准化文件的结构和起草规则》和 GB/T 1.2—2020《标准化工作导则　第 2 部分:以 ISO/IEC 标准化文件为基础的标准化文件起草规则》的规定起草。

本文件代替 NY/T 1459—2007《饲料中酸性洗涤纤维的测定》,与 NY/T 1459—2007 相比,除结构调整和编辑性改动外,主要技术变化如下:

a)　更改了适用范围(见第 1 章,2007 年版的第 1 章);

b)　增加了过滤法检出限(见第 1 章);

c)　增加了助滤剂(见 4.2.8);

d)　增加了脱脂步骤(见 4.5.3);

e)　更改了精密度(见 4.7,2007 年版的 8.2);

f)　增加了滤袋法(见第 5 章)。

本文件修改采用 ISO 13906:2008《动物饲料　酸性洗涤纤维(ADF)和酸性洗涤木质素(ADL)含量的测定》。

本文件与 ISO 13906:2008 相比做了下述结构调整:

——3.1 对应 ISO 13906:2008 的 3.1,因本文件不涉及酸性洗涤木质素,删除 3.2;

——4.1 对应 ISO 13906:2008 的第 4 章;

——4.2 对应 ISO 13906:2008 的第 5 章;

——4.3 对应 ISO 13906:2008 的第 6 章;

——4.4 对应 ISO 13906:2008 的第 7 章和第 8 章;

——4.5 对应 ISO 13906:2008 的 9.1,因本文件不涉及酸性洗涤木质素的测定,删除 9.2;

——4.6 对应 ISO 13906:2008 的 10.1,因本文件不涉及酸性洗涤木质素的测定,删除 10.2;

——4.7 对应 ISO 13906:2008 的第 11 章;

——删除了 ISO 13906:2008 的第 12 章试验报告内容;

——增加了第 5 章滤袋法。

本文件与 ISO 13906:2008 的技术差异及其原因如下:

——为了满足我国饲料中检测需要,更改了适用范围(见第 1 章);

——为了方便使用,助滤剂规定为石英砂(粒径 125 μm～150 μm)(见 4.2.8);

——根据我国饲料行业实际检测技术水平,修改了精密度要求(见 4.7);

——根据国内外酸性洗涤纤维检测技术发展趋势,满足我国饲料行业实际检测需要,增加了滤袋法(见第 5 章)。

本文件做了下列编辑性改动:

——为了区分滤袋法,ISO 13906:2008 的 9.1 明确为"过滤法"(见第 4 章);

——合并 ISO 13906:2008 的 9.1.2 和 9.1.3,并规定"若使用纤维测定仪,按照仪器说明书操作"(见 4.5)。

请注意本文件的某些内容可能涉及专利。本文件的发布机构不承担识别专利的责任。

本文件由农业农村部畜牧兽医局提出。

本文件由全国饲料工业标准化技术委员会(SAC/TC 76)归口。

本文件起草单位:通威股份有限公司、四川威尔检测技术股份有限公司。

本文件主要起草人:杨发树、宋军、张凤枰、杜亚欣、宋涛。

本文件及其所代替文件的历次版本发布情况为:

——2007 年首次发布为 NY/T 1459—2007；
——本次为第一次修订。

饲料中酸性洗涤纤维的测定

1 范围

本文件规定了饲料中酸性洗涤纤维测定的过滤法和滤袋法。

本文件适用于配合饲料、浓缩饲料、精料补充料和植物性饲料原料中酸性洗涤纤维的测定。

本文件过滤法的检出限为 1.0%。

2 规范性引用文件

下列文件中的内容通过文中的规范性引用而构成本文件必不可少的条款。其中，注日期的引用文件，仅该日期对应的版本适用于本文件；不注日期的引用文件，其最新版本（包括所有的修改单）适用于本文件。

GB/T 601　化学试剂　标准滴定溶液的制备

GB/T 6682　分析实验室用水规格和试验方法（GB/T 6682—2008，ISO 3696：1987，MOD）

GB/T 20195　动物饲料　试样的制备（ISO 6498：2012，MOD）

3 术语和定义

下列术语和定义适用于本文件。

3.1

酸性洗涤纤维（ADF）　acid detergent fiber

用酸性洗涤剂处理试样后残留的不溶解物质的总称，主要是纤维素和木质素（植物性饲料）或不溶性蛋白复合物（动物源性饲料和热损伤饲料）。

4 过滤法

4.1 原理

试样用酸性洗涤剂浸煮，再用水、丙酮洗涤，除掉不耐酸的碳水化合物、没有发生梅拉德（Maillard）反应（热损伤）的蛋白质和脂肪后剩余的残留物即是酸性洗涤纤维（ADF）。

4.2 试剂或材料

警示：十六烷基三甲基溴化铵对黏膜有刺激，操作时需戴防护口罩；丙酮和石油醚是高挥发可燃试剂，在进入烘箱干燥前，确保其完全挥发。

除非另有规定，仅使用分析纯试剂。

4.2.1　水：GB/T 6682，三级。

4.2.2　丙酮。

4.2.3　石油醚（沸程 30 ℃～60 ℃）。

4.2.4　硫酸溶液（0.50 mol/L±0.025 mol/L H_2SO_4）：按照 GB/T 601 的规定配制和标定。

4.2.5　酸性洗涤剂：称取 20 g 十六烷基三甲基溴化铵（$C_{19}H_{42}NBr$，CTAB），加入 1 000 mL 0.5 mol/L 硫酸溶液（4.2.4），搅拌溶解，混匀。

4.2.6　消泡剂：硅油。

4.2.7　盐酸溶液（4 mol/L）：量取 328 mL 浓盐酸，用水稀释至 1 000 mL，混匀。

4.2.8　助滤剂：石英砂，粒径 125 μm～150 μm。使用前加入 4 mol/L 盐酸溶液（4.2.7）浸没，煮沸，然后用水洗涤至中性，在（525±20）℃下灼烧 2 h，取出，冷却后放入干燥器中备用。

4.3 仪器设备

4.3.1　分析天平：感量 0.000 1 g。

4.3.2 回流消煮装置:配有独立加热单元和水冷凝器,或符合 4.1 原理的纤维测定仪。应校准加热单元性能,使用冷凝器时可在 5 min 内煮沸 50 mL 冷水;纤维测定仪可在 10 min 内煮沸 50 mL 冷水。

4.3.3 砂芯坩埚:50 mL,孔径 40 μm～60 μm。或与纤维测定仪配套的砂芯坩埚,26 mL～28 mL,孔径 40 μm～100 μm。

> 注1:初次使用前,将砂芯坩埚小心地逐步加温,温度不超过 550 ℃,并在(525±20)℃下灼烧 1 h。每次使用后在 (525±20)℃灰化 3 h,用酸性洗涤剂(4.2.5)浸泡,超声 10 min,除去灰分,用热水冲洗坩埚,再用冷水浸泡至少 30 min。
>
> 注2:砂芯坩埚过滤速率测试:每个坩埚装满 50 mL(纤维测定仪坩埚为 25 mL)水,在不抽真空的条件下,记录排干时间,应为(180±60) s[纤维测定仪砂芯坩埚为(75±30) s]。如果排干时间小于 100 s(纤维测定仪砂芯坩埚小于 30 s),应舍弃不用;如果排干时间小于 120 s(纤维测定仪砂芯坩埚小于 45 s),应检查坩埚是否有裂纹;如果排干时间大于 240 s(纤维测定仪砂芯坩埚大于 105 s),应采用酸性或者碱性清洁剂清洗砂芯坩埚,如清洗后仍不能提高过滤速率,应舍弃。

4.3.4 抽滤装置:抽滤瓶和真空泵。

4.3.5 电热干燥箱:可控温(103±2)℃。

4.3.6 马弗炉:(525±20)℃。

4.4 样品

按照 GB/T 20195 制备试样。缩分样品至约 200 g(以干基计),其中一半样品放置在防潮、密封的容器中,用于水分的测定。若试样水分含量高于 15%时,应先将试样置于低于 60 ℃烘箱中,风干至水分低于 15%以下。粉碎使其全部通过 1.0 mm 孔径的分析筛,充分混匀,装入密闭容器中,备用。

4.5 试验步骤

4.5.1 砂芯坩埚的准备

将洁净的砂芯坩埚(4.3.3)置于电热干燥箱(4.3.5)内,(103±2)℃干燥 4 h,取出,置于干燥器中冷却 30 min,称量(精确至 0.000 1 g),直至恒重(2 次称量结果之差不超过 0.002 g)。

4.5.2 称样

平行做 2 份试验。称取 1 g 试样(精确至 0.000 1 g),若试样需要预先脱脂,试样置于另外一个砂芯坩埚(4.3.3)中,按 4.5.3 脱脂;若试样不需要预先脱脂,试样置于回流消煮装置(4.3.2)中,按 4.5.4 消煮。同时做空白试验。

4.5.3 脱脂

脂肪含量超过 10%的试样应预先脱脂,脂肪含量超过 5%的试样建议预先脱脂。脂肪含量未知试样建议预先脱脂。

在砂芯坩埚中加入 40 mL 丙酮(4.2.2)或石油醚(4.2.3),浸泡试样 5 min,然后用抽滤装置(4.3.4)抽真空,除去丙酮或石油醚,重复 2 次。将砂芯坩埚放入通风橱内干燥 20 min,以挥干残余的丙酮或石油醚。把脱脂后的试样残渣全部转移至回流消煮装置(4.3.2)中。

4.5.4 消煮

在回流消煮装置(4.3.2)中加入 100 mL 酸性洗涤剂(4.2.5),打开冷却水,加热,5 min 内加热试样溶液至沸腾。必要时加入 2 滴～4 滴消泡剂(4.2.6)以消除泡沫。调节加热装置使溶液保持微沸状态,持续消煮(60±1) min。如果试样沾到消煮容器壁上,用不多于 5 mL 的酸性洗涤剂(4.2.5)冲洗。

4.5.5 洗涤

称取 5 g 助滤剂(4.2.8),精确至 0.000 1 g,置于砂芯坩埚中,连接抽滤装置,缓缓倒入试样消煮液,真空抽滤。用玻璃棒捣散试样残渣,并用 40 mL 90 ℃～100 ℃水清洗砂芯坩埚壁和试样残渣,重复 3 次～5 次,至洗脱液呈中性。再用 40 mL 丙酮(4.2.2)清洗残渣,搅拌至所有团块破碎,将所有颗粒暴露于丙酮中,浸泡 5 min,直至残渣脱色,真空抽滤,并重复 1 次。如果滤出物有颜色,需再用丙酮重复浸泡、抽滤,直至无色。

4.5.6 干燥

将砂芯坩埚放入通风橱内干燥 20 min,待丙酮完全挥干后移至干燥箱内,(103±2)℃干燥 4 h,取出,置于干燥器中冷却 30 min,称量(精确至 0.000 1 g),直至恒重(2 次称量结果之差不超过 0.002 g)。

若使用纤维测定仪,按照仪器说明书操作。

4.6 试验数据处理

试样中酸性洗涤纤维(ADF)的含量以质量分数表示,按公式(1)计算。

$$\omega = \frac{(m_4 - m_1 - m_3) - (m_{b3} - m_{b1} - m_{b2})}{m_2} \times 100 \quad\cdots\cdots\cdots\cdots\cdots\cdots (1)$$

式中:

ω ——试样中酸性洗涤纤维含量的数值,单位为百分号(%);

m_1 ——试样测定用砂芯坩埚质量的数值,单位为克(g);

m_2 ——试样质量的数值,单位为克(g);

m_3 ——试样测定用助滤剂质量的数值,单位为克(g);

m_4 ——试样、助滤剂和砂芯坩埚经消煮干燥后总质量的数值,单位为克(g);

m_{b1} ——空白试验用砂芯坩埚质量的数值,单位为克(g);

m_{b2} ——空白试验用助滤剂质量的数值,单位为克(g);

m_{b3} ——空白试验砂芯坩埚和助滤剂消煮干燥后总质量的数值,单位为克(g);

测定结果以平行测定的算术平均值表示,结果保留至小数点后 1 位。

4.7 精密度

在重复性条件下获得的 2 次独立测定结果应符合以下要求:

酸性洗涤纤维(ADF)<5%时,其绝对差值≤1%;

酸性洗涤纤维(ADF)在 5%~10%时,其绝对差值与算术平均值之比≤10%;

酸性洗涤纤维(ADF)>10%时,其绝对差值与算术平均值之比≤6%。

5 滤袋法

5.1 原理

同 4.1。

5.2 试剂或材料

警示:十六烷基三甲基溴化铵对黏膜有刺激,操作时需戴防护口罩;丙酮和石油醚是高挥发可燃试剂,在进入烘箱干燥前,确保其完全挥发。

除非另有规定,仅使用分析纯试剂。

5.2.1 水:GB/T 6682,三级。

5.2.2 丙酮。

5.2.3 石油醚(沸程 30 ℃~60 ℃)。

5.2.4 硫酸溶液(0.50 mol/L ± 0.025 mol/L H_2SO_4):按照 GB/T 601 配制和标定。

5.2.5 酸性洗涤剂:称取 20 g 十六烷基三甲基溴化铵($C_{19}H_{42}NBr$,CTAB),加入 1 000 mL 0.5 mol/L 硫酸溶液(5.2.4),搅拌溶解,混匀。

5.2.6 消泡剂:硅油。

5.3 仪器设备

5.3.1 分析天平:感量 0.000 1 g。

5.3.2 回流消煮装置:配有独立加热单元,或符合 5.1 原理纤维测定仪。应校准加热单元性能,使用冷凝器时可在 5 min 内煮沸 50 mL 冷水;纤维测定仪可在 10 min 内煮沸 50 mL 水。

5.3.3 滤袋:孔径 25 μm,可耐受酸性洗涤剂高温消煮。

5.3.4 干燥箱:可控温(103±2)℃。

5.4 样品

同4.4。

5.5 试验步骤

5.5.1 称样

平行做2份试验。称量(103±2)℃干燥2h,在干燥器中冷却至室温的滤袋(5.3.3)(精确至0.000 1 g)。称取试样0.5 g(精确至0.000 1 g),置于滤袋中,封口。样品体积不宜超过滤袋容量的1/2,如太满可适当减少,但不得低于0.2 g。若试样需要预先脱脂,按5.5.2脱脂;若试样不需要预先脱脂,按5.5.3消煮。同时做空白试验。

5.5.2 脱脂

脂肪含量超过10%的试样应预先脱脂,脂肪含量超过5%的试样建议预先脱脂。脂肪含量未知试样建议预先脱脂。

将装有试样的滤袋放入烧杯中,加入丙酮(5.2.2)或石油醚(5.2.3),使滤袋完全浸没,浸泡5 min,其间用玻璃棒轻微搅拌2次,或取出滤袋反复浸没2次。取出滤袋,置于吸水纸上,轻轻挤压去除丙酮或石油醚,重复操作1次。将滤袋置于通风橱内干燥20 min,挥干残余的丙酮或石油醚。

5.5.3 消煮

将装有试样的滤袋分散放入回流消煮装置(5.3.2)中,按每个滤袋100 mL的量加入酸性洗涤剂(5.2.5),打开冷却水,10 min内加热试样溶液至沸腾。必要时加2滴~4滴消泡剂(5.2.6)以消除泡沫。调节加热装置,保持试样溶液微沸,持续消煮(60±1) min。消煮过程应保证滤袋完全浸没于溶液中,每10 min至少翻动1次,保证试样被充分消煮。

5.5.4 洗涤

取出滤袋,置于吸水纸上,轻轻挤压去除消煮液。用90 ℃~100 ℃水浸泡洗涤滤袋3次,直至浸出液呈中性,轻轻挤压除水。将滤袋放入烧杯中,加入丙酮,使滤袋完全浸没,浸泡5 min,重复1次。如果滤出液仍有颜色,用丙酮重复清洗,直至滤出液无色。

5.5.5 干燥

将洗涤后的滤袋置于通风橱内干燥20 min,待丙酮挥干后,移至干燥箱(5.3.4)内,(103±2)℃干燥4 h。取出,置于干燥器中冷却30 min,称量(精确至0.000 1 g),直至恒重(2次称量结果之差不超过0.002 g)。

若使用纤维测定仪,按照仪器说明书操作。

5.6 试验数据处理

试样中酸性洗涤纤维(ADF)的含量以质量分数表示,单位为百分含量(%),按公式(2)计算。

$$\omega = \frac{(m_7 - m_5) - (m_{b5} - m_{b4})}{m_6} \times 100 \quad \cdots\cdots\cdots\cdots\cdots\cdots\cdots (2)$$

式中:

m_5——试样测定用滤袋质量的数值,单位为克(g);

m_6——试样质量的数值,单位为克(g);

m_7——试样、滤袋经消煮干燥后总质量的数值,单位为克(g);

m_{b4}——空白试验用滤袋质量的数值,单位为克(g);

m_{b5}——空白试验滤袋经消煮干燥后质量的数值,单位为克(g);

测定结果以平行测定的算术平均值表示,结果保留至小数点后1位。

5.7 精密度

同4.7。

ICS 65.120
CCS B 46

NY

中华人民共和国农业行业标准

NY/T 2218—2022
代替 NY/T 2218—2012

饲料原料 发酵豆粕

Feed material—Fermented soybean meal

2022-07-11 发布

2022-10-01 实施

中华人民共和国农业农村部 发布

前　言

本文件按照 GB/T 1.1—2020《标准化工作导则　第 1 部分:标准化文件的结构和起草规则》的规定起草。

本文件代替 NY/T 2218—2012《饲料原料　发酵豆粕》,与 NY/T 2218—2012 相比,除结构调整和编辑性改动外,主要技术变化如下:

 a) 更改了范围中主要原料豆粕占比(由≥95％修改为≥98％),删除了"以麸皮、玉米皮等为辅助原料"(见第 1 章,2012 年版的第 1 章);

 b) 更改了规范性引用文件引导语及文件清单(见第 2 章,2012 年版的第 2 章);

 c) 增加了原料要求(见 4.1);

 d) 更改了外观与性状(见 4.2,2012 年版的 3.1);

 e) 更改"技术指标"为"理化指标"及表 1(见表 1,2012 年版的 3.2 和表 1):

——增加了粗蛋白质等级指标;

——更改了粗纤维和粗灰分 2 个项目的限量;

——增加了氢氧化钾蛋白质溶解度、β-伴大豆球蛋白、挥发性盐基氮的限量。

 f) 更改了卫生指标(见 4.4,2012 年版的 3.3);

 g) 增加了氢氧化钾蛋白质溶解度、β-伴大豆球蛋白、挥发性盐基氮的检测方法(见 6.8、6.11 和 6.12);

 h) 更改了组批的表述(见 7.1,2012 年版的 6.1.1);

 i) 更改了出厂检验项目(见 7.2,2012 年版的 6.1.2);

 j) 更改了型式检验的表述(见 7.3,2012 年版的 6.2);

 k) 更改了判定规则(见 7.4,2012 年版的第 7 章);

 l) 更改了储存的表述(见 8.4,2012 年版的 8.4);

 m) 更改了保质期的表述(见 8.5,2012 年版的 8.5);

 n) 更改了附录 A 的表述(见附录 A,2012 年版的附录 A);

 o) 增加了发酵豆粕中 β-伴大豆球蛋白含量测定方法(见附录 B)。

请注意本文件的某些内容可能涉及专利。本文件的发布机构不承担识别专利的责任。

本文件由农业农村部畜牧兽医局提出。

本文件由全国饲料工业标准化技术委员会(SAC/TC 76)归口。

本文件起草单位:中国农业科学院饲料研究所。

本文件主要起草人:王建华、滕达、李爱科、王黎文、王秀敏、毛若雨、郝娅。

本文件及其所代替的历次版本发布情况为:

——2012 年首次发布为 NY/T 2218—2012;

——本次为第一次修订。

饲料原料　发酵豆粕

1　范围

本文件规定了饲料原料发酵豆粕的技术要求,取样,试验方法,检验规则,标签、包装、运输、储存和保质期。

本文件适用于以豆粕为主要原料(≥98%),使用农业农村部《饲料添加剂品种目录》中批准使用的微生物菌种进行固态发酵,并经干燥制成的蛋白质饲料原料产品。

2　规范性引用文件

下列文件中的内容通过文中的规范性引用而构成本文件必不可少的条款。其中,注日期的引用文件,仅该日期对应的版本适用于本文件;不注日期的引用文件,其最新版本(包括所有的修改单)适用于本文件。

GB 5009.228—2016　食品安全国家标准　食品中挥发性盐基氮的测定

GB/T 6432　饲料中粗蛋白的测定　凯氏定氮法

GB/T 6434　饲料中粗纤维的含量测定　过滤法

GB/T 6435　饲料中水分的测定

GB/T 6438　饲料中粗灰分的测定

GB/T 6682　分析实验室用水规格和试验方法

GB/T 8170　数值修约规则与极限数值的表示和判定

GB/T 8622　饲料用大豆制品中尿素酶活性的测定

GB 10648　饲料标签

GB 13078　饲料卫生标准

GB/T 14699.1　饲料　采样

GB/T 18246　饲料中氨基酸的测定

GB/T 18823　饲料检测结果判定的允许误差

GB/T 19541—2017　饲料原料　豆粕

GB/T 20195　动物饲料　试样制备

GB/T 22492—2008　大豆肽粉

3　术语和定义

本文件没有需要界定的术语和定义。

4　技术要求

4.1　原料要求

原料应符合《饲料原料目录》的规定,应来源于大豆,不得添加豆粕以外的蛋白源物质如皮革粉、羽毛粉、肉骨粉和无机氮源等。

4.2　外观与性状

浅黄色到浅棕色粉状物,色泽均匀一致,无结块;无异物,无虫蛀;具有淡的酵香味,无异臭味。

4.3　理化指标

应符合表1的要求。

表 1 理化指标

项　目	指　标	
	一级	二级
粗蛋白质,%	≥50.0	≥45.0
酸溶蛋白(占粗蛋白质比例),%	≥8.0	
粗纤维,%	≤7.0	
粗灰分,%	≤7.5	
水分,%	≤12.0	
赖氨酸,%	≥2.5	
氢氧化钾蛋白质溶解度,%	≥60.0	
尿素酶,U/g	≤0.1	
水苏糖,%	≤1.0	
β-伴大豆球蛋白,mg/g	≤80.0	
挥发性盐基氮,mg/100 g	≤75.0	

4.4 卫生指标

应符合 GB 13078 的要求。

5 取样

按 GB/T 14699.1 的规定执行。

6 试验方法

6.1 外观与性状

从抽取的样品中,取适量倒在白纸或白瓷板上,在光线充足的条件下,观察颜色和状态,并闻其气味。

6.2 粗蛋白质

按 GB/T 6432 的规定执行。

6.3 酸溶蛋白

按 GB/T 22492—2008 中附录 B 的规定执行。

6.4 粗纤维

按 GB/T 6434 的规定执行。

6.5 粗灰分

按 GB/T 6438 的规定执行。

6.6 水分

按 GB/T 6435 的规定执行。

6.7 赖氨酸

按 GB/T 18246 的规定执行。

6.8 氢氧化钾蛋白质溶解度

按 GB/T 19541—2017 中附录 A 的规定执行。

6.9 尿素酶

按 GB/T 8622 的规定执行。

6.10 水苏糖

按附录 A 的规定执行。

6.11 β-伴大豆球蛋白

按附录 B 的规定执行。

6.12 挥发性盐基氮

按 GB 5009.228—2016 中第二法自动凯氏定氮仪法执行。

7 检验规则

7.1 组批

以同一批原料、相同生产工艺、连续生产或同一班次生产的同一规格的产品为一批,但每批产品不得超过 30 t。

7.2 出厂检验

所列项目中,外观与性状、粗蛋白质、酸溶蛋白、水分、尿素酶为出厂检验项目。

7.3 型式检验

型式检验项目为第 4 章规定的所有项目。在正常生产情况下,每半年至少进行 1 次型式检验。有下列情况之一时,亦应进行型式检验:

a) 新产品投产时;

b) 生产工艺、配方或主要原料来源有较大改变,可能影响产品质量时;

c) 产品停产 3 个月以上,恢复生产时;

d) 出厂检验结果与上次型式检验结果有较大差异时;

e) 饲料行政管理部门提出检验要求时。

7.4 判定规则

7.4.1 所检验项目全部合格,判定为该批次产品合格。

7.4.2 检验结果中有任何指标不符合本文件规定时,可自同批产品中重新加倍取样进行复检。若复检结果仍不符合本文件规定,则判定该批产品不合格。微生物指标不得复检。

7.4.3 检验结果判定的允许误差按 GB/T 18823 的规定执行。

7.4.4 各项目指标的极限数值判定按 GB/T 8170 中修约值比较法执行。

8 标签、包装、运输、储存和保质期

8.1 标签

按 GB 10648 的规定执行。

8.2 包装

包装材料应无毒、无害、防潮。

8.3 运输

运输中防止包装破损、日晒、雨淋,禁止与有毒有害物质共运。

8.4 储存

储存时防止日晒、雨淋,禁止与有毒有害物质混储。

8.5 保质期

未开启包装的产品,在规定的运输、储存条件下,原包装自生产之日起的保质期为 6 个月。

附 录 A

（规范性）

发酵豆粕中水苏糖含量测定方法

A.1 原理

用水提取试样中的水苏糖,然后采用高效液相色谱法（HPLC）测定其含量。

A.2 试剂或材料

A.2.1 通用要求:除非另有规定,仅使用分析纯试剂。

A.2.2 水:GB/T 6682 一级。

A.2.3 乙腈:色谱纯。

A.2.4 三氯乙酸。

A.2.5 水苏糖标准储备溶液（10 mg/mL）:精确称取水苏糖 0.500 0 g,用水溶解并定容至 50 mL。临用现配。

A.2.6 水苏糖标准系列溶液:分别取水苏糖标准储备溶液（A.2.4)25 μL、50 μL、75 μL、100 μL、125 μL、150 μL,于 HPLC 进样瓶中,分别加水至 1.00 mL,制成浓度分别为 0.25 mg/mL、50 mg/mL、75 mg/mL、100 mg/mL、125 mg/mL 和 150 mg/mL 的标准系列溶液。

A.3 仪器设备

A.3.1 高效液相色谱仪:示差折光检测器。

A.3.2 分析天平:感量 0.000 1 g。

A.3.3 超声波清洗仪。

A.3.4 离心机:转速不低于 12 000 r/min。

A.3.5 滤膜:水系(0.22 μm)。

A.4 样品

按 GB/T 20195 制备样品,粉碎过筛（孔径 0.25 mm）,备用。

A.5 试验步骤

A.5.1 试样溶液的制备

精确称取发酵豆粕样品 2 g(精确至 0.000 1 g),加 20 mL 水,于超声波清洗仪中,超声提取 15 min,将浸提液于 70 ℃水浴 1 h,加入 0.5 g 三氯乙酸,混匀后,置于冰浴中 2 h,在 12 000 r/min 条件下离心 10 min,取上清液,0.22 μm 滤膜过滤,样品制备后立即测定。

A.5.2 色谱参考条件

色谱柱:氨丙基键合固定相柱,柱长 250 mm,内径 4.1 mm 或其他可分析单糖和低聚糖的性能相当的色谱柱;

柱温:30 ℃;

流动相:乙腈-水(75-25);

流速:1.0 mL/min;

进样量：10 μL。

A.5.3　测定

在仪器最佳状态下分别测定水苏糖标准系列溶液和试样溶液（A.5.1）中的水苏糖含量。试样溶液重复测定 2 次。以色谱峰面积为纵坐标、标准溶液浓度为横坐标绘制标准曲线。根据试样溶液色谱峰面积对照水苏糖的标准曲线计算样品浓度。

A.6　试验数据处理

试样中水苏糖的含量按公式（1）计算。

$$\omega = \frac{\rho \times V \times 100}{m \times 100} \quad\cdots\cdots\cdots\cdots\cdots\cdots\cdots\cdots\cdots\cdots\cdots\cdots\cdots \quad (1)$$

式中：

ω ——试样中水苏糖含量的数值，单位为百分号（%）；

ρ ——标准曲线上查的试样溶液中水苏糖浓度的数值，单位为毫克每毫升（mg/mL）；

V ——试样溶液体积的数值，单位为毫升（mL）；

m ——试样质量的数值，单位为克（g）。

A.7　精密度

在重复性条件下，2 次独立测试结果与其算术平均值的绝对差值不大于该算术平均值的 2%。

附 录 B
（规范性）
发酵豆粕中 β-伴大豆球蛋白含量测定方法

B.1 方法原理

采用间接竞争酶联免疫法（ELISA 法）。在酶标板上预包被 β-伴大豆球蛋白抗原，样品中的 β-伴大豆球蛋白和预包被的抗原竞争 β-伴大豆球蛋白抗体，加入酶标二抗后，用四甲基联苯胺（TMB）底色液显色，样品吸光度值与其所含 β-伴大豆球蛋白的含量呈负相关，与标准曲线比较再乘以其对应的稀释倍数即可得出样品中 β-伴大豆球蛋白的含量。

B.2 试剂或材料

B.2.1 通用要求：除非另有规定，仅使用分析纯试剂。

B.2.2 水：所用的水为 GB/T 6682 中规定的二级水。

B.2.3 弗氏不完全佐剂。

B.2.4 包被缓冲液（0.05 mol/L，pH 9.6 的碳酸缓冲液）：准确称取 1.59 g Na_2CO_3 和 2.93 g $NaHCO_3$，将其混溶于 1 000 mL 蒸馏水中。

B.2.5 封闭液：用包被缓冲液配制 5% 的脱脂牛奶。

B.2.6 30×浓缩样品提取液：181.7 g Tris、73 mL HCl 和 21 mL β-巯基乙醇，定容至 1 000 mL 蒸馏水中。

B.2.7 样品稀释液：0.9% 氯化钠溶液。

B.2.8 抗体工作液：5.0 g 牛血清白蛋白（BSA）、1.0 mL Proclin-300、100 mL 0.2 mol/L pH 7.4 PBS、0.05 g 亮蓝、β-伴大豆球蛋白抗体 1 mg。

B.2.9 洗液：0.3 mol/L pH 7.4 PBS 溶液 1 000 mL 加 4% Tween-20。

B.2.10 酶标试剂：10.0 g BSA、29.4 g 氯化钠、100 mL 小牛血清、1.0 mL Proclin-300、0.2 mol/L pH 7.4 PBS 100 mL 和 0.5 mg 辣根过氧化物酶标记羊抗鼠抗体，定容至 1 000 mL 蒸馏水中。

B.2.11 显色液 A：40.0 g 磷酸氢二钠（$Na_2HPO_4 \cdot 12H_2O$）、10.0 g 一水柠檬酸和 0.5 g 过氧化氢脲，定容至 1 000 mL。

B.2.12 显色液 B：2.0 g 一水合柠檬酸、150 mL 无水甲醇、0.55 g TMB 和 100 mL N,N-二甲基甲酰胺，定容至 1 000 mL 蒸馏水中。

B.2.13 终止液：2 mol/L 硫酸溶液。

B.2.14 标准系列溶液：0 μg/mL、0.2 μg/mL、0.4 μg/mL、1.6 μg/mL、6.4 μg/mL、25.6 μg/mL β-伴大豆球蛋白。

B.3 仪器设备

B.3.1 分析天平：感量 0.000 1 g。

B.3.2 离心机：转速 ≥4 000 r/min。

B.3.3 分光光度计。

B.4 样品

按 GB/T 20195 的规定制备样品，粉碎过筛（孔径 0.25 mm），备用。

B.5 实验步骤

B.5.1 β-伴大豆球蛋白多克隆抗体的制备

B.5.1.1 抗原制备：将低温脱脂未变性的大豆粉以 1∶10 的料水质量比分散于温度为 40 ℃～50 ℃、pH 为 8.0～11.0(1 mol/L NaOH 调制)的水中，除去非可溶性成分；分散过程在机械搅拌或超声波处理的条件下处理 45 min；调整溶液离子强度为 0.05～1.0，pH 为 5.0～6.0(35％HCl 调制)，在 4 000～7 000 r/min 离心，得到的上清液用酸调 pH 至 4.0～5.0(35％HCl 调制)，然后在 2 000 r/min～4 000 r/min 离心，得到的沉淀物为 β-伴大豆球蛋白。

B.5.1.2 抗体制备：适量弗氏不完全佐剂和纯化的 β-伴大豆球蛋白混匀，在涡旋振荡器上乳化。免疫 2 只新西兰白兔，采用 6 周免疫程序。兔子先适应性喂养 1 周。兔子免疫前先于一侧耳缘抽取 2 mL 静脉血，4 ℃静置过夜，取血清作阴性对照。对脊柱两侧进行多点背部皮下注射(剂量为 100 μg 免疫原/支)；初次免疫后第 15 d，再用弗氏不完全佐剂抗原腹腔静脉加强免疫 1 次，1 周 1 次，共 3 次。免疫后的第 25 d 和第 38 d 取血，间接 ELISA 法测定抗体效价，Western blot 法观察免疫反应条带，检测免疫效果。效价达到要求后，用无佐剂抗原免疫 1 次，免疫第 3 d 后颈动脉采血收集血清，3 000 r/min 离心 20 min。收获的抗血清用甘油 1∶1 稀释，于−20 ℃保存。

B.5.2 预包被抗原酶标板的制备

B.5.2.1 包被：用包被缓冲液将制备的 β-伴大豆球蛋白稀释至最佳工作浓度，用移液枪准确移至酶标板，每个孔 100 μL，密封于 4 ℃过夜。

B.5.2.2 封闭：用洗液洗涤 3 次，每次 90 s(简称"洗涤"，下同)，然后拍干。每个孔加入 200 μL 封闭液，37 ℃温育 1 h，洗涤 1 次，然后拍干，放入自封袋中，于 4 ℃干燥保存。

B.5.3 样品的制备

B.5.3.1 称样：称取 0.300 0 g 样品于 50 mL 离心管中。

B.5.3.2 提取：装有样品的 50 mL 离心管中再加入 30 mL 1×样品提取工作液，于 25 ℃振荡提取 16 h。

B.5.3.3 离心：振荡后静置 2 min，取上层液体于离心机中 4 000 r/min 离心 5 min。

B.5.3.4 稀释：取上清液用 1×样品稀释工作液稀释 70 倍(为减小误差分两步稀释：先取上清液 100 μL 加 600 μL 1×样品稀释工作液混匀，再取混合液 100 μL 加 900 μL 1×样品稀释工作液混匀)，待测。

B.5.4 测定步骤

B.5.4.1 将所需试剂和酶标板从 4 ℃冰箱中取出，回温至 20 ℃～25 ℃，试剂使用前摇匀。

B.5.4.2 编号：将样品和对照品对应酶标板微孔按序编号，每个样品和对照品做 2 孔平行，并记录对照品孔和样品孔所在的位置。

B.5.4.3 加样：将对照品 1～6(0 μg/mL、0.2 μg/mL、0.4 μg/mL、1.6 μg/mL、6.4 μg/mL 及 25.6 μg/mL)以及待测样品各取 50 μL 加至对应的酶标板微孔中，再加入抗体工作液 50 μL/孔，轻轻振荡混匀。盖上盖板膜，37 ℃避光反应 30 min。

B.5.4.4 洗板：小心揭开盖板膜，倒掉微孔中液体，加入洗涤工作液 300 μL，浸泡 10 s 后倒掉，重复洗涤 4 次，于吸水纸上拍干。

B.5.4.5 加酶标试剂：加入酶标试剂 100 μL/孔，盖上盖板膜，37 ℃，避光反应 30 min，取出洗板。

B.5.4.6 显色：将等体积显色液 A 与显色液 B 混匀(显色液现用现混，5 min 内用完，混匀时请勿剧烈振荡)；每孔加入混合液 100 μL，盖上盖板膜，37 ℃，避光反应 15 min。

B.5.4.7 终止：每孔加入终止液 50 μL，轻轻振荡混匀，立即于 450 nm/630 nm 双波长下读取吸光度值。

B.6 试验数据处理

B.6.1 百分吸光率计算

对照品或样品的百分吸光率等于对照品或样品的吸光度值的平均值(双孔)除以对照品 1 的吸光度值

的平均值,再乘以 100%。

B.6.2 标准曲线的绘制与计算

以对照品百分吸光率为纵坐标,以 β-伴大豆球蛋白对照品浓度的对数为横坐标,绘制标准曲线图。将样品的百分吸光率代入标准曲线中,从标准曲线上读出样品所对应的浓度,乘以其对应的稀释系数即为样品中 β-伴大豆球蛋白的实际浓度。

B.7 精密度

在重复性条件下,2 次独立测试结果与其算术平均值的绝对差值不大于该算术平均值的 12%。

———————————

ICS 65.120
CCS B 46

NY

中华人民共和国农业行业标准

NY/T 2896—2022
代替 NY/T 2896—2016

饲料中斑蝥黄的测定　高效液相色谱法

Determination of canthaxanthin in feeds—
High performance liquid chromatography

2022-07-11 发布

2022-10-01 实施

中华人民共和国农业农村部 发布

前　言

本文件按照 GB/T 1.1—2020《标准化工作导则　第 1 部分：标准化文件的结构和起草规则》的规定起草。

本文件代替 NY/T 2896—2016《饲料中斑蝥黄的测定　高效液相色谱法》，与 NY/T 2896—2016 相比，除结构调整和编辑性改动外，主要技术变化如下：

a) 更改了原理（见第 4 章，2016 年版的第 3 章）；

b) 更改了试样溶液制备，配合饲料和浓缩饲料增加了 HLB 固相萃取柱净化处理（见 8.1，2016 年版的 7.1）；

c) 增加了定性（见 8.3.2）；

d) 更改了试验数据处理（见第 9 章，2016 年版的第 8 章）；

e) 更改了精密度（见第 10 章，2016 年版的第 9 章）。

请注意本文件的某些内容可能涉及专利。本文件的发布机构不承担识别专利的责任。

本文件由农业农村部畜牧兽医局提出。

本文件由全国饲料工业标准化技术委员会（SAC/TC 76）归口。

本文件起草单位：浙江大学、帝斯曼（中国）有限公司。

本文件主要起草人：王凤芹、汪以真、路则庆、刘波静、冯杰、余东游、张进、虞哲高、肖平、曹进平、董信阳、陆梅、赵贵。

本文件及其所代替文件的历次版本发布情况为：

——2016 年首次发布为 NY/T 2896—2016；

——本次为第一次修订。

饲料中斑蝥黄的测定　高效液相色谱法

1　范围

本文件规定了饲料中斑蝥黄的高效液相色谱测定方法。

本文件适用于配合饲料、浓缩饲料和添加剂预混合饲料中斑蝥黄的测定。

本文件的检出限为 0.16 mg/kg,定量限为 0.40 mg/kg。

2　规范性引用文件

下列文件中的内容通过文中的规范性引用而构成本文件必不可少的条款。其中,注日期的引用文件,仅该日期对应的版本适用于本文件;不注日期的引用文件,其最新版本(包括所有的修改单)适用于本文件。

GB/T 6682　分析实验室用水规格和试验方法

GB/T 20195　动物饲料　试样的制备

3　术语和定义

本文件没有需要界定的术语和定义。

4　原理

试样中斑蝥黄经水分散、乙醇和二氯甲烷提取、净化,反相高效液相色谱测定,外标法定量。

5　试剂或材料

除非另有规定,仅使用分析纯试剂。

5.1　水:GB/T 6682,一级。

5.2　二氯甲烷。

5.3　无水乙醇。

5.4　乙腈:色谱纯。

5.5　乙腈水溶液:取 50 mL 乙腈(5.4),用水(5.1)定容至 100 mL,混匀。

5.6　斑蝥黄标准储备溶液:称取斑蝥黄标准品(CAS 号:514-78-3,纯度≥95%)适量(约 12.5 mg,精确至 0.01 mg),用二氯甲烷(5.2)溶解,转移至 50 mL 棕色容量瓶中定容,摇匀。−18 ℃以下玻璃容器中避光储存,有效期不超过 1 个月。

注:斑蝥黄标准品在保存过程中,易发生氧化,应该严格按照说明书给定条件保存。

5.7　斑蝥黄标准系列工作溶液:取适量斑蝥黄标准储备溶液(5.6)用乙腈(5.4)稀释,分别配制成浓度为 0.10 μg/mL、0.20 μg/mL、0.50 μg/mL、1.0 μg/mL、2.0 μg/mL、5.0 μg/mL、10.0 μg/mL 的标准系列工作溶液。现用现配。

5.8　亲水亲脂平衡(HLB)固相萃取柱:60 mg/3 mL,或性能相当者。

5.9　微孔滤膜:0.45 μm,有机系。

6　仪器设备

6.1　高效液相色谱仪:配紫外可见光检测器或二极管阵列检测器。

6.2　分析天平:感量 0.1 mg 和 0.01 mg。

6.3　离心机:转速不低于 8 000 r/min。

6.4 超声波清洗仪。

6.5 固相萃取装置。

6.6 氮吹仪。

7 样品

按 GB/T 20195 制备样品,至少 200 g,粉碎过 0.42 mm 孔径的分析筛,充分混匀,避光密闭保存。

8 试验步骤

8.1 试样溶液的制备

8.1.1 配合饲料和浓缩饲料

8.1.1.1 提取

平行做 2 份试验。称取试样 5 g,精确至 0.1 mg,置于 100 mL 棕色容量瓶中,加入 15 mL 60 ℃ 左右的水,于 60 ℃ 水浴超声 5 min。加入 50 mL 无水乙醇(5.3)和 30 mL 二氯甲烷(5.2),摇匀,常温水浴超声 20 min。冷却至室温后,用二氯甲烷(5.2)定容(V),摇匀。取部分提取液置离心管中,于 8 000 r/min 离心 5 min,准确吸取上清液 5 mL(V_1)到 10 mL 离心管中,于 50 ℃ 水浴氮气吹干,用 3 mL 乙腈(5.4)复溶,再加入 3 mL 水,涡旋混匀,备用。

8.1.1.2 净化

HLB 小柱(5.8)先用 3 mL 乙腈(5.4)和 3 mL 水活化,备用液(8.1.1.1)过柱,先用 1 mL 乙腈(5.4)洗涤离心管,再加入 1 mL 水洗涤,洗涤液过柱。用 5 mL 乙腈水溶液(5.5)淋洗 HLB 小柱,抽干。用 3 mL 乙腈(5.4)洗脱,收集洗脱液于 50 ℃ 水浴氮气吹干,准确加入 0.5 mL(V_2)乙腈(5.4)复溶,过微孔滤膜(5.9),备用。

8.1.2 添加剂预混合饲料

8.1.2.1 提取

平行做 2 份试验。称取试样 2.5 g,精确至 0.1 mg,置于 100 mL 棕色容量瓶中,加入 15 mL 60 ℃ 左右的水,于 60 ℃ 水浴超声 5 min。加入 50 mL 无水乙醇(5.3)和 30 mL 二氯甲烷(5.2),摇匀,常温水浴超声 20 min。冷却至室温后,用二氯甲烷(5.2)定容(V),摇匀。备用。

8.1.2.2 稀释

取部分提取液(8.1.2.1)至离心管中,于 8 000 r/min 离心 5 min,准确吸取上清液 5 mL(V_1),用乙腈(5.4)稀释到线性范围内进行测定。

8.2 液相色谱参考条件

色谱柱:C_{18},柱长 250 mm,内径 4.6 mm,粒径 5 μm,或性能相当者;

柱温:30 ℃;

检测波长:474 nm;

流动相:乙腈+水 = 95+5;

流速:1.2 mL/min;

进样量:20 μL。

8.3 测定

8.3.1 标准系列工作溶液和试样溶液的测定

在仪器的最佳条件下,依次测定试剂空白、斑蝥黄标准系列工作溶液(5.7)和试样溶液(8.1.1.2 或/和 8.1.2.2)。斑蝥黄标准溶液色谱图见附录 A。

8.3.2 定性

以保留时间定性,试样溶液中斑蝥黄保留时间应与标准系列中浓度相当的标准溶液的保留时间一致,其相对偏差在±2.5%之内。

8.3.3 定量

以斑蝥黄标准品浓度为横坐标、色谱峰面积为纵坐标,绘制标准曲线。其相关系数应不低于0.99。试样溶液中色谱峰面积应在标准系列工作溶液测定的线性范围内。如超出线性范围,应将试样溶液用乙腈进一步稀释后,重新测定。单点校准定量时,试样溶液中斑蝥黄的浓度与标准系列工作溶液的浓度相差不超过30%。

注:色谱峰面积指反式斑蝥黄峰面积与1.3倍的顺式斑蝥黄峰面积之和,1.3为顺式斑蝥黄对反式斑蝥黄的校正因子。

9 试验数据处理

试样中斑蝥黄的含量(顺反式斑蝥黄总量)以质量分数表示,多点校准按公式(1)计算,单点校准按公式(2)计算。

$$\omega = \frac{\rho_1 \times V \times V_2 \times n}{V_1 \times m} \quad\cdots\cdots\cdots\cdots\cdots\cdots\cdots\cdots\cdots\cdots \quad (1)$$

式中:

ω ——试样中斑蝥黄含量的数值,单位为毫克每千克(mg/kg);

ρ_1 ——由标准工作曲线得到的试样溶液中斑蝥黄的浓度的数值,单位为微克每毫升(μg/mL);

V ——提取液定容体积的数值,单位为毫升(mL);

V_2 ——净化后最终定容体积的数值,单位为毫升(mL);

V_1 ——用于净化的提取液体积的数值,单位为毫升(mL);

n ——稀释倍数;

m ——试样质量的数值,单位为克(g)。

$$\omega = \frac{A_1 \times \rho_2 \times V \times V_2 \times n}{A_2 \times V_1 \times m} \quad\cdots\cdots\cdots\cdots\cdots\cdots\cdots\cdots \quad (2)$$

式中:

A_1——试样中斑蝥黄色谱峰面积;

ρ_2——标准溶液中斑蝥黄浓度的数值,单位为微克每毫升(μg/mL);

A_2——标准溶液中斑蝥黄色谱峰面积。

测定结果用平行测定的算术平均值表示,保留3位有效数字。

10 精密度

在重复性条件下获得的2次独立测定结果与其算术平均值的绝对差值不大于该算术平均值的10%。

附　录　A

（资料性）

斑螯黄标准溶液色谱图

斑螯黄标准溶液（1.0 μg/mL）色谱图见图 A.1。

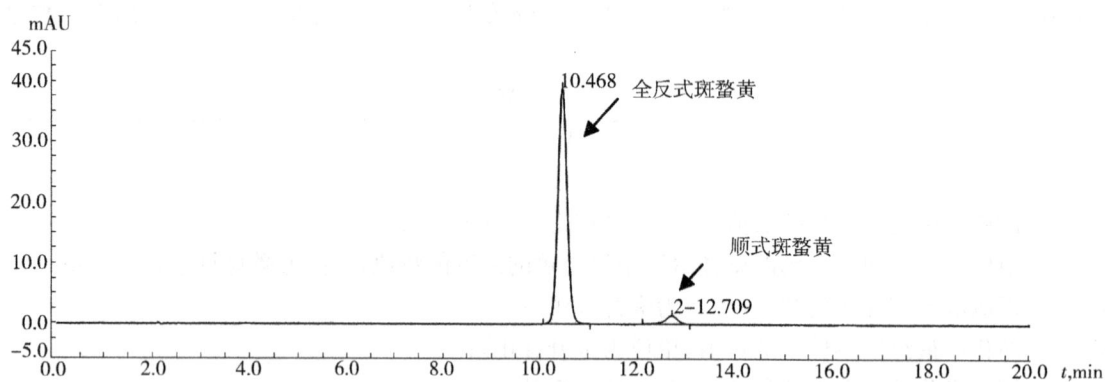

图 A.1　斑螯黄标准溶液（1.0 μg/mL）色谱图

ICS 65.120
CCS B 46

NY

中华人民共和国农业行业标准

NY/T 4120—2022

饲料原料 腐植酸钠

Feed material—Sodium humate

2022-07-11 发布

2022-10-01 实施

中华人民共和国农业农村部 发布

前　言

本文件按照 GB/T 1.1—2020《标准化工作导则　第 1 部分:标准化文件的结构和起草规则》的规定起草。

请注意本文件的某些内容可能涉及专利。本文件的发布机构不承担识别专利的责任。

本文件由农业农村部畜牧兽医局提出。

本文件由全国饲料工业标准化技术委员会(SAC/TC 76)归口。

本文件起草单位:山东省畜产品质量安全中心、山东亚太海华生物科技有限公司、齐鲁工业大学。

本文件主要起草人:李会荣、张杰、宫玲玲、位宾、张玮、刘婕、赵学峰、王英英、朱永信。

饲料原料　腐植酸钠

1　范围

本文件规定了饲料原料腐植酸钠的术语和定义,技术要求,取样,试验方法,检验规则,标签、包装、运输、储存和保质期。

本文件适用于泥炭、褐煤或风化煤粉碎后,与氢氧化钠溶液充分反应得到的上清液,经浓缩、干燥得到的饲料原料腐植酸钠,或通过制粒等工艺进一步精制得到的饲料原料腐植酸钠。

2　规范性引用文件

下列文件中的内容通过文中的规范性引用而构成本文件必不可少的条款。其中,注日期的引用文件,仅该日期对应的版本适用于本文件;不注日期的引用文件,其最新版本(包括所有的修改单)适用于本文件。

GB/T 6435—2014　饲料中水分的测定

GB/T 8170　数值修约规则与极限数值的表示和判定

GB 10648　饲料标签

GB 13078　饲料卫生标准

GB/T 14699.1　饲料　采样

GB/T 18823　饲料检测结果判定的允许误差

HG/T 3278—2018　腐植酸钠

3　术语和定义

下列术语和定义适用于本文件。

3.1

可溶性腐植酸　soluble humic acid

在水溶液中呈离子态的腐植酸。

4　技术要求

4.1　外观与性状

黑色的片状或颗粒或粉末,无结块,无异嗅。

4.2　理化指标

应符合表 1 的要求。

表 1　理化指标

项目	指标		
	一级	二级	三级
可溶性腐植酸(以干基计),%	≥70	≥63	≥55
水不溶物(以干基计),%	≤15	≤20	≤25
水分,%	≤12		
pH(1%水溶液)	7～11		

4.3　卫生指标

符合 GB 13078 的要求。

5　取样

按 GB/T 14699.1 的规定执行。将样品多次缩分,取约 200 g 研磨或粉碎至全部通过 0.2 mm 孔径试验筛,置于洁净、干燥的样品瓶中,于室温条件下保存。

6 试验方法

6.1 外观与性状

取未经制备的试样适量置于清洁、干燥的白瓷盘中,在自然光线下观察其色泽和形态,并嗅其气味。

6.2 可溶性腐植酸

平行做 2 份试验。按 HG/T 3278—2018 中 5.2 的规定执行。

6.3 水不溶物

平行做 2 份试验。离心转速为 3 000 r/min;将海沙 10 g(粒度 0.65 mm～0.85 mm,装于折好的定量滤纸上)、定量滤纸(Φ15 cm 中速)和称量瓶同时恒重;淋洗 7 次,每次用 50 mL 沸水;水不溶物含量≤20%时,2 次独立测定结果的绝对差值为≤2.0%。其他按照 HG/T 3278—2018 中 5.5 的规定执行。

如果 2 份平行试验的过滤时间相差超过 1 倍时,应考虑重新称样检测。

6.4 水分

平行做 2 份试验。按 GB/T 6435—2014 中 8.1 的规定执行。

6.5 pH

平行做 2 份试验。按 HG/T 3278—2018 中 5.4 的规定执行。

6.6 卫生指标

平行做 2 份试验。按 GB 13078 的规定执行。

7 检验规则

7.1 组批

以相同原料、相同的生产工艺、连续生产或同一班次生产的产品为一批,但每批产品不得超过 10 t。

7.2 出厂检验

检验项目为外观和性状、可溶性腐植酸、水不溶物、水分。

7.3 型式检验

型式检验项目为第 4 章规定的所有项目。在正常生产情况下,每半年至少进行 1 次型式检验。在有下列情况之一时,亦应进行型式检验:

 a) 产品定型投产时;

 b) 生产设备、工艺、配方或主要原料来源有较大改变,可能影响产品质量时;

 c) 停产 3 个月或以上,重新恢复生产时;

 d) 出厂检验结果与上次型式检验结果有较大差异时;

 e) 饲料行政管理部门提出要求时。

7.4 判定规则

7.4.1 所检项目全部合格,判定为该批次产品合格。

7.4.2 检验结果中有任意一项指标不符合本文件规定时,可自同批次产品中重新加倍取样进行复检。若复检有一项结果不符合本文件规定,则判定该批次产品不合格。微生物指标不得复检。

7.4.3 质量等级分项判定:抽检样品某一项(或几项)符合某一等级时,则判定所代表的该批次产品符合该项(或几项)指标的质量等级。

7.4.4 质量等级综合判定:抽检样品的各项理化指标均同时符合某一等级时,则判定所代表的该批次产品为该等级;若有任意一项指标低于该级标准时,则按单项指标所能达到的最低级别定级。任意一项低于最低级别标准时,则判定所代表的该批次产品不符合本文件要求。

7.4.5 各项目指标的极限数值判定按 GB/T 8170 中修约值比较法执行。

7.4.6 检验结果判定的允许误差按 GB/T 18823 的规定执行(卫生指标除外)。

8 标签、包装、运输、储存和保质期

8.1 标签

按 GB 10648 的规定执行。

8.2 包装

包装材料应无毒、无害、防潮、密封。

8.3 运输

运输过程中应防止包装破损、日晒、雨淋,不得与有毒有害物质混运。

8.4 储存

储存于通风、干燥处,不得与有毒有害物质混储。

8.5 保质期

未开启包装的产品,在规定的运输和储存条件下,产品保质期应与产品标签中标明的保质期一致。

———————————

ICS 65.120
CCS B 46

NY

中华人民共和国农业行业标准

NY/T 4121—2022

饲料原料　玉米胚芽粕

Feed material—Corn germ meal

2022-07-11 发布

2022-10-01 实施

中华人民共和国农业农村部 发布

前　言

本文件按照 GB/T 1.1—2020《标准化工作导则　第 1 部分:标准化文件的结构和起草规则》的规定起草。

请注意本文件的某些内容可能涉及专利。本文件的发布机构不承担识别专利的责任。

本文件由农业农村部畜牧兽医局提出。

本文件由全国饲料工业标准化技术委员会(SAC/TC 76)归口。

本文件起草单位:四川省饲料工作总站、四川省农药检定所。

本文件主要起草人:程传民、李云、陈丙坤、王宇萍、冯波、魏敏、林顺全、张静、赵立军、陈红、廖峰、樊淑娜、程大顺。

饲料原料　玉米胚芽粕

1　范围

本文件规定了饲料原料玉米胚芽粕的技术要求、取样、试验方法、检验规则,标签、包装、运输和储存等。

本文件适用于玉米胚芽粕生产者声明产品符合性,或作为生产者与采购方签署贸易合同的依据,也可作为市场监管或认证机构认证的依据。

2　规范性引用文件

下列文件中的内容通过文中的规范性引用而构成本文件必不可少的条款。其中,注日期的引用文件,仅该日期对应的版本适用于本文件;不注日期的引用文件,其最新版本(包括所有的修改单)适用于本文件。

GB/T 6432　饲料中粗蛋白的测定　凯氏定氮法

GB/T 6433　饲料中粗脂肪的测定

GB/T 6434　饲料中粗纤维的含量测定　过滤法

GB/T 6438　饲料中粗灰分的测定

GB/T 8170　数值修约规则与极限数值的表示和判定

GB/T 10358　油料饼粕　水分及挥发物含量的测定

GB 10648　饲料标签

GB 13078　饲料卫生标准

GB/T 14698　饲料原料显微镜检查方法

GB/T 14699.1　饲料　采样

GB/T 18823　饲料检测结果判定的允许误差

3　术语和定义

本文件没有需要界定的术语和定义。

4　技术要求

4.1　外观与性状

棕黄色至金黄色,具有玉米胚芽粕固有气味,无腐败、无异味,无发霉结块。不得掺入沙石、麻绳等无机杂质和其他有机杂质。

4.2　理化指标

理化指标应符合表1的要求。

表 1　理化指标

项　目	指标	
	一级	二级
粗蛋白质,%	≥18.0	≥15.0
粗灰分,%	≤2.5	
水分,%	≤12.0	
粗纤维,%	≤12.0	
粗脂肪,%	≤2.0	
注:理化指标除水分外,均以干物质含量88%为基础计算。		

4.3 卫生指标

卫生指标应符合 GB 13078 的要求。

5 取样

按 GB/T 14699.1 的规定执行。

6 试验方法

6.1 感官检验

取 200 g 以上样品置于洁净白瓷盘中，在非直射日光、光线充足、无色差、无异味环境下，逐项检验。杂质按 GB/T 14698 的规定执行。

6.2 粗蛋白质

按 GB/T 6432 的规定执行。

6.3 粗灰分

按 GB/T 6438 的规定执行。

6.4 水分

按 GB/T 10358 的规定执行。

6.5 粗纤维

按 GB/T 6434 的规定执行。

6.6 粗脂肪

按 GB/T 6433 的规定执行。

6.7 卫生指标

按 GB 13078 的规定执行。

7 检验规则

7.1 组批

以相同材料、相同生产工艺、连续生产或同一班次生产的同一规格的产品为一批，但每批产品不得超过 500 t。

7.2 出厂检验

检验项目为外观与性状、水分、粗脂肪和粗蛋白质。

7.3 型式检验

型式检验项目为第 4 章规定的所有项目。在正常生产情况下，每年至少进行 1 次型式检验。有下列情况之一时，亦应进行型式检验：

a) 产品定型投产时；

b) 生产工艺、配方或主要原料来源有较大改变，可能影响产品质量时；

c) 停产 3 个月以上，重新恢复生产时；

d) 出厂检验结果与上次型式检验结果有较大差异时；

e) 饲料行政管理部门提出检验要求时。

7.4 判定规则

7.4.1 所验项目全部合格，判定为该批次产品合格。

7.4.2 检验结果中有任何指标不符合本文件规定时，可自同批产品中重新加倍取样进行复检。复检结果即使有一项指标不符合本文件规定，则判定该批产品不合格。微生物指标不得复检。

7.4.3 各项目指标的极限数值判定按 GB/T 8170 中修约值比较法执行。

7.4.4 检验结果判定的允许误差按 GB/T 18823 的规定执行。

8 标签、包装、运输和储存

8.1 标签

按 GB 10648 的规定执行。

8.2 包装

包装材料应无毒、无害、防潮。可以散装。

8.3 运输

运输中防止包装破损、日晒、雨淋,禁止与有毒有害物质共运。

8.4 储存

储存时防止日晒、雨淋,禁止与有毒有害物质混储。防止受潮、霉变、虫、鼠及有毒有害物质的污染。

———————

ICS 65.120
CCS B 46

NY

中华人民共和国农业行业标准

NY/T 4122—2022

饲料原料　鸡蛋清粉

Feed material—Egg albumen powder

2022-07-11 发布

2022-10-01 实施

中华人民共和国农业农村部 发布

前　言

本文件按照 GB/T 1.1—2020《标准化工作导则　第 1 部分:标准化文件的结构和起草规则》的规定起草。

请注意本文件的某些内容可能涉及专利。本文件的发布机构不承担识别专利的责任。

本文件由农业农村部畜牧兽医局提出。

本文件由全国饲料工业标准化技术委员会(SAC/TC 76)归口。

本文件起草单位:四川省饲料工作总站。

本文件主要起草人:程传民、李云、魏敏、王宇萍、高庆军、张静、曾晓芳、张林、樊淑娜、邝婷婷。

饲料原料　鸡蛋清粉

1　范围

本文件规定了饲料原料鸡蛋清粉的技术要求、取样、试验方法、检验规则、标签、包装、运输和储存。

本文件适用于鸡蛋清粉生产者声明产品符合性，或作为生产者与采购方签署贸易合同的依据，也可作为市场监管或认证机构认证的依据。

2　规范性引用文件

下列文件中的内容通过文中的规范性引用而构成本文件必不可少的条款。其中，注日期的引用文件，仅该日期对应的版本适用于本文件；不注日期的引用文件，其最新版本（包括所有的修改单）适用于本文件。

GB/T 4789.3　食品卫生微生物学检验　大肠菌群计数

GB 5009.237　食品安全国家标准　食品 pH 的测定

GB/T 6432　饲料中粗蛋白的测定　凯氏定氮法

GB/T 6435　饲料中水分的测定

GB/T 6438　饲料中粗灰分的测定

GB/T 8170　数值修约规则与极限数值的表示和判定

GB 10648　饲料标签

GB 13078　饲料卫生标准

GB/T 14699.1　饲料　采样

GB/T 18823　饲料检测结果判定的允许误差

3　术语和定义

本文件没有需要界定的术语和定义。

4　技术要求

4.1　外观与性状

白色或乳白色粉末，具有鸡蛋清固有气味，无可见机械杂质。

4.2　理化指标

理化指标应符合表 1 的要求。

表 1　理化指标

项目	指标
粗蛋白质，%	≥77.0
粗灰分，%	≤8.0
水分，%	≤8.0
pH	6.0～8.5

4.3　卫生指标

卫生指标应符合 GB 13078 的要求，同时应符合表 2 的要求。

表 2 卫生指标

项目	采样方案及限量			
	n	c	m	M
大肠菌群,CFU/g	5	2	10	10^2
注:n 为同一批次产品应采集的样品件数;c 为最大可允许超出 m 值的样品数;m 为可接受水平的限量值;M 为最高安全限量值。				

5 取样

按 GB/T 14699.1 的规定执行。

6 试验方法

6.1 感官

取 200 g 以上样品置于洁净白瓷盘中,在非直射日光、光线充足的环境中,用目测、鼻嗅的方法逐项检验。

6.2 粗蛋白质

按 GB/T 6432 的规定执行。

6.3 粗灰分

按 GB/T 6438 的规定执行。

6.4 水分

按 GB/T 6435 的规定执行。

6.5 pH

称取试样 5 g(精确至 0.01 g)于 150 mL 烧杯中,加入不含二氧化碳的水溶解并定容至 50 mL,摇匀,作为试液。测定步骤按 GB 5009.237 的规定执行。

6.6 大肠菌群

按 GB 4789.3 的平板计数法规定执行。

7 检验规则

7.1 组批

以相同材料、相同的生产工艺、连续生产或同一班次生产的产品为一批,但每批产品不得超过 10 t。

7.2 出厂检验

每批产品必须进行出厂检验。出厂检验由生产单位质量检验部门执行,检验合格后出具检验合格证明方可出厂。

出厂检验项目为外观与性状、水分和粗蛋白质。

7.3 型式检验

型式检验项目为第 4 章的全部要求。产品正常生产时,每年至少进行一次型式检验,但有下列情况之一时,应进行型式检验:

    a) 新产品投产时;

    b) 原料、设备、加工工艺有较大改变时;

    c) 产品停产 3 个月以上,恢复生产时;

    d) 出厂检验结果与上次型式检验结果有较大差异时;

    e) 当饲料管理部门提出进行型式检验要求时。

7.4 判定规则

7.4.1 所有项目全部合格,判定为该批次产品合格。

7.4.2 检验结果中有任何指标不符合本文件要求时,可自该批次产品中重新加倍取样进行复检。若复验结果仍不符合本文件规定,则判定该批次产品不合格。微生物指标不得复检。

7.4.3 各项目指标的极限数值判定按 GB/T 8170 中修约值比较法执行。

7.4.4 检验结果判定的允许误差按 GB/T 18823 的规定执行。

8 标签、包装、运输和储存

8.1 标签

应符合 GB 10648 的要求。

8.2 包装

包装材料应无毒、无害、防潮。

8.3 运输

运输中防止包装破损、日晒、雨淋,禁止与有毒有害物质共运。

8.4 储存

储存时防止日晒、雨淋,禁止与有毒有害物质混储。防止受潮、霉变、虫、鼠及有毒有害物质的污染。

————————————

ICS 65.120
CCS B 46

NY

中华人民共和国农业行业标准

NY/T 4123—2022

饲料原料　甜菜糖蜜

Feed material—Beet molasses

2022-07-11 发布

2022-10-01 实施

中华人民共和国农业农村部 发布

前　言

　　本文件按照 GB/T 1.1—2020《标准化工作导则　第 1 部分:标准化文件的结构和起草规则》的规定起草。

　　请注意本文件的某些内容可能涉及专利。本文件的发布机构不承担识别专利的责任。

　　本文件由农业农村部畜牧兽医局提出。

　　本文件由全国饲料工业标准化技术委员会(SAC/TC 76)归口。

　　本文件起草单位:山东省畜产品质量安全中心。

　　本文件主要起草人:张玮、宫玲玲、李会荣、刘婕、李永杰。

饲料原料 甜菜糖蜜

1 范围

本文件规定了饲料原料甜菜糖蜜的术语和定义,技术要求,取样,试验方法,检验规则,标签、包装、运输、储存和保质期。

本文件适用于从甜菜中提糖后获得的液体副产品制得的饲料原料甜菜糖蜜。

2 规范性引用文件

下列文件中的内容通过文中的规范性引用而构成本文件必不可少的条款。其中,注日期的引用文件,仅该日期对应的版本适用于本文件;不注日期的引用文件,其最新版本(包括所有的修改单)适用于本文件。

GB/T 6432 饲料中粗蛋白的测定 凯氏定氮法

GB/T 6435—2014 饲料中水分的测定

GB/T 6438 饲料中粗灰分的测定

GB/T 8170 数值修约规则与极限数值的表示和判定

GB 10648 饲料标签

GB 13078 饲料卫生标准

GB/T 18823 饲料检测结果判定的允许误差

GB/T 23710—2009 饲料中甜菜碱的测定 离子色谱法

QB/T 2684—2005 甘蔗糖蜜

SN/T 1540—2005 糖蜜检验规程

3 术语和定义

下列术语和定义适用于本文件。

3.1

折射锤度 refractometer brix

甜菜糖蜜经稀释一定倍数后,在 20 ℃时用折射仪测得的读数,表示糖蜜溶液中可溶性固体物质近似的质量分数。

3.2

纯度 purity

甜菜糖蜜的总糖与折射锤度的比值。

4 技术要求

4.1 外观与性状

棕红色至棕褐色浓稠液体,有甜菜糖蜜特有的气味,无酒味、无异味、无异物。

4.2 理化指标

应符合表 1 的要求。

表 1 理化指标

项 目	指 标
水分,%	≤25.0
折射锤度,%	≥78.0

表 1（续）

项 目	指 标
总糖,%	≥45.0
蔗糖,%	≥42.0
粗灰分,%	≤12.0
纯度,%	≥56
甜菜碱,%	≥2.5
总氮,%	≤2.5

4.3 卫生指标

应符合 GB 13078 的要求。

5 取样

按 SN/T 1540—2005 中 4 的规定执行。

6 试验方法

6.1 外观与性状

取适量试样置于玻璃烧杯中,在自然光下观察其色泽、形态、有无异物,嗅其气味。

6.2 水分

平行做 2 份试验。按 GB/T 6435—2014 中 8.1.2 的规定执行。

6.3 折射锤度

平行做 2 份试验。按 QB/T 2684—2005 中 4.2.1 的规定执行。

6.4 总糖

平行做 2 份试验。按 SN/T 1540—2005 中附录 C 的规定执行。

6.5 蔗糖

平行做 2 份试验。按 QB/T 2684—2005 中 4.1.1 的规定执行。

6.6 粗灰分

平行做 2 份试验。按 GB/T 6438 的规定执行。

6.7 纯度

甜菜糖蜜的纯度以质量分数计,按公式(1)计算。

$$w = \frac{S}{B} \times 100 \quad\cdots\cdots\cdots\cdots\cdots\cdots\cdots\cdots\cdots\cdots\cdots\cdots\cdots\cdots\cdots\cdots\cdots\cdots\cdots\cdots (1)$$

式中:

w——甜菜糖蜜纯度的数值,单位为百分号(%);

S——总糖的数值,单位为百分号(%);

B——折射锤度的数值,单位为百分号(%)。

结果保留 2 位有效数字。

6.8 甜菜碱

平行做 2 份试验。按 GB/T 23710—2009 的规定执行,其中提取和净化按 GB/T 23710—2009 中 8.1.2 的规定执行。

6.9 总氮

平行做 2 份试验。按 GB/T 6432 的规定执行,其中计算结果除以 6.25。

6.10 卫生指标

平行做 2 份试验。按 GB 13078 的规定执行。

7 检验规则

7.1 组批

以相同原料、相同生产工艺、连续生产的产品为一批,每批产品不得超过 100 t。

7.2 出厂检验

检验项目为外观与性状、水分、总糖、折射锤度、粗灰分。

7.3 型式检验

型式检验项目为第 4 章规定的所有项目。在正常生产情况下,每个榨季至少进行 1 次型式检验。有下列情况之一时,亦应进行型式检验:

a) 产品定型投产时;

b) 生产设备、工艺、配方或主要原料来源有较大改变,可能影响产品质量时;

c) 停产 3 个月以上,重新恢复生产时;

d) 出厂检验结果与上次型式检验结果有较大差异时;

e) 饲料行政管理部门提出检验要求时。

7.4 判定规则

7.4.1 所检项目全部合格,判定为该批次产品合格。

7.4.2 检验结果中有任意一项指标不符合本文件规定时,可自同批次产品中重新加倍取样进行复检。若复检有一项结果不符合本文件规定,则判定该批次产品不合格。微生物指标不得复检。

7.4.3 各项目指标的极限数值判定按 GB/T 8170 中修约值比较法执行。

7.4.4 检验结果判定的允许误差按 GB/T 18823 的规定执行(卫生指标除外)。

8 标签、包装、运输、储存和保质期

8.1 标签

按 GB 10648 的规定执行。

8.2 包装

包装材料应无毒、无害、防潮、密封。

8.3 运输

运输过程中应防止包装破损、日晒、雨淋,禁止与有毒有害物质混运。

8.4 储存

储存于通风、干燥处,禁止与有毒有害物质混储。

8.5 保质期

未开启包装的产品,在规定的运输和储存条件下,产品保质期应与产品标签中标明的保质期一致。

ICS 65.120
CCS B 46

NY

中华人民共和国农业行业标准

NY/T 4124—2022

饲料中T-2和HT-2毒素的测定
液相色谱-串联质谱法

Determination of T–2 and HT–2 toxins in feeds—
Liquid chromatography–tandem mass spectrometry (LC–MS/MS)

2022-07-11 发布

2022-10-01 实施

中华人民共和国农业农村部 发布

前　言

本文件按照 GB/T 1.1—2020《标准化工作导则　第 1 部分:标准化文件的结构和起草规则》的规定起草。

请注意本文件的某些内容可能涉及专利。本文件的发布机构不承担识别专利的责任。

本文件由农业农村部畜牧兽医局提出。

本文件由全国饲料工业标准化技术委员会(SAC/TC 76)归口。

本文件起草单位:河南省兽药饲料监察所。

本文件主要起草人:韩立、杨洁、司慧民、彭丽、于辉、李慧素、孟蕾、张盼盼、袁聪、赵逢冰、史秀玲、邱天宝、贾玉华、吴志明。

饲料中 T-2 和 HT-2 毒素的测定 液相色谱-串联质谱法

1 范围

本文件规定了饲料中 T-2 毒素和 HT-2 毒素的液相色谱-串联质谱测定方法。

本文件适用于配合饲料（不包括水产配合饲料）、浓缩饲料、精料补充料、添加剂预混合饲料、植物性饲料原料和宠物配合饲料中 T-2 和 HT-2 毒素的测定。

本文件 T-2 和 HT-2 毒素的检出限为 2 μg/kg，定量限为 5 μg/kg。

2 规范性引用文件

下列文件中的内容通过文中的规范性引用而构成本文件必不可少的条款。其中，注日期的引用文件，仅该日期对应的版本适用于本文件；不注日期的引用文件，其最新版本（包括所有的修改单）适用于本文件。

GB/T 6682 分析实验室用水规格和试验方法

GB/T 20195 动物饲料 试样的制备

3 术语和定义

本文件没有需要界定的术语和定义。

4 原理

试样中 T-2 和 HT-2 毒素经 80％乙腈溶液提取，免疫亲和柱净化后，用液相色谱-串联质谱仪检测，基质匹配标准曲线校准，外标法定量。

5 试剂或材料

警告——T-2 和 HT-2 毒素具有细胞毒性，为了安全，试验人员操作时应戴手套、口罩等防护工具，在通风橱内操作。凡接触 T-2 和 HT-2 毒素的容器，需浸入 4％次氯酸钠溶液，过夜后清洗。同时，为了减少接触霉菌毒素的机会，本文件鼓励直接购买并使用有证标准溶液。

除另有规定外，所用试剂均为分析纯。

5.1 水：GB/T 6682，一级。

5.2 乙腈：色谱纯。

5.3 甲醇：色谱纯。

5.4 甲酸：色谱纯。

5.5 80％乙腈溶液：取乙腈（5.2）80 mL 加水稀释至 100 mL，混匀。

5.6 2％甲酸甲醇溶液：取甲酸（5.4）2 mL 加甲醇（5.3）稀释至 100 mL，混匀。

5.7 0.1％甲酸溶液：取甲酸（5.4）1 mL 加水稀释至 1 000 mL，混匀。

5.8 标准储备溶液（100 μg/mL）：T-2 和 HT-2 毒素有证标准溶液（T-2 毒素 CAS 号：21259-20-1，HT-2 毒素 CAS 号：26934-87-2），于 0 ℃～4 ℃保存。

5.9 混合标准工作溶液（1 μg/mL）：分别准确吸取 T-2 和 HT-2 毒素标准储备溶液（5.8）各 1 mL 于 100 mL 棕色容量瓶中，用乙腈（5.2）稀释定容，0 ℃～4 ℃保存，有效期为 1 个月。

5.10 T-2/HT-2 毒素免疫亲和柱：柱容量 2 000 ng，或性能相当者。

5.11 玻璃纤维滤纸：孔径 1.6 μm。

5.12 微孔滤膜：0.22 μm，有机系。

5.13 注射器：规格 20 mL。

6 仪器设备

6.1 液相色谱-串联质谱仪:配有电喷雾离子源。

6.2 分析天平:感量 0.01 g。

6.3 离心机:转速不低于 8 000 r/min。

6.4 涡旋振荡器。

6.5 涡旋混合器。

6.6 固相萃取装置。

6.7 真空泵。

7 样品

按 GB/T 20195 制备样品,至少 200 g,粉碎使其全部通过 0.425 mm 孔径的分析筛,充分混匀,装入磨口瓶中,避光保存,备用。选取类型相同,均匀一致且在待测物保留时间处,仪器响应值小于方法定量限 30％的饲料样品,作为空白样品。

8 试验步骤

8.1 提取

平行做 2 份试验。称取试样 5 g,精确至 0.01 g,置于 50 mL 离心管中,准确加入 80％乙腈溶液(5.5) 25 mL,涡旋混匀,振荡提取 10 min,于 8 000 r/min 离心 5 min。准确移取上清液 5 mL,加水 35.0 mL 稀释,混匀,玻璃纤维滤纸过滤,滤液备用。

8.2 净化

将免疫亲和柱连接于 20 mL 注射针管下,准确移取备用滤液(8.1)20 mL 至注射器针筒中。将真空泵与固相萃取装置连接,调节压力,使溶液以 1 mL/min～2 mL/min 的速度通过免疫亲和柱,用水 20 mL 淋洗,抽干,用 2％甲酸甲醇溶液(5.6)1.00 mL 洗脱,收集洗脱液,取全部洗脱液过微孔滤膜,待测。

8.3 基质匹配标准系列溶液的制备

取空白样品,按 8.1 和 8.2 处理得到空白基质溶液,取混合标准工作溶液(5.9)适量,用空白基质溶液稀释,配制成浓度分别为 0 ng/mL、1.0 ng/mL、2.5 ng/mL、5.0 ng/mL、10.0 ng/mL、25.0 ng/mL、50.0 ng/mL 和 100.0 ng/mL 的基质匹配标准系列溶液。

8.4 测定

8.4.1 液相色谱参考条件

色谱柱:C_{18} 柱,柱长 100 mm,柱内径 2.1 mm,粒度 1.7 μm,或性能相当者。

柱温:35 ℃;

流速:0.3 mL/min;

进样量:5 μL。

流动相 A:甲醇(5.3);流动相 B:0.1％甲酸溶液(5.7),梯度洗脱程序见表 1。

表 1 梯度洗脱程序

时间 min	A ％	B ％
0	15	85
0.5	15	85
3.0	98	2
3.9	98	2
4.0	15	85
6.0	15	85

8.4.2 质谱参考条件

电离方式:电喷雾电离,正离子模式(ESI$^+$);

检测方式:多反应监测(MRM);

喷雾电压:3.0 kV;

鞘气:15 Arb;

雾化温度:300 ℃;

T-2 和 HT-2 毒素的多反应监测(MRM)离子对、射频电压及碰撞能量的参考值见表 2。

表 2　T-2 和 HT-2 毒素的多反应监测(MRM)离子对、射频电压及碰撞能量的参考值

被测物名称	监测离子对 m/z	射频电压 V	碰撞能量 eV
T-2 毒素	489.3＞245.1[a]	110	26
	489.3＞327.1		21
HT-2 毒素	447.3＞345.1[a]	92	18
	447.3＞285.1		20
[a]　定量离子。			

8.4.3 基质匹配标准系列溶液和试样溶液测定

在仪器的最佳条件下,分别取基质匹配标准系列溶液(8.3)和试样溶液(8.2)上机测定,T-2 和 HT-2 毒素基质匹配标准溶液定量离子色谱图见附录 A。

8.4.4 定性

在相同试验条件下,试样溶液(8.2)与基质匹配标准系列溶液(8.3)中待测物的保留时间相对偏差应在±2.5%之内。根据表 2 选择的定性离子对,比较试样谱图中待测物定性离子的相对离子丰度与浓度接近的基质匹配标准系列溶液(8.3)中对应的定性离子的相对离子丰度,若偏差不超过表 3 规定的范围,则可判定为样品中存在对应的待测物。

表 3　定性测定时相对离子丰度的最大允许偏差

单位为百分号

相对离子丰度	＞50	＞20～50	＞10～20	≤10
最大允许偏差	±20	±25	±30	±50

8.4.5 定量

以 T-2 或 HT-2 毒素的浓度为横坐标、色谱峰面积为纵坐标,绘制标准曲线,标准曲线的相关系数应不低于 0.99。试样溶液与标准溶液中待测物的响应值均应在仪器检测的线性范围内,如超出线性范围,应重新试验或将试样溶液用空白基质溶液稀释(n 倍)后重新测定。单点校准定量时,试样溶液中待测物的浓度与基质匹配标准溶液的浓度相差不超过 30%。

9　试验数据处理

试样中 T-2 和 HT-2 毒素的含量以质量分数计,多点校准按公式(1)计算,单点校准按公式(2)计算。

$$\omega_i = \frac{\rho \times V \times V_2 \times V_4}{m \times V_1 \times V_3 \times 1000} \times n \quad \cdots\cdots\cdots\cdots\cdots\cdots\cdots (1)$$

式中:

ω_i——试样中 T-2 和 HT-2 毒素含量的数值,单位为毫克每千克(mg/kg);

ρ——由标准曲线得到的试样溶液中 T-2 或 HT-2 毒素质量浓度的数值,单位为纳克每毫升(ng/mL);

V——提取液体积的数值,单位为毫升(mL);

V_2——稀释后溶液体积的数值,单位为毫升(mL);

V_4——洗脱液体积的数值,单位为毫升(mL);

V_1——稀释所用提取液体积的数值,单位为毫升(mL);

V_3——净化时所用的试样稀释液体积的数值,单位为毫升(mL);

m——试样质量的数值,单位为克(g);

n——上机测定的试样溶液超出线性范围后,进一步稀释的倍数。

$$\omega_i = \frac{A \times \rho_s \times V \times V_2 \times V_4}{A_s \times m \times V_1 \times V_3 \times 1000} \times n \quad \cdots\cdots\cdots\cdots\cdots\cdots\cdots \quad (2)$$

式中:

A——试样溶液中 T-2 或 HT-2 毒素色谱峰面积;

ρ_s——基质匹配标准溶液中 T-2 或 HT-2 毒素质量浓度的数值,单位为纳克每毫升(ng/mL);

A_s——基质匹配标准溶液中 T-2 或 HT-2 毒素的峰面积。

测定结果以平行测定的算术平均值表示,保留 3 位有效数字。

10 精密度

在重复性条件下,2 次独立测定结果与其算术平均值的绝对差值不大于该平均值的 20%。

附　录　A

（资料性）

T-2 毒素和 HT-2 毒素基质匹配标准溶液定量离子色谱图

T-2 毒素和 HT-2 毒素基质匹配标准溶液的定量离子色谱图见图 A.1

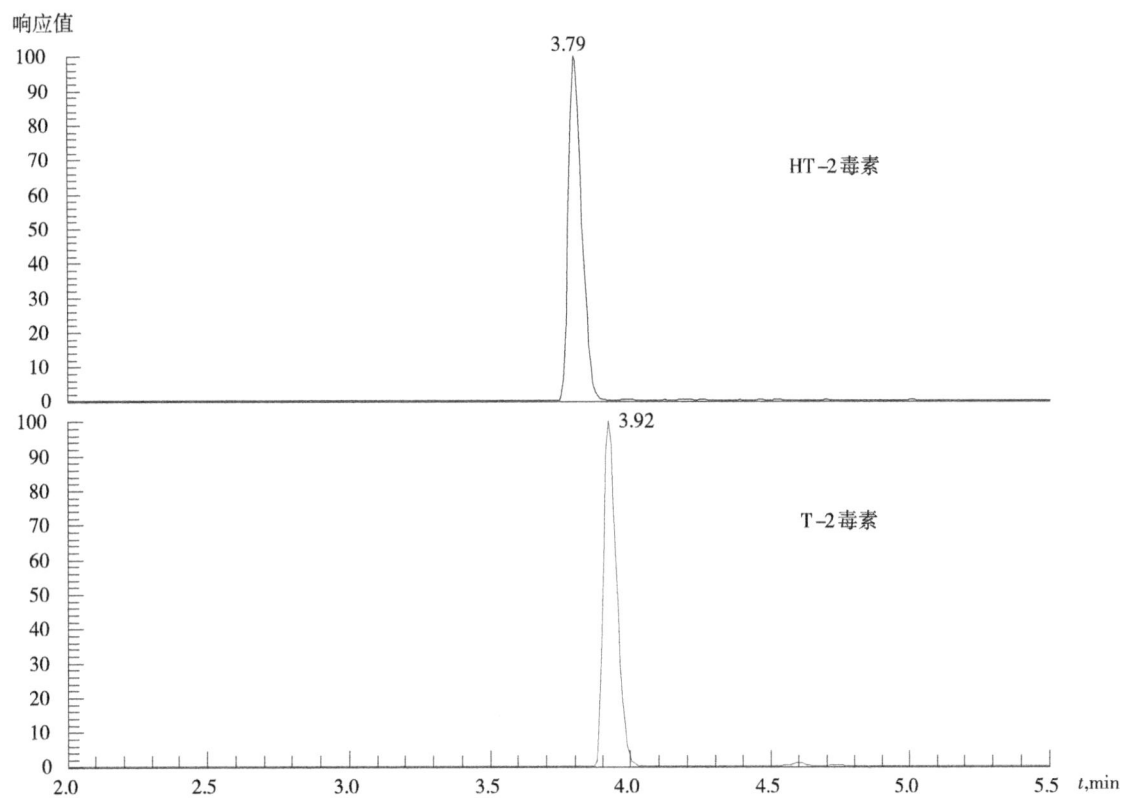

图 A.1　T-2 毒素和 HT-2 毒素基质匹配标准溶液(2.5 ng/mL)定量离子色谱图

ICS 65.120
CCS B 46

NY

中华人民共和国农业行业标准

NY/T 4125—2022

饲料中淀粉糊化度的测定

Determination of gelatinization degree of starch in feeds

2022-07-11 发布

2022-10-01 实施

中华人民共和国农业农村部 发布

前　言

本文件按照 GB/T 1.1—2020《标准化工作导则　第 1 部分:标准化文件的结构和起草规则》的规定起草。

请注意本文件的某些内容可能涉及专利。本文件的发布机构不承担识别专利的责任。

本文件由农业农村部畜牧兽医局提出。

本文件由全国饲料工业标准化技术委员会(SAC/TC 76)归口。

本文件起草单位:广州汇标检测技术中心、广州市诚一水产科技有限公司、广东省农业科学院农业质量标准与监测技术研究所。

本文件主要起草人:郝燕娟、王智民、潘浣钰、刘海燕、梁宝丹、刘丽英、李子珊、闵曼、韦彩妮、江敏静、何媛怡、何绮霞。

饲料中淀粉糊化度的测定

1 范围

本文件描述了饲料中淀粉糊化度的测定方法。

本文件适用于配合饲料、浓缩饲料、精料补充料和植物性饲料原料中淀粉糊化度的测定。

2 规范性引用文件

下列文件中的内容通过文中的规范性引用而构成本文件必不可少的条款。其中,注日期的引用文件,仅该日期对应的版本适用于本文件;不注日期的引用文件,其最新版本(包括所有的修改单)适用于本文件。

GB/T 6682　分析实验室用水规格和试验方法

GB/T 20195　动物饲料　试样的制备

3 术语和定义

下列术语和定义适用于本文件。

3.1

糊化　gelatinizing

通过水、热和压力的复合作用,有时是机械力的作用,使淀粉颗粒完全膨胀破坏的过程。

[来源:GB/T 10647—2008,5.65]

3.2

糊化度　gelatinization degree

在规定条件下,样品中糊化淀粉与其全糊化淀粉的比例。

4 原理

在规定条件下,淀粉葡萄糖苷酶可将试样中已糊化的淀粉和该试样经全糊化处理的淀粉水解为还原糖,沉淀蛋白,用比色法测定其吸光度值,并校正试样本身的还原糖后,通过其比值计算糊化度。

5 试剂或材料

除非另有规定,仅使用分析纯的试剂。

5.1　水:GB/T 6682,三级。

5.2　乙酸盐缓冲溶液:称取无水乙酸钠 4.1 g,用 500 mL 水溶解,加入冰乙酸 3.7 mL,并用水定容至 1 000 mL,混匀,用乙酸或乙酸钠调节 pH 为 4.5±0.05。

5.3　淀粉葡萄糖苷酶溶液:根据酶活力标示值,称取淀粉葡萄糖苷酶适量,加入乙酸盐缓冲溶液(5.2) 50 mL 溶解,使得酶活力达 1 500 U/mL,临用现配。

> 注1:酶活力标示值,单位为 U/mL 或 U/g,指在 40 ℃、pH 4.6 条件下,每毫升酶液(或每克酶粉)1 h 降解可溶性淀粉,产生 1.0 mg 葡萄糖所需的酶量。
>
> 注2:淀粉葡萄糖苷酶需避光、密闭保存。

5.4　硫酸锌溶液:称取七水硫酸锌 10 g,加水溶解并定容至 100 mL。

5.5　氢氧化钠溶液(0.5 mol/L):称取氢氧化钠 2 g,加水溶解并定容至 100 mL。

5.6　显色溶液 A:称取无水碳酸钠 40 g,加水 400 mL 溶解,加入酒石酸 7.5 g,溶解,加入五水硫酸铜 4.5 g,溶解,用水定容至 1 000 mL。

5.7 显色溶液 B:称取氢氧化钠 40 g,加水 400 mL 溶解,加钼酸 70 g 和钨酸钠 10 g,溶解。加热煮沸 20 min,冷却,加水至约 700 mL,再加入磷酸 250 mL,冷却后定容至 1 000 mL。

6 仪器设备

6.1 分析天平:感量 0.000 1 g。

6.2 分光光度计:波长精度±1 nm。

6.3 pH 计:精确至 0.01。

6.4 恒温水浴锅:温度范围为室温～100 ℃,精度±1 ℃。

6.5 离心机:转速不低于 8 000 r/min。

6.6 具塞刻度试管:25 mL。

7 样品

按 GB/T 20195 的规定制备样品,至少 200 g,粉碎使其全部通过 0.30 mm 孔径的分析筛,充分混匀,装入容器中,密闭保存,备用。

8 试验步骤

8.1 试样溶液制备

8.1.1 全糊化试样溶液制备

平行做 2 份试验。称取试样 0.2 g～0.4 g(精确至 0.000 1 g),置于 25 mL 具塞刻度试管中,准确加入 15 mL 乙酸盐缓冲溶液(5.2),摇匀,标注液面位置。置沸水浴中加热 1 h(其间振摇 2 次～3 次),取出,冷却至室温。补加乙酸盐缓冲溶液(5.2)至标注液面处,混匀,备用。

8.1.2 待测试样溶液制备

平行做 2 份试验。称取试样 0.2 g～0.4 g(精确至 0.000 1 g)(试样与 8.1.1 试样质量差值不大于 0.001 0 g),置于 25 mL 具塞刻度试管,准确加入 15 mL 乙酸盐缓冲溶液(5.2),混匀,备用。

8.1.3 空白试样溶液制备

同 8.1.2。

8.1.4 试剂空白溶液制备

取 25 mL 刻度试管,准确加入乙酸盐缓冲溶液(5.2)15 mL,备用。

8.2 酶解

在全糊化试样溶液(8.1.1)、待测试样溶液(8.1.2)和试剂空白溶液(8.1.4)中分别加入淀粉葡萄糖苷酶溶液(5.3)1.5 mL,摇匀,与空白试样溶液(8.1.3)一起,置于(40±1)℃水浴中保温 1 h,每隔 15 min 轻轻振摇 1 次,立即用冰水浴冷却至室温,备用。

8.3 沉淀蛋白

将酶解(8.2)后的全糊化试样溶液、待测试样溶液、试剂空白溶液,以及空白试样溶液分别加入硫酸锌溶液(5.4)2 mL,混匀,加 0.5 mol/L 氢氧化钠溶液(5.5)1.5 mL,然后于空白试样溶液加入 1.5 mL 淀粉葡萄糖苷酶溶液(5.3),分别用水定容至 25 mL,混匀,8 000 r/min 离心 5 min,取上清液,备用。

8.4 测定

准确移取 8.3 得到的上清液各 0.1 mL,分别置于 25 mL 比色管中,加显色溶液 A(5.6)2.5 mL,混匀。置沸水浴加热 6 min,加显色溶液 B(5.7)2 mL,继续加热 4 min,立即用冰水浴冷却至室温,定容至 25 mL,混匀。以试剂空白溶液调零,在 420 nm 波长下测定空白试样溶液、待测试样溶液和全糊化试样溶液的吸光度值。

9 试验数据处理

试样中淀粉的糊化度以试样溶液与其全糊化试样溶液吸光度比值计,按公式(1)计算。

$$X = \frac{A_1 - A_0}{A_2 - A_0} \times 100 \quad\cdots\cdots\cdots\cdots\cdots\cdots\cdots\cdots\cdots\cdots\cdots\cdots\cdots\cdots\cdots\cdots\cdots \quad (1)$$

式中：

X ——试样中淀粉糊化度的数值，单位为百分号（％）；

A_1 ——待测试样溶液的吸光度值；

A_0 ——空白试样溶液的吸光度值；

A_2 ——全糊化试样溶液的吸光度值。

测定结果用 2 次平行测定的算术平均值表示，保留 3 位有效数字。

10 精密度

在重复性条件下，2 次独立测定结果的绝对差值不大于其算术平均值的 10％。

────────────

第四部分
屠宰类标准

ICS 11.220
CCS B 41

NY

中华人民共和国农业行业标准

NY/T 4136—2022

车辆洗消中心生物安全技术

Biosafety technical specifications for transport vehicle
washing & disinfection center

2022-07-11 发布

2022-10-01 实施

中华人民共和国农业农村部 发布

前　言

本文件按照 GB/T 1.1—2020《标准化工作导则　第 1 部分:标准化文件的结构和起草规则》的规定起草。

请注意本文件的某些内容可能涉及专利。本文件的发布机构不承担识别专利的责任。

本文件由农业农村部畜牧兽医局提出。

本文件由全国动物卫生标准化技术委员会(SAC/TC 181)归口。

本文件主要起草单位:中国动物卫生与流行病学中心、河南省动物疫病预防控制中心。

本文件主要起草人:滕翔雁、翟海华、闫若潜、孙晓东、谢彩华、苏红、阮武营、贾智宁、王媛媛、班付国、冯利霞、李卫华、蒋正军、王伟涛、郭育培、王淑娟、马震原、刘影。

车辆洗消中心生物安全技术

1 范围

本文件规定了车辆洗消中心的设置原则、布局、建设、运行管理等生物安全技术要求。

本文件适用于动物及动物产品、饲料和兽药等生产物资，以及病死动物和病害动物产品的运输车辆洗消中心的建设及运行管理。

2 规范性引用文件

下列文件中的内容通过文中的规范性引用而构成本文件必不可少的条款。其中，注日期的引用文件，仅该日期对应的版本适用于本文件；不注日期的引用文件，其最新版本（包括所有的修改单）适用本文件。

GB 8978 污水综合排放标准

3 术语和定义

下列术语和定义适用于本文件。

3.1

洗消中心 washing & disinfection center

具有设施设备、管理制度、操作规程和操作人员，遵循生物安全要求，能够对车辆进行全面清洗和消毒的固定场所。

3.2

污区 polluted area

洗消中心内生产安全级别较低的区域。通常指洗消中心内未开始消毒区域，包括设在洗消中心外部的车辆预清洗区。

3.3

净区 clean area

洗消中心内生产安全级别较高的区域。通常包括洗消中心内部沥水区和烘干区（熏蒸区）。

4 设置原则

4.1 动物饲养场、饲料厂、屠宰场（厂）和无害化处理场应分别设置独立专用的洗消中心。

4.2 运输动物、动物产品、饲料的车辆不应与运输病死动物、病害动物产品的车辆共用洗消中心。

4.3 洗消中心选址应对周边的天然与人工屏障、行政区划、动物分布，以及动物疫病发生、流行状况等因素进行风险评估，采取生物安全措施消除风险因素。

4.4 洗消中心应具备对车辆清洗、消毒、沥干、烘干（或熏蒸）等功能，以及对随车人员、物品的清洗与消毒功能。

4.5 洗消中心应具备污水收集或处理条件。

5 布局

5.1 平面布局

5.1.1 按照用地形态可划分为"一"形、"L"形和"U"形，分别适用于带状、方形和长方形用地（见附录A的图A.1），洗消中心出入口道路不交叉。

5.1.2 按照洗消车辆数量可分为单通道、双通道、多通道3种（见图A.2），日洗消车辆少于8辆的宜选择单通道式，日洗消车辆超过8辆的宜选择双（多）通道式。

5.2 功能分区

5.2.1 洗消中心分区设置应按照生物安全级别由低到高的原则,分别设置车辆预清洗区、清洗消毒区、沥水区、烘干区(或熏蒸区),各区之间相对独立。整个洗消过程车辆由污区到净区(见图 B.1),排水由净区排向污区。

5.2.2 车辆预清洗区可位于清洗消毒区附近,也可设置在洗消中心外部的其他独立的区域,用于运输动物、动物产品、饲料、病死动物和病害动物产品车辆的预清洗。

5.2.3 清洗消毒区应包括车辆清洗消毒车间、司乘人员洗浴消毒室、物品清洗消毒室、人员休息室、物品暂存室等。

5.2.4 沥水区应位于清洗消毒区和烘干区之间,地势开阔,便于排水。

5.2.5 烘干区(或熏蒸区)应紧邻出口,地势应高于其他区域。

5.2.6 洗消中心各区域内应设置明显的交通标志和标识牌,标明人、车、物等流动方向。从生物安全级别低的区域进入到生物安全级别高的区域应符合"单向流动,净污不交叉"原则。

6 建设

6.1 总体要求

6.1.1 洗消中心和设置在外部的车辆预清洗区应建设实体围墙并完全封闭,内部道路和地面全部硬化、防渗漏,并有雨水和污水收集池,且不能交叉。

6.1.2 车辆预清洗区、清洗消毒间和烘干间地面宜采用水泥、大理石等铺设相对光滑地面,地面两边高、中间低,易于冲洗、消毒。地面中间设置 40 cm 宽的排水沟,排水沟上部盖漏缝地板,铺设直径≥150 cm 且耐腐蚀、防渗漏排污管道连接污水收集池;地面向排水沟、排水沟向污水收集池应有一定的坡度。

6.1.3 清洗消毒间和烘干间墙面整体应采用砖混加瓷砖或耐高温、耐腐蚀复合材料,高度不少于 4 m、宽度不少于 4 m、纵深不少于 10 m。

6.1.4 清洗消毒间和烘干间顶棚采用防水防潮、重量轻、易清洗消毒的材料。

6.1.5 污水收集池应设有消毒药投放及搅拌设备,应符合环保要求。

6.2 车辆预清洗区

应设置围墙,设有入口、停车区、清扫清洗沥水区、出口、污水收集处理区。

6.3 清洗消毒区

6.3.1 入口

设置便于车辆进入和控制的大门;大门入口处应设置人员进出消毒通道;设置门卫室,配备登记台、消毒物品、密封式垃圾桶等。

6.3.2 停车区

待清洗停车区地面应硬化,设置一定坡度或导水沟防止污水横流。

6.3.3 洗消区

6.3.3.1 设置设备间,用于存放监控设备、工作人员防护设备、车辆清洗消毒相关物资耗材,由专人负责管理,与洗消间相通。

6.3.3.2 设置司乘人员淋浴间,淋浴间应设置脱衣区、淋浴区、穿衣区 3 个独立区域,且各区之间气流无交叉;在脱衣区设置传递窗(柜),用于司乘人员随身物品的消毒和传递。

6.3.3.3 建设具备防雨、防冻功能的封闭式洗消间,配备喷洒清洗设备、底盘清洗器、可调式高压冷热水清洗设备、发泡机、升降平台、吸尘器等。

6.3.3.4 设置工作人员休息区,休息区应具备休息、更衣、洗浴、消毒及其他必备的生活设施设备等。

6.4 沥水区

设置露天或有遮挡的半开放沥水区,地面设置一定坡度或导水沟便于沥水。

6.5 烘干区

6.5.1 应采用封闭式设计,且使用保温、隔热、耐高温、阻燃性能好的保温材料。

6.5.2 防火卷帘、墙体板材、吊顶板材等均使用甲级防火材料,所有建设材料均应符合消防要求。

6.5.3 烘干作业应综合考虑所在区域资源优势、环境保护等因素,优先设计使用节能循环型加热烘干系统和余热回收利用装置;设置顶部回风口、底部出风风道,使进、出风形成内循环,以保持室内上下左右温度均衡;温度控制范围室温 65 ℃～70 ℃。

6.6 熏蒸区

应采用封闭式设计,建设材料均应耐腐蚀,符合消防要求。

6.7 污水处理区

6.7.1 在远离洗消区和净区且地势最低处设置污水处理区。

6.7.2 污水收集池有效容积不小于单体最大车辆用水量(m^3)×日洗消车辆数量×储存周期(d)。池底、池壁应硬化,并用水泥盖板密封,设暗管连通沉淀池。

6.7.3 沉淀池建在污水收集池下方,池底、池壁应硬化,上方加盖水泥盖板密封,不设出口。

6.8 辅助设施设备

6.8.1 供水、配电设施设备应满足运行要求。

6.8.2 在场区出入口及各功能区合适位置安装远程监控高清摄像头,可实时监控。

6.8.3 配备燃油(气)热风机、循环风机、检测仪等设备。

7 运行管理

7.1 规章制度

7.1.1 制定覆盖门卫登记、车辆预清洗、洗消烘干、人员洗消、消毒液配制、洗消效果评估、洗消记录、档案管理等环节的规章制度、操作规程。

7.1.2 规章制度应至少包括:车辆入场登记制度、清洗消毒场所卫生制度、洗消用品使用管理制度、洗消效果评估制度、设施设备操作使用规范、消毒药品使用管理制度、清洗消毒作业程序、人员培训制度、人员管理制度、洗消合格证发放制度等,应悬挂在工作场所明显位置。

7.2 工作人员管理

7.2.1 工作人员进入洗消间时应穿着干净的防护服,佩戴橡胶手套、靴子、护目镜、头盔、防护面具等。

7.2.2 洗消中心内部限制人员随意走动,若由污区到净区则需通过人员洗消通道严格消毒。

7.2.3 洗消中心工作人员上岗前需进行培训,应掌握清洁剂和消毒剂一般性质和使用方法,同时接受洗消操作、维护及生物安全和健康等方面培训,考核合格后方可上岗工作,并每年参加生物安全相关培训。

7.3 智能化管理

7.3.1 为保证车辆洗消程序合规及提供车辆洗消证明,应确保各区域的实时监控系统正常运行,实现对洗消过程全流程监督和可追溯,影像资料保存应不低于 15 d。

7.3.2 值班室呈现监控画面,同时连接手机客户端,实现对洗消过程全流程监督。

7.4 车辆预清洗管理

所有洗消车辆可在预清洗区进行清洗和消毒,清洗达到车厢内外无直观可见粪便、泥沙、污物、杂物等,驾驶室无明显灰尘、脚垫无泥污、油渍等。

7.5 车辆洗消管理

7.5.1 车辆浸泡:先用清水打湿车体,使用泡沫喷枪喷清洁剂,对车身外围、车笼、车厢底板、垫板、车轮和底盘进行浸泡。

7.5.2 驾驶室处理:用低压枪将驾驶室冲洗干净;脚踏板处,用喷雾设备喷洒消毒剂,脚垫冲洗消毒。其余司机可以接触到的地方(方向盘、挡杆、手刹、扶手架、门把手等)用毛巾沾取消毒剂擦拭并放置臭氧熏蒸机熏蒸消毒。

7.5.3 车辆精洗:使用高压水枪从上至下、从内到外、从前到后对车身外围、车笼、车厢底板、垫板、车轮和底盘进行仔细冲洗及刷洗,冬季可适度提高水温。

7.5.4 车辆检查:精洗后由检查人员穿上一次性鞋套和隔离服,佩戴手电灯,检查记录表,上车逐层检查;效果不符合7.8要求的,须重新清洗。

7.5.5 车辆消毒:车辆沥干水后,从上到下、从内到外、从前到后对车身外围、车笼、车厢底板、垫板、车轮、底盘进行喷雾消毒。洗消中心常用消毒试剂及配制比例见附录C。

7.5.6 车辆烘干:车辆消毒后,由沐浴更衣后的司机将车辆移动至烘干位置,启动烘干系统对车辆进行烘干消毒(65 ℃~70 ℃,维持30 min~40 min)。

7.5.7 车辆熏蒸:不具备烘干条件时,可采用熏蒸方式消毒,时间不少于30 min。

7.6 司乘人员消毒管理

驾驶员一直在驾驶舱不下车直到将车驶入洗消间后离车,前往沐浴间淋浴更衣,手机等物品通过酒精擦拭、臭氧熏蒸等方式消毒后装入消过毒的一次性密封袋,驾驶员衣服放入高温烘箱消毒,驾驶员沐浴后穿上消毒后的衣服。

7.7 污水排放

污水排放应符合GB 8978的要求。

7.8 效果评估

7.8.1 预清洗

通过肉眼观察预清洗后的车辆,车辆应无粪便、动物毛发组织、血迹、污物、杂物残留等。

7.8.2 洗消烘干或熏蒸

通过肉眼观察洗消、烘干(或熏蒸)后的车辆,应干燥、洁净、无污物;采用棉拭子、纱布等采集车辆轮胎、车厢和驾驶室内外部不同部位、环境样品等,送实验室进行特定病原微生物检测,结果应为阴性。

7.9 档案管理

7.9.1 洗消中心应建立洗消记录档案,对洗消车辆及随行人员的相关信息进行存档记录,包括但不限于进场时间、车牌号、司乘人员姓名、随车人数、车辆用途、工作人员、洗消人数、使用的消耗品数量及采样检测结果(见附录D)。

7.9.2 相关记录应存档并保存2年以上。

7.10 其他

门卫室、生活区等场所每天喷雾消毒或烟熏消毒至少1次;路面和停车区等地面每天喷雾消毒至少1次。

附 录 A
（资料性）
洗消中心平面布局

A.1 用地形态

按照用地形态可划分为"一"形、"L"形和"U"形，分别适用于带状、方形和长方形用地，见图 A.1。

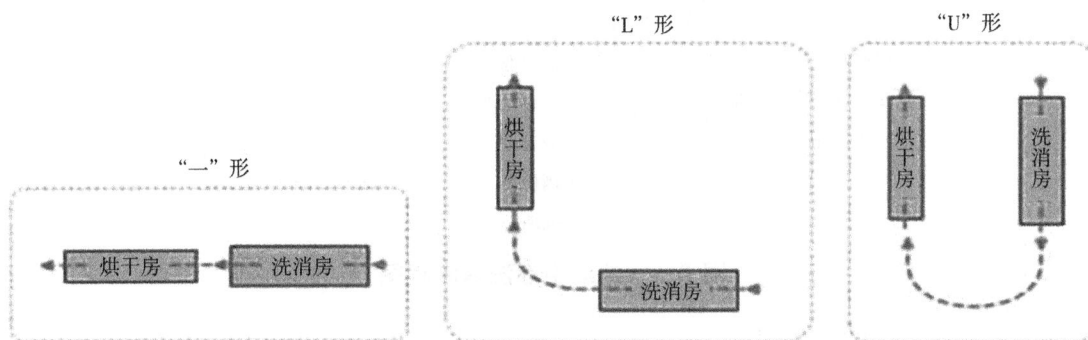

图 A.1 用地形态示意图

A.2 通道类型

按照洗消车辆数量可分为单通道、双通道、多通道 3 种类型，见图 A.2。

图 A.2 通道示意图

附 录 B
（资料性）
车辆洗消流程图

通常车辆经过预清洗、清洗消毒、沥干水分、烘干/熏蒸 4 个阶段完成整个洗消过程，见图 B.1。

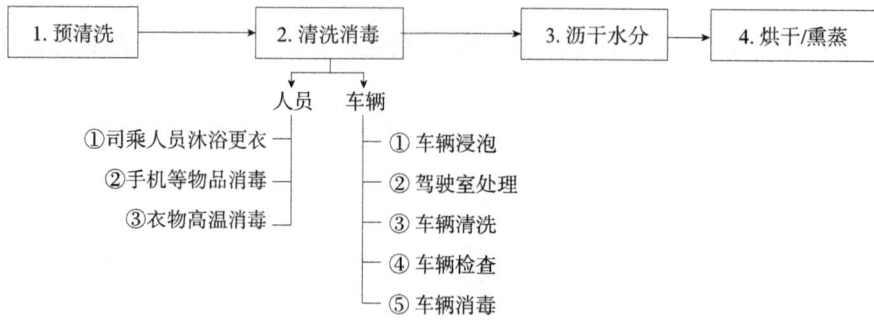

```
┌──────────┐    ┌──────────┐    ┌──────────┐    ┌──────────┐
│ 1.预清洗 │ →  │ 2.清洗消毒│ →  │3.沥干水分│ →  │4.烘干/熏蒸│
└──────────┘    └─────┬────┘    └──────────┘    └──────────┘
                      │
                 人员 │ 车辆
        ①司乘人员沐浴更衣 ─┐    ┌─ ①车辆浸泡
        ②手机等物品消毒 ──┤    ├─ ②驾驶室处理
        ③衣物高温消毒 ───┘    ├─ ③车辆清洗
                              ├─ ④车辆检查
                              └─ ⑤车辆消毒
```

图 B.1 洗消中心洗消流程图

附　录　C

（资料性）

洗消中心常用消毒试剂

C.1　醛类消毒剂:戊癸甲溴铵溶液。

C.2　碱类消毒剂:0.8%的氢氧化钠。

C.3　酚类消毒剂:3%的邻苯基苯酚。

C.4　含氯消毒剂:含2.3%有效氯的次氯酸盐。

C.5　过氧化氢类消毒剂:0.5%新过氧化氢溶液。

C.6　碘化合物类消毒剂:3%含碘化合物。

C.7　酒精类消毒剂:75%乙醇。

附　录　D

（资料性）

洗消中心洗消记录档案

对洗消车辆及随行人员的相关信息进行记录存档，见表 D.1。

表 D.1　动物运输车辆清洗消毒记录表

动物养殖场、饲料场、屠宰厂（场）、无害化处理场名称：

入场时间 （年月日）	车牌号	驾驶员姓名	驾驶员 联系方式	车辆用途	洗消开始/ 结束时间	消毒药物	洗消凭证 编号	洗消人员	检查人

附录

中华人民共和国农业农村部公告
第 576 号

　　《小麦土传病毒病防控技术规程》等 135 项标准业经专家审定通过,现批准发布为中华人民共和国农业行业标准,自 2022 年 10 月 1 日起实施。标准编号和名称见附件。该批标准文本由中国农业出版社出版,可于发布之日起 2 个月后在中国农产品质量安全网(http://www.aqsc.org)查阅。特此公告。

　　附件:《小麦土传病毒病防控技术规程》等 135 项农业行业标准目录

农业农村部

2022 年 7 月 11 日

附录

附件：

《小麦土传病毒病防控技术规程》等135项农业行业标准目录

序号	标准号	标准名称	代替标准号
1	NY/T 4071—2022	小麦土传病毒病防控技术规程	
2	NY/T 4072—2022	棉花枯萎病测报技术规范	
3	NY/T 4073—2022	结球甘蓝机械化生产技术规程	
4	NY/T 4074—2022	向日葵全程机械化生产技术规范	
5	NY/T 4075—2022	桑黄等级规格	
6	NY/T 886—2022	农林保水剂	NY/T 886—2016
7	NY/T 1978—2022	肥料 汞、砷、镉、铅、铬、镍含量的测定	NY/T 1978—2010
8	NY/T 4076—2022	有机肥料 钙、镁、硫含量的测定	
9	NY/T 4077—2022	有机肥料 氯、钠含量的测定	
10	NY/T 4078—2022	多杀霉素悬浮剂	
11	NY/T 4079—2022	多杀霉素原药	
12	NY/T 4080—2022	威百亩可溶液剂	
13	NY/T 4081—2022	噁唑酰草胺乳油	
14	NY/T 4082—2022	噁唑酰草胺原药	
15	NY/T 4083—2022	噻虫啉原药	
16	NY/T 4084—2022	噻虫啉悬浮剂	
17	NY/T 4085—2022	乙氧磺隆水分散粒剂	
18	NY/T 4086—2022	乙氧磺隆原药	
19	NY/T 4087—2022	咪鲜胺锰盐可湿性粉剂	
20	NY/T 4088—2022	咪鲜胺锰盐原药	
21	NY/T 4089—2022	吲哚丁酸原药	
22	NY/T 4090—2022	甲氧咪草烟原药	
23	NY/T 4091—2022	甲氧咪草烟可溶液剂	
24	NY/T 4092—2022	右旋苯醚氰菊酯原药	
25	NY/T 4093—2022	甲基碘磺隆钠盐原药	
26	NY/T 4094—2022	精甲霜灵原药	
27	NY/T 4095—2022	精甲霜灵种子处理乳剂	
28	NY/T 4096—2022	甲咪唑烟酸可溶液剂	
29	NY/T 4097—2022	甲咪唑烟酸原药	
30	NY/T 4098—2022	虫螨腈悬浮剂	
31	NY/T 4099—2022	虫螨腈原药	
32	NY/T 4100—2022	杀螺胺(杀螺胺乙醇胺盐)可湿性粉剂	
33	NY/T 4101—2022	杀螺胺(杀螺胺乙醇胺盐)原药	
34	NY/T 4102—2022	乙螨唑悬浮剂	
35	NY/T 4103—2022	乙螨唑原药	
36	NY/T 4104—2022	唑螨酯原药	
37	NY/T 4105—2022	唑螨酯悬浮剂	
38	NY/T 4106—2022	氟吡菌胺原药	
39	NY/T 4107—2022	氟噻草胺原药	

（续）

序号	标准号	标准名称	代替标准号
40	NY/T 4108—2022	嗪草酮可湿性粉剂	
41	NY/T 4109—2022	嗪草酮水分散粒剂	
42	NY/T 4110—2022	嗪草酮悬浮剂	
43	NY/T 4111—2022	嗪草酮原药	
44	NY/T 4112—2022	二嗪磷颗粒剂	
45	NY/T 4113—2022	二嗪磷乳油	
46	NY/T 4114—2022	二嗪磷原药	
47	NY/T 4115—2022	胺鲜酯(胺鲜酯柠檬酸盐)可溶液剂	
48	NY/T 4116—2022	胺鲜酯(胺鲜酯柠檬酸盐)原药	
49	NY/T 4117—2022	乳氟禾草灵乳油	
50	NY/T 4118—2022	乳氟禾草灵原药	
51	NY/T 4119—2022	农药产品中有效成分含量测定通用分析方法 高效液相色谱法	
52	NY/T 4120—2022	饲料原料 腐植酸钠	
53	NY/T 4121—2022	饲料原料 玉米胚芽粕	
54	NY/T 4122—2022	饲料原料 鸡蛋清粉	
55	NY/T 4123—2022	饲料原料 甜菜糖蜜	
56	NY/T 2218—2022	饲料原料 发酵豆粕	NY/T 2218—2012
57	NY/T 724—2022	饲料中拉沙洛西钠的测定 高效液相色谱法	NY/T 724—2003
58	NY/T 2896—2022	饲料中斑蝥黄的测定 高效液相色谱法	NY/T 2896—2016
59	NY/T 914—2022	饲料中氢化可的松的测定	NY/T 914—2004
60	NY/T 4124—2022	饲料中 T-2 和 HT-2 毒素的测定 液相色谱-串联质谱法	
61	NY/T 4125—2022	饲料中淀粉糊化度的测定	
62	NY/T 1459—2022	饲料中酸性洗涤纤维的测定	NY/T 1459—2007
63	SC/T 1078—2022	中华绒螯蟹配合饲料	SC/T 1078—2004
64	NY/T 4126—2022	对虾幼体配合饲料	
65	NY/T 4127—2022	克氏原螯虾配合饲料	
66	SC/T 1074—2022	团头鲂配合饲料	SC/T 1074—2004
67	NY/T 4128—2022	渔用膨化颗粒饲料通用技术规范	
68	NY/T 4129—2022	草地家畜最适采食强度测算方法	
69	NY/T 4130—2022	草原矿区排土场植被恢复生物笆技术要求	
70	NY/T 4131—2022	多浪羊	
71	NY/T 4132—2022	和田羊	
72	NY/T 4133—2022	哈萨克羊	
73	NY/T 4134—2022	塔什库尔干羊	
74	NY/T 4135—2022	巴尔楚克羊	
75	NY/T 4136—2022	车辆洗消中心生物安全技术	
76	NY/T 4137—2022	猪细小病毒病诊断技术	
77	NY/T 1247—2022	禽网状内皮组织增殖症诊断技术	NY/T 1247—2006
78	NY/T 573—2022	动物弓形虫病诊断技术	NY/T 573—2002
79	NY/T 4138—2022	蜜蜂孢子虫病诊断技术	
80	NY/T 4139—2022	兽医流行病学调查与监测抽样技术	
81	NY/T 4140—2022	口蹄疫紧急流行病学调查技术	

附录

（续）

序号	标准号	标准名称	代替标准号
82	NY/T 4141—2022	动物源细菌耐药性监测样品采集技术规程	
83	NY/T 4142—2022	动物源细菌抗菌药物敏感性测试技术规程　微量肉汤稀释法	
84	NY/T 4143—2022	动物源细菌抗菌药物敏感性测试技术规程　琼脂稀释法	
85	NY/T 4144—2022	动物源细菌抗菌药物敏感性测试技术规程　纸片扩散法	
86	NY/T 4145—2022	动物源金黄色葡萄球菌分离与鉴定技术规程	
87	NY/T 4146—2022	动物源沙门氏菌分离与鉴定技术规程	
88	NY/T 4147—2022	动物源肠球菌分离与鉴定技术规程	
89	NY/T 4148—2022	动物源弯曲杆菌分离与鉴定技术规程	
90	NY/T 4149—2022	动物源大肠埃希菌分离与鉴定技术规程	
91	SC/T 1135.7—2022	稻渔综合种养技术规范　第7部分:稻鲤(山丘型)	
92	SC/T 1157—2022	胭脂鱼	
93	SC/T 1158—2022	香鱼	
94	SC/T 1159—2022	兰州鲇	
95	SC/T 1160—2022	黑尾近红鲌	
96	SC/T 1161—2022	黑尾近红鲌　亲鱼和苗种	
97	SC/T 1162—2022	斑鳜　亲鱼和苗种	
98	SC/T 1163—2022	水产新品种生长性能测试　龟鳖类	
99	SC/T 2110—2022	中国对虾良种选育技术规范	
100	SC/T 6104—2022	工厂化鱼菜共生设施设计规范	
101	SC/T 6105—2022	沿海渔港污染防治设施设备配备总体要求	
102	NY/T 4150—2022	农业遥感监测专题制图技术规范	
103	NY/T 4151—2022	农业遥感监测无人机影像预处理技术规范	
104	NY/T 4152—2022	农作物种质资源库建设规范　低温种质库	
105	NY/T 4153—2022	农田景观生物多样性保护导则	
106	NY/T 4154—2022	农产品产地环境污染应急监测技术规范	
107	NY/T 4155—2022	农用地土壤环境损害鉴定评估技术规范	
108	NY/T 1263—2022	农业环境损害事件损失评估技术准则	NY/T 1263—2007
109	NY/T 4156—2022	外来入侵杂草精准监测与变量施药技术规范	
110	NY/T 4157—2022	农作物秸秆产生和可收集系数测算技术导则	
111	NY/T 4158—2022	农作物秸秆资源台账数据调查与核算技术规范	
112	NY/T 4159—2022	生物炭	
113	NY/T 4160—2022	生物炭基肥料田间试验技术规范	
114	NY/T 4161—2022	生物质热裂解炭化工艺技术规程	
115	NY/T 4162.1—2022	稻田氮磷流失防控技术规范　第1部分:控水减排	
116	NY/T 4162.2—2022	稻田氮磷流失防控技术规范　第2部分:控源增汇	
117	NY/T 4163.1—2022	稻田氮磷流失综合防控技术指南　第1部分:北方单季稻	
118	NY/T 4163.2—2022	稻田氮磷流失综合防控技术指南　第2部分:双季稻	
119	NY/T 4163.3—2022	稻田氮磷流失综合防控技术指南　第3部分:水旱轮作	
120	NY/T 4164—2022	现代农业全产业链标准化技术导则	
121	NY/T 472—2022	绿色食品　兽药使用准则	NY/T 472—2013
122	NY/T 755—2022	绿色食品　渔药使用准则	NY/T 755—2013
123	NY/T 4165—2022	柑橘电商冷链物流技术规程	

（续）

序号	标准号	标准名称	代替标准号
124	NY/T 4166—2022	苹果电商冷链物流技术规程	
125	NY/T 4167—2022	荔枝冷链流通技术要求	
126	NY/T 4168—2022	果蔬预冷技术规范	
127	NY/T 4169—2022	农产品区域公用品牌建设指南	
128	NY/T 4170—2022	大豆市场信息监测要求	
129	NY/T 4171—2022	12316 平台管理要求	
130	NY/T 4172—2022	沼气工程安全生产监控技术规范	
131	NY/T 4173—2022	沼气工程技术参数试验方法	
132	NY/T 2596—2022	沼肥	NY/T 2596—2014
133	NY/T 860—2022	户用沼气池密封涂料	NY/T 860—2004
134	NY/T 667—2022	沼气工程规模分类	NY/T 667—2011
135	NY/T 4174—2022	食用农产品生物营养强化通则	

农 业 农 村 部
国家卫生健康委员会
国家市场监督管理总局
公　　告
第594号

根据《中华人民共和国食品安全法》规定,经食品安全国家标准审评委员会审查通过,现发布《食品安全国家标准　食品中41种兽药最大残留限量》(GB 31650.1—2022)及21项兽药残留检测方法食品安全国家标准,自2023年2月1日起实施。标准编号和名称见附件,标准文本可在中国农产品质量安全网(http://www.aqsc.org)查阅下载。

附件:《食品安全国家标准　食品中41种兽药最大残留限量》(GB 31650.1—2022)及21项兽药残留检测方法食品安全国家标准目录

农业农村部
国家卫生健康委员会
国家市场监督管理总局
2022年9月20日

附件:

《食品安全国家标准 食品中 41 种兽药最大残留限量》(GB 31650.1—2022) 及 21 项兽药残留检测方法食品安全国家标准目录

序号	标准号	标准名称	代替标准号
1	GB 31650.1—2022	食品安全国家标准 食品中 41 种兽药最大残留限量	
2	GB 31613.4—2022	食品安全国家标准 牛可食性组织中吡利霉素残留量的测定 液相色谱-串联质谱法	
3	GB 31613.5—2022	食品安全国家标准 鸡可食组织中抗球虫药物残留量的测定 液相色谱-串联质谱法	
4	GB 31613.6—2022	食品安全国家标准 猪和家禽可食性组织中维吉尼亚霉素 M_1 残留量的测定 液相色谱-串联质谱法	
5	GB 31659.2—2022	食品安全国家标准 禽蛋、奶和奶粉中多西环素残留量的测定 液相色谱-串联质谱法	
6	GB 31659.3—2022	食品安全国家标准 奶和奶粉中头孢类药物残留的测定 液相色谱-串联质谱法	GB/T 22989—2008
7	GB 31659.4—2022	食品安全国家标准 奶及奶粉中阿维菌素类药物残留量的测定 液相色谱-串联质谱法	GB/T 22968—2008
8	GB 31659.5—2022	食品安全国家标准 牛奶中利福昔明残留量的测定 液相色谱-串联质谱法	
9	GB 31659.6—2022	食品安全国家标准 牛奶中氯前列醇残留量的测定 液相色谱-串联质谱法	
10	GB 31656.14—2022	食品安全国家标准 水产品中 27 种性激素残留量的测定 液相色谱-串联质谱法	
11	GB 31656.15—2022	食品安全国家标准 水产品中甲苯咪唑及其代谢物残留量的测定 液相色谱-串联质谱法	
12	GB 31656.16—2022	食品安全国家标准 水产品中氯霉素、甲砜霉素、氟苯尼考和氟苯尼考胺残留量的测定 气相色谱法	
13	GB 31656.17—2022	食品安全国家标准 水产品中二硫氰基甲烷残留量的测定 气相色谱法	
14	GB 31657.3—2022	食品安全国家标准 蜂产品中头孢类药物残留量的测定 液相色谱-串联质谱法	GB/T 22942—2008
15	GB 31658.18—2022	食品安全国家标准 动物性食品中三氮脒残留量的测定 高效液相色谱法	
16	GB 31658.19—2022	食品安全国家标准 动物性食品中阿托品、东莨菪碱、山莨菪碱、利多卡因、普鲁卡因残留量的测定 液相色谱-串联质谱法	
17	GB 31658.20—2022	食品安全国家标准 动物性食品中酰胺醇类药物及其代谢物残留量的测定 液相色谱-串联质谱法	
18	GB 31658.21—2022	食品安全国家标准 动物性食品中左旋咪唑残留量的测定 液相色谱-串联质谱法	
19	GB 31658.22—2022	食品安全国家标准 动物性食品中 β-受体激动剂残留量的测定 液相色谱-串联质谱法	GB/T 22286—2008 GB/T 21313—2007
20	GB 31658.23—2022	食品安全国家标准 动物性食品中硝基咪唑类药物残留量的测定 液相色谱-串联质谱法	
21	GB 31658.24—2022	食品安全国家标准 动物性食品中赛杜霉素残留量的测定 液相色谱-串联质谱法	
22	GB 31658.25—2022	食品安全国家标准 动物性食品中 10 种利尿药残留量的测定 液相色谱-串联质谱法	

国家卫生健康委员会
农 业 农 村 部
国家市场监督管理总局
公 告
2022 年 第 6 号

　　根据《中华人民共和国食品安全法》规定,经食品安全国家标准审评委员会审查通过,现发布《食品安全国家标准　食品中 2,4-滴丁酸钠盐等 112 种农药最大残留限量》(GB 2763.1—2022)标准。

　　本标准自发布之日起 6 个月正式实施。标准文本可在中国农产品质量安全网(http://www.aqsc.org)查阅下载,文本内容由农业农村部负责解释。

　　特此公告。

国家卫生健康委员会
农业农村部
国家市场监督管理总局
2022 年 11 月 11 日

中华人民共和国农业农村部公告
第 618 号

　　《稻田油菜免耕飞播生产技术规程》等160项标准业经专家审定通过,现批准发布为中华人民共和国农业行业标准,自2023年3月1日起实施。标准编号和名称见附件。该批标准文本由中国农业出版社出版,可于发布之日起2个月后在中国农产品质量安全网(http://www.aqsc.org)查阅。

　　特此公告。

　　附件:《稻田油菜免耕飞播生产技术规程》等160项农业行业标准目录

农业农村部

2022年11月11日

附录

附件：

《稻田油菜免耕飞播生产技术规程》等 160 项
农业行业标准目录

序号	标准号	标准名称	代替标准号
1	NY/T 4175—2022	稻田油菜免耕飞播生产技术规程	
2	NY/T 4176—2022	青稞栽培技术规程	
3	NY/T 594—2022	食用粳米	NY/T 594—2013
4	NY/T 595—2022	食用籼米	NY/T 595—2013
5	NY/T 832—2022	黑米	NY/T 832—2004
6	NY/T 4177—2022	旱作农业　术语与定义	
7	NY/T 4178—2022	大豆开花期光温敏感性鉴定技术规程	
8	NY/T 4179—2022	小麦茎基腐病测报技术规范	
9	NY/T 4180—2022	梨火疫病监测规范	
10	NY/T 4181—2022	草地贪夜蛾抗药性监测技术规程	
11	NY/T 4182—2022	农作物病虫害监测设备技术参数与性能要求	
12	NY/T 4183—2022	农药使用人员个体防护指南	
13	NY/T 4184—2022	蜜蜂中 57 种农药及其代谢物残留量的测定　液相色谱-质谱联用法和气相色谱-质谱联用法	
14	NY/T 4185—2022	易挥发化学农药对蚯蚓急性毒性试验准则	
15	NY/T 4186—2022	化学农药　鱼类早期生活阶段毒性试验准则	
16	NY/T 4187—2022	化学农药　鸟类繁殖试验准则	
17	NY/T 4188—2022	化学农药　大型溞繁殖试验准则	
18	NY/T 4189—2022	化学农药　两栖类动物变态发育试验准则	
19	NY/T 4190—2022	化学农药　蚯蚓田间试验准则	
20	NY/T 4191—2022	化学农药　土壤代谢试验准则	
21	NY/T 4192—2022	化学农药　水-沉积物系统代谢试验准则	
22	NY/T 4193—2022	化学农药　高效液相色谱法估算土壤吸附系数试验准则	
23	NY/T 4194.1—2022	化学农药　鸟类急性经口毒性试验准则　第 1 部分:序贯法	
24	NY/T 4194.2—2022	化学农药　鸟类急性经口毒性试验准则　第 2 部分:经典剂量效应法	
25	NY/T 4195.1—2022	农药登记环境影响试验生物试材培养　第 1 部分:蜜蜂	
26	NY/T 4195.2—2022	农药登记环境影响试验生物试材培养　第 2 部分:日本鹌鹑	
27	NY/T 4195.3—2022	农药登记环境影响试验生物试材培养　第 3 部分:斑马鱼	
28	NY/T 4195.4—2022	农药登记环境影响试验生物试材培养　第 4 部分:家蚕	
29	NY/T 4195.5—2022	农药登记环境影响试验生物试材培养　第 5 部分:大型溞	

（续）

序号	标准号	标准名称	代替标准号
30	NY/T 4195.6—2022	农药登记环境影响试验生物试材培养　第6部分:近头状尖胞藻	
31	NY/T 4195.7—2022	农药登记环境影响试验生物试材培养　第7部分:浮萍	
32	NY/T 4195.8—2022	农药登记环境影响试验生物试材培养　第8部分:赤子爱胜蚓	
33	NY/T 2882.9—2022	农药登记　环境风险评估指南　第9部分:混配制剂	
34	NY/T 4196.1—2022	农药登记环境风险评估标准场景　第1部分:场景构建方法	
35	NY/T 4196.2—2022	农药登记环境风险评估标准场景　第2部分:水稻田标准场景	
36	NY/T 4196.3—2022	农药登记环境风险评估标准场景　第3部分:旱作地下水标准场景	
37	NY/T 4197.1—2022	微生物农药　环境风险评估指南　第1部分:总则	
38	NY/T 4197.2—2022	微生物农药　环境风险评估指南　第2部分:鱼类	
39	NY/T 4197.3—2022	微生物农药　环境风险评估指南　第3部分:溞类	
40	NY/T 4197.4—2022	微生物农药　环境风险评估指南　第4部分:鸟类	
41	NY/T 4197.5—2022	微生物农药　环境风险评估指南　第5部分:蜜蜂	
42	NY/T 4197.6—2022	微生物农药　环境风险评估指南　第6部分:家蚕	
43	NY/T 4198—2022	肥料质量监督抽查　抽样规范	
44	NY/T 2634—2022	棉花品种真实性鉴定　SSR分子标记法	NY/T 2634—2014
45	NY/T 4199—2022	甜瓜品种真实性鉴定　SSR分子标记法	
46	NY/T 4200—2022	黄瓜品种真实性鉴定　SSR分子标记法	
47	NY/T 4201—2022	梨品种鉴定　SSR分子标记法	
48	NY/T 4202—2022	菜豆品种鉴定　SSR分子标记法	
49	NY/T 3060.9—2022	大麦品种抗病性鉴定技术规程　第9部分:抗云纹病	
50	NY/T 3060.10—2022	大麦品种抗病性鉴定技术规程　第10部分:抗黑穗病	
51	NY/T 4203—2022	塑料育苗穴盘	
52	NY/T 4204—2022	机械化种植水稻品种筛选方法	
53	NY/T 4205—2022	农作物品种数字化管理数据描述规范	
54	NY/T 1299—2022	农作物品种试验与信息化技术规程　大豆	NY/T 1299—2014
55	NY/T 1300—2022	农作物品种试验与信息化技术规程　水稻	NY/T 1300—2007
56	NY/T 4206—2022	茭白种质资源收集、保存与评价技术规程	
57	NY/T 4207—2022	植物品种特异性、一致性和稳定性测试指南　黄花蒿	
58	NY/T 4208—2022	植物品种特异性、一致性和稳定性测试指南　蟹爪兰属	
59	NY/T 4209—2022	植物品种特异性、一致性和稳定性测试指南　忍冬	
60	NY/T 4210—2022	植物品种特异性、一致性和稳定性测试指南　梨砧木	
61	NY/T 4211—2022	植物品种特异性、一致性和稳定性测试指南　量天尺属	
62	NY/T 4212—2022	植物品种特异性、一致性和稳定性测试指南　番石榴	
63	NY/T 4213—2022	植物品种特异性、一致性和稳定性测试指南　重齿当归	
64	NY/T 4214—2022	植物品种特异性、一致性和稳定性测试指南　广东万年青属	
65	NY/T 4215—2022	植物品种特异性、一致性和稳定性测试指南　麦冬	
66	NY/T 4216—2022	植物品种特异性、一致性和稳定性测试指南　拟石莲属	
67	NY/T 4217—2022	植物品种特异性、一致性和稳定性测试指南　蝉花	

附录

序号	标准号	标准名称	代替标准号
68	NY/T 4218—2022	植物品种特异性、一致性和稳定性测试指南　兵豆属	
69	NY/T 4219—2022	植物品种特异性、一致性和稳定性测试指南　甘草属	
70	NY/T 4220—2022	植物品种特异性、一致性和稳定性测试指南　救荒野豌豆	
71	NY/T 4221—2022	植物品种特异性、一致性和稳定性测试指南　羊肚菌属	
72	NY/T 4222—2022	植物品种特异性、一致性和稳定性测试指南　刀豆	
73	NY/T 4223—2022	植物品种特异性、一致性和稳定性测试指南　腰果	
74	NY/T 4224—2022	浓缩天然胶乳　无氨保存离心胶乳　规格	
75	NY/T 459—2022	天然生胶　子午线轮胎橡胶	NY/T 459—2011
76	NY/T 4225—2022	天然生胶　脂肪酸含量的测定　气相色谱法	
77	NY/T 2667.18—2022	热带作物品种审定规范　第18部分：莲雾	
78	NY/T 2667.19—2022	热带作物品种审定规范　第19部分：草果	
79	NY/T 2668.18—2022	热带作物品种试验技术规程　第18部分：莲雾	
80	NY/T 2668.19—2022	热带作物品种试验技术规程　第19部分：草果	
81	NY/T 4226—2022	杨桃苗木繁育技术规程	
82	NY/T 4227—2022	油梨种苗繁育技术规程	
83	NY/T 4228—2022	荔枝高接换种技术规程	
84	NY/T 4229—2022	芒果种质资源保存技术规程	
85	NY/T 1808—2022	热带作物种质资源描述规范　芒果	NY/T 1808—2009
86	NY/T 4230—2022	香蕉套袋技术操作规程	
87	NY/T 4231—2022	香蕉采收及采后处理技术规程	
88	NY/T 4232—2022	甘蔗尾梢发酵饲料生产技术规程	
89	NY/T 4233—2022	火龙果　种苗	
90	NY/T 694—2022	罗汉果	NY/T 694—2003
91	NY/T 4234—2022	芒果品种鉴定　MNP标记法	
92	NY/T 4235—2022	香蕉枯萎病防控技术规范	
93	NY/T 4236—2022	菠萝水心病测报技术规范	
94	NY/T 4237—2022	菠萝等级规格	
95	NY/T 1436—2022	莲雾等级规格	NY/T 1436—2007
96	NY/T 4238—2022	菠萝良好农业规范	
97	NY/T 4239—2022	香蕉良好农业规范	
98	NY/T 4240—2022	西番莲良好农业规范	
99	NY/T 4241—2022	生咖啡和焙炒咖啡　整豆自由流动堆密度的测定（常规法）	
100	NY/T 4242—2022	鲁西牛	
101	NY/T 1335—2022	牛人工授精技术规程	NY/T 1335—2007
102	NY/T 4243—2022	畜禽养殖场温室气体排放核算方法	
103	SC/T 1164—2022	陆基推水集装箱式水产养殖技术规程　罗非鱼	
104	SC/T 1165—2022	陆基推水集装箱式水产养殖技术规程　草鱼	
105	SC/T 1166—2022	陆基推水集装箱式水产养殖技术规程　大口黑鲈	
106	SC/T 1167—2022	陆基推水集装箱式水产养殖技术规程　乌鳢	
107	SC/T 2049—2022	大黄鱼　亲鱼和苗种	SC/T 2049.1—2006、SC/T 2049.2—2006
108	SC/T 2113—2022	长蛸	

（续）

序号	标准号	标准名称	代替标准号
109	SC/T 2114—2022	近江牡蛎	
110	SC/T 2115—2022	日本白姑鱼	
111	SC/T 2116—2022	条石鲷	
112	SC/T 2117—2022	三疣梭子蟹良种选育技术规范	
113	SC/T 2118—2022	浅海筏式贝类养殖容量评估方法	
114	SC/T 2119—2022	坛紫菜苗种繁育技术规范	
115	SC/T 2120—2022	半滑舌鳎人工繁育技术规范	
116	SC/T 3003—2022	渔获物装卸技术规范	SC/T 3003—1988
117	SC/T 3013—2022	贝类净化技术规范	SC/T 3013—2002
118	SC/T 3014—2022	干条斑紫菜加工技术规程	SC/T 3014—2002
119	SC/T 3055—2022	藻类产品分类与名称	
120	SC/T 3056—2022	鲟鱼子酱加工技术规程	
121	SC/T 3057—2022	水产品及其制品中磷脂含量的测定　液相色谱法	
122	SC/T 3115—2022	冻章鱼	SC/T 3115—2006
123	SC/T 3122—2022	鱿鱼等级规格	SC/T 3122—2014
124	SC/T 3123—2022	养殖大黄鱼质量等级评定规则	
125	SC/T 3407—2022	食用琼胶	
126	SC/T 3503—2022	多烯鱼油制品	SC/T 3503—2000
127	SC/T 3507—2022	南极磷虾粉	
128	SC/T 5109—2022	观赏性水生动物养殖场条件　海洋甲壳动物	
129	SC/T 5713—2022	金鱼分级　虎头类	
130	SC/T 7015—2022	病死水生动物及病害水生动物产品无害化处理规范	SC/T 7015—2011
131	SC/T 7018—2022	水生动物疫病流行病学调查规范	SC/T 7018.1—2012
132	SC/T 7025—2022	鲤春病毒血症(SVC)监测技术规范	
133	SC/T 7026—2022	白斑综合征(WSD)监测技术规范	
134	SC/T 7027—2022	急性肝胰腺坏死病(AHPND)监测技术规范	
135	SC/T 7028—2022	水产养殖动物细菌耐药性调查规范　通则	
136	SC/T 7216—2022	鱼类病毒性神经坏死病诊断方法	SC/T 7216—2012
137	SC/T 7242—2022	罗氏沼虾白尾病诊断方法	
138	SC/T 9440—2022	海草床建设技术规范	
139	SC/T 9442—2022	人工鱼礁投放质量评价技术规范	
140	NY/T 4244—2022	农业行业标准审查技术规范	
141	NY/T 4245—2022	草莓生产全程质量控制技术规范	
142	NY/T 4246—2022	葡萄生产全程质量控制技术规范	
143	NY/T 4247—2022	设施西瓜生产全程质量控制技术规范	
144	NY/T 4248—2022	水稻生产全程质量控制技术规范	
145	NY/T 4249—2022	芹菜生产全程质量控制技术规范	
146	NY/T 4250—2022	干制果品包装标识技术要求	
147	NY/T 2900—2022	报废农业机械回收拆解技术规范	NY/T 2900—2016
148	NY/T 4251—2022	牧草全程机械化生产技术规范	
149	NY/T 4252—2022	标准化果园全程机械化生产技术规范	
150	NY/T 4253—2022	茶园全程机械化生产技术规范	

附录

（续）

序号	标准号	标准名称	代替标准号
151	NY/T 4254—2022	生猪规模化养殖设施装备配置技术规范	
152	NY/T 4255—2022	规模化孵化场设施装备配置技术规范	
153	NY/T 1408.7—2022	农业机械化水平评价 第7部分：丘陵山区	
154	NY/T 4256—2022	丘陵山区农田宜机化改造技术规范	
155	NY/T 4257—2022	农业机械通用技术参数一般测定方法	
156	NY/T 4258—2022	植保无人飞机 作业质量	
157	NY/T 4259—2022	植保无人飞机 安全施药技术规程	
158	NY/T 4260—2022	植保无人飞机防治小麦病虫害作业规程	
159	NY/T 4261—2022	农业大数据安全管理指南	
160	NY/T 4262—2022	肉及肉制品中7种合成红色素的测定 液相色谱-串联质谱法	

中华人民共和国农业农村部公告
第 627 号

　　《饲料中环丙安嗪的测定》等 2 项标准业经专家审定通过,现批准发布为中华人民共和国国家标准,自 2023 年 3 月 1 日起实施。标准编号和名称见附件。该批标准文本由中国农业出版社出版,可于发布之日起 2 个月后在中国农产品质量安全网(http://www.aqsc.org)查阅。

　　特此公告。

　　附件:《饲料中环丙安嗪的测定》等 2 项国家标准目录

农业农村部

2022 年 12 月 19 日

附录

附件：

《饲料中环丙安嗪的测定》等 2 项国家标准目录

序号	标准号	标准名称	代替标准号
1	农业农村部公告第 627 号—1—2022	饲料中环丙氨嗪的测定	
2	农业农村部公告第 627 号—2—2022	饲料中二羟丙茶碱的测定　液相色谱-串联质谱法	

中华人民共和国农业农村部公告
第 628 号

　　《转基因植物及其产品环境安全检测　抗病毒番木瓜　第 1 部分:抗病性》等 13 项标准业经专家审定通过,现批准发布为中华人民共和国国家标准,自 2023 年 3 月 1 日起实施。标准编号和名称见附件。该批标准文本由中国农业出版社出版,可于发布之日起 2 个月后在中国农产品质量安全网(http://www.aqsc.org)查阅。

　　特此公告。

　　附件:《转基因植物及其产品环境安全检测　抗病毒番木瓜　第 1 部分:抗病性》等 13 项国家标准目录

农业农村部

2022 年 12 月 19 日

附录

附件：

《转基因植物及其产品环境安全检测　抗病毒番木瓜　第 1 部分：抗病性》等 13 项国家标准目录

序号	标准号	标准名称	代替标准号
1	农业农村部公告第 628 号—1—2022	转基因植物及其产品环境安全检测　抗病毒番木瓜　第 1 部分：抗病性	
2	农业农村部公告第 628 号—2—2022	转基因植物及其产品环境安全检测　抗病毒番木瓜　第 2 部分：生存竞争能力	
3	农业农村部公告第 628 号—3—2022	转基因植物及其产品环境安全检测　抗病毒番木瓜　第 3 部分：外源基因漂移	
4	农业农村部公告第 628 号—4—2022	转基因植物及其产品环境安全检测　抗病毒番木瓜　第 4 部分：生物多样性影响	
5	农业农村部公告第 628 号—5—2022	转基因植物及其产品环境安全检测　抗虫棉花　第 1 部分：对靶标害虫的抗虫性	农业部 1943 号公告—3—2013
6	农业农村部公告第 628 号—6—2022	转基因植物环境安全检测　外源杀虫蛋白对非靶标生物影响　第 10 部分：大型蚤	
7	农业农村部公告第 628 号—7—2022	转基因植物及其产品成分检测　抗虫转 Bt 基因棉花外源 Bt 蛋白表达量 ELISA 检测方法	农业部 1943 号公告—4—2013
8	农业农村部公告第 628 号—8—2022	转基因植物及其产品成分检测　bar 和 pat 基因定性 PCR 方法	农业部 1782 号公告—6—2012
9	农业农村部公告第 628 号—9—2022	转基因植物及其产品成分检测　大豆常见转基因成分筛查	
10	农业农村部公告第 628 号—10—2022	转基因植物及其产品成分检测　油菜常见转基因成分筛查	
11	农业农村部公告第 628 号—11—2022	转基因植物及其产品成分检测　水稻常见转基因成分筛查	
12	农业农村部公告第 628 号—12—2022	转基因生物及其产品食用安全检测　大豆中寡糖含量的测定　液相色谱法	
13	农业农村部公告第 628 号—13—2022	转基因生物及其产品食用安全检测　抗营养因子　大豆中凝集素检测方法　液相色谱-串联质谱法	